ILUMINAÇÃO ELÉTRICA

Pela colaboração prestada, o autor expressa seus agradecimentos às seguintes empresas:

- General Eletric, Rio de Janeiro - RJ
- Philips Iluminação, São Paulo - SP
- Osram, Osasco - SP
- Tecnowatt Iluminação, Contagem - MG

Blucher

VINICIUS DE ARAUJO MOREIRA
Superintendente Regional do Instituto Euvaldo Lodi IEL/MG.

Formado em Engenharia pela UFMG, exerceu atividades
acadêmicas e empresariais, tais como:
Diretor Técnico da Tecnowatt Iluminação Ltda.;
Diretor da Fundação Centro Tecnológico de Minas Gerais — CETEC;
Professor Titular e Diretor do Instituto Politécnico
da Universidade Católica de Minas Gerais — PUC/MG;
Professor Adjunto da Escola de Engenharia da
Universidade Federal de Minas Gerais;
Engenheiro do Depto. de Lâmpadas e
Iluminação da General Electric S.A.

ILUMINAÇÃO ELÉTRICA

Iluminação elétrica

© 1999 Vinicius de Araujo Moreira

1ª edição – 1999

5ª reimpressão – 2015

Editora Edgard Blücher Ltda.

Blucher

Rua Pedroso Alvarenga, 1245, 4º andar

04531-934 – São Paulo – SP – Brasil

Tel.: 55 11 3078-5366

contato@blucher.com.br

www.blucher.com.br

FICHA CATALOGRÁFICA

Moreira, Vinícius de Araujo,
 Iluminação elétrica / Vinícius de Araujo Moreira – São Paulo: Blucher, 1999.

Bibliografia.
ISBN 978-85-212-0175-5

1. Iluminação elétrica I. Título

05-0870   CDD-621.32

Índices para catálogo sistemático:
1. Iluminação elétrica: Engenharia   621.32

PREFÁCIO

Luz e cores. Aparentemente nada mais que estímulos sensoriais, que fazem a vida mais bela e fascinante.

Pura energia, em constante transformação. Mas eis que, quase como num milagre de transformação, tudo vira calor, radiações, luzes, novas energias.

Há alguns anos, na Escola de Engenharia, enquanto esforçava-me em buscar a explicação, compreender e descobrir o que estava por trás de alguns desses instigantes fenômenos da natureza, um entusiasmado mestre demonstrava-me que, além da apreciação estética, havia um intricado e misterioso universo a estudar, um universo quase vivo, composto de fenômenos vibratórios, freqüências e comprimentos de onda — o espectro eletromagnético, enfim.

Aquele dedicado mestre era o professor Vinicius de Araujo Moreira, que fazia parecer tudo simples e compreensível, desmistificando e simplificando conceitos e leis físicas.

Sua inquietude intelectual o levou a editar, em 1975, o livro "Iluminação e Fotometria— Teoria e Aplicação", ampliando o leque dos que poderiam ser alcançados pelos seus conhecimentos.

Jamais poderia imaginar, àquela altura, que seria convidado pelo ilustre professor a prefaciar a reedição deste seu livro, agora com o título mais suscinto, porém conceitualmente mais amplo, de "Iluminação Elétrica".

Foi justamente sua permanente busca de atualização que o levou a revisar o livro original, que havia chegado à 3ª edição, com várias reimpressões.

As modificações, ampliações e atualizações foram de tal forma que, em vez de uma 4ª edição, nasceu outro livro, também com novo título. Ele incorpora avanços tecnológicos na área da iluminação e do estudo das cores, o que torna a publicação muito mais abrangente.

O professor Vinicius esteve sempre atento à evolução da ciência e é permanente estudioso e pesquisador. Acompanhou o surgimento de novos tipos de iluminações e de luminárias, por exemplo, com inovações não apenas de *design* mas principalmente de materiais e elementos internos. As ciências biológicas, com maior conhecimento do olho humano e suas reações, novos intrumento óticos, tudo isso foi considerado. Até mesmo lâmpadas automotivas foram abordadas, valendo ressaltar que neste campo foram observados notáveis aperfeiçoamentos.

A cada dia assistimos ao avanço da ciência da iluminação e da fotocondução. com aplicações práticas do que há pouco tempo era tratado como princípios e estudos acadêmicos. Aí estão presentes as fibras óticas, as telas de cristal líquido...

Trata este livro, portanto, de material didático essencial não apenas ao currículo universitário, mas de uso prático no dia a dia da sociedade, pela sua aplicação nas atividades econômicas e industriais, implicações em segurança, lazer, conforto e fator diferencial para o turismo.

Outro importante item acrescentado foi o que trata da conservação da energia na iluminação, uma preocupação que deve ser permanente de todos nós — dirigentes de empresas, profissionais de engenharia, projetistas, estudantes e professores.

Com o indisfarçável orgulho de participar da apresentação desta obra do professor Vinicius, estou certo de que ela será extremamente útil aos que estão estudando ou se iniciam agora na técnica da iluminação, bem como para os técnicos e engenheiros que queiram ou precisem ampliar seus conhecimentos na área

Eng? José da Costa Carvalho Neto
Presidente da Cia. Energética de Minas Gerais — CEMIG
Presidente da Sociedade Mineira de Engenheiros — SME
Agosto de 1998

CONTEÚDO

VIII

LÂMPADAS ELÉTRICAS INCANDESCENTES

LÂMPADAS DE DESCARGA ELÉTRICA

APARELHOS DE ILUMINAÇÃO

ILUMINAÇÃO DE INTERIORES

CAPÍTULO 1

LUZ, PRINCÍPIOS GERAIS

Ao se acender, uma lâmpada elétrica emite uma série de radiações. Elas são resultantes da transformação da energia elétrica em outras formas de energia: radiações infravermelhas, ultravioletas e luz visível.

1.1 — O ESPECTRO ELETROMAGNÉTICO

O espectro eletromagnético (Fig. 1.1) contém uma série de radiações, que são fenômenos vibratórios, cuja velocidade (v) de propagação é constante (3×10^5 km/s) e que diferem entre si por sua freqüência (f) e por seu comprimento de onda (λ) tal que $v = \lambda . f$.

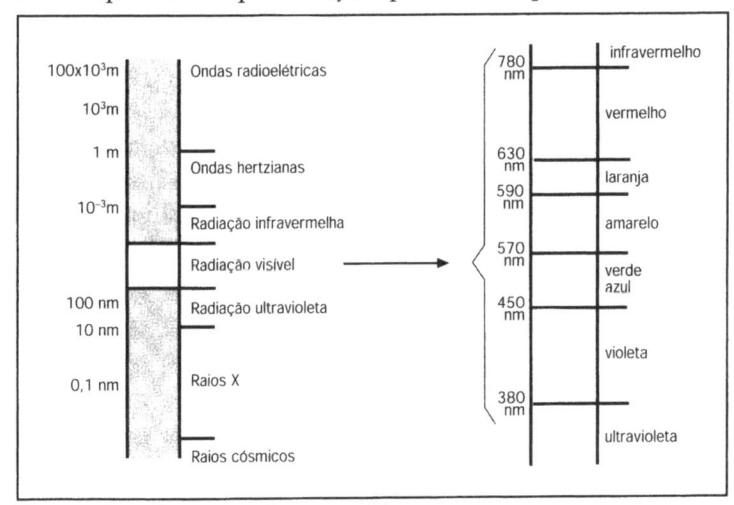

Figura 1.1 — O espectro eletromagnético

Para o estudo da iluminação, é especialmente importante o grupo de radiações compreendidas entre os comprimentos de onda de 380 e 760 nm*, pois elas têm a capacidade de estimular a retina do olho humano, produzindo a sensação luminosa.

O espectro eletromagnético visível está, pois, limitado em um dos extremos pelas radiações infravermelhas (de maior comprimento de onda) e, no outro, pelas radiações ultravioletas (de menor comprimento de onda).

Nanometro (1 nm = 10^{-9} m). Outra unidade para definir comprimentos de onda visíveis é o ângstrom (1 Å = 10^{-10}m). O milimícron (1 mm = 10^{-9} m), embora ainda encontrado, não deve ser empregado, pois não é unidade legal brasileira.

1.2 — RADIAÇÕES INFRAVERMELHAS

São radiações invisíveis ao olho humano. Seus comprimentos de onda estão compreendidos entre 780 e 10 000 nm. Caracterizam-se por seu forte efeito calorífico, sendo utilizadas em muitas aplicações (Tab. 1.1). Essas radiações são produzidas normalmente através de resistores aquecidos ou por lâmpadas incandescentes (Fig. 1.2) especiais, cujo filamento trabalha em temperatura mais reduzida (lâmpadas infravermelhas).

Tabela 1.1 — Algumas aplicações do infravermelho	
Medicina	Tratamento de luxações; ativamento da circulação; aquecimento.
Fotografia	Fotografia com filmes sensíveis ao infravermelho.
Indústria	Secagem de tintas e lacas: o infravermelho penetra profundamente nas emulsões, produzindo secagem mais rápida e uniforme; também na secagem de enrolamentos elétricos, trigo, café, etc.
Bélicas	Sistemas sensíveis ao infravermelho para orientação de foguetes.
No lar	Aquecimento de ambientes, preparação de alimentos.

1.3 — RADIAÇÕES ULTRAVIOLETAS

Seus comprimentos de onda estão na faixa de 100 a 400 nm. Caracterizam-se por sua elevada ação química atacando e descolorindo tintas, vernizes, plásticos etc. e pela excitação da fluorescência de diversas substâncias (Tab. 1.2). Normalmente essas radiações se dividem em três grupos de propriedades um pouco diferentes: ultravioleta próximo ou luz-negra *(UV-A)*, ultravioleta intermediário *(UV-B)* e ultravioleta remoto ou germicida *(UV-C)*

O ultravioleta próximo, caracterizado por comprimentos de onda próximos às radiações visíveis (aproximadamente 315 a 400 nm), compreende as radiações ultravioletas da luz solar, podendo ser gerado artificialmente, através de uma descarga elétrica no vapor de mercúrio em alta pressão. Essas radiações não afetam perniciosamente a vista humana, não possuem atividades pigmentárias e eritemáticas sobre a pele humana, e atravessam praticamente todos os tipos de vidros comuns. Possuem grande atividade sobre material fotográfico, de reprodução e heliográfico ($\lambda \cong 380$ nm).

Figura 1.2 — Estufa de secagem de transformadores com lâmpadas infravermelhas (foto do autor)

Tabela 1.2 — Aplicações típicas do ultravioleta	
Medicina	Atuação sobre os tecidos vivos e pigmentação da pele (*B*); efeito germicida (*C*)
Fotografia	Grande efeito sobre o material fotográfico normal (*A*).
Indústria	Identificação de substâncias pela fluorescência (*A*); combate ao mofo e fungos (*C*); tratamento de águas (*C*); lâmpadas fluorescentes (*C*), vapor mercúrio e iodeto metálico (*A*); produção de ozona (*C*).
Bancos	Identificação de papel moeda (*A*).
Teatro	Efeitos especiais pela excitação da fluorescência (*A*).
No lar	Desodorização de ambientes pelo ozona (*C*).

O ultravioleta intermediário *(UV-B)* tem elevada atividade pigmentária e eritemática. Produz a vitamina D, que possui uma ação anti-raquítica. Esses raios são utilizados unicamente para fins terapêuticos. Compreendem as radiações do espectro eletromagnético cujos comprimentos de onda vão de 280 a 315 nm, sendo também gerados artificialmente por uma descarga elétrica no vapor de mercúrio em alta pressão.

Já o ultravioleta remoto é caracterizado por seus menores comprimentos de onda (aproximadamente de 100 a 280 nm), sendo gerado especialmente através de uma descarga elétrica no vapor de mercúrio em baixa pressão. Afeta a vista humana, produzindo irritação dos olhos. Essas radiações são absorvidas quase integralmente pelo vidro comum, que funciona como filtro, motivo pelo qual as lâmpadas germicidas possuem bulbos de quartzo.

1.4 — O ESPECTRO VISÍVEL

Examinando a radiação visível, verificamos que, além da impressão luminosa, obtemos também a impressão de cor. Essa sensação de cor está intimamente ligada aos comprimentos de ondas das radiações. Verifica-se que os diferentes comprimentos de onda (as diferentes cores) produzem diversas sensações de luminosidade; isto é, o olho humano não é igualmente sensível a todas as cores do espectro visível.

A Fig. 1.3 indica como varia a sensibilidade de um olho humano médio aos diversos

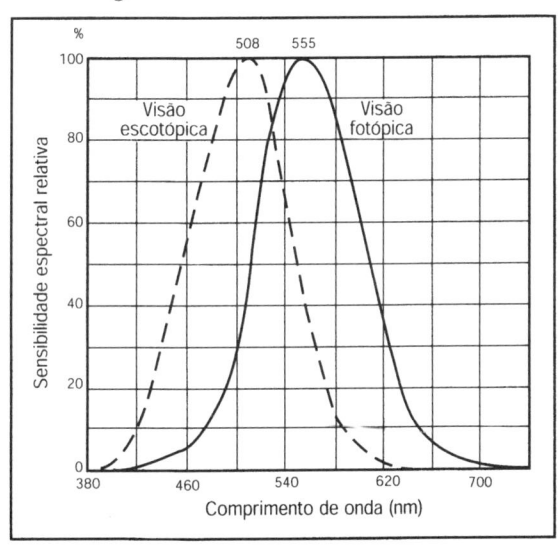

Figura 1.3 — Curva internacional de luminosidade espectral relativa

comprimentos de onda. A curva cheia corresponde à sensibilidade média do olho humano para altos níveis de luminância (veja o item 1.5.1.). Vemos que a nossa maior acuidade visual é para o comprimento de onda de 555 nm, que corresponde ao amarelo-esverdeado. Para o vermelho e o violeta, nossa acuidade visual é muito pequena. A curva da Fig. 1.3, que define a sensibilidade de um olho humano-padrão às cores, é denominada "curva internacional de luminosidade espectral relativa" do olho humano.

1.5 — O OLHO HUMANO

O olho humano e seu funcionamento se assemelham muito a uma câmara fotográfica convencional (Fig. 1.4). Logicamente as funções e a estrutura do sistema ótico humano são infinitamente mais complexas. (Fig. 1.5).

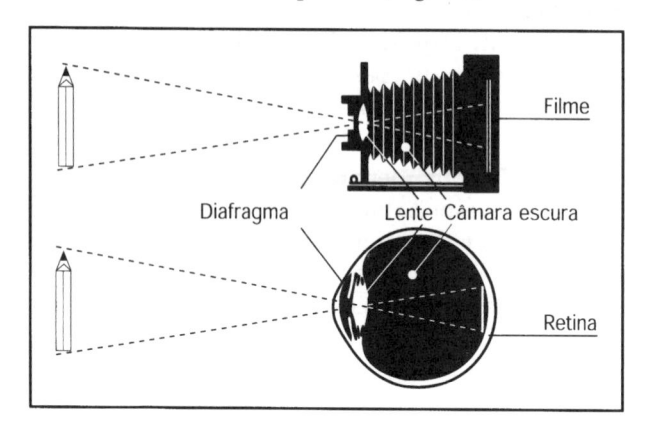

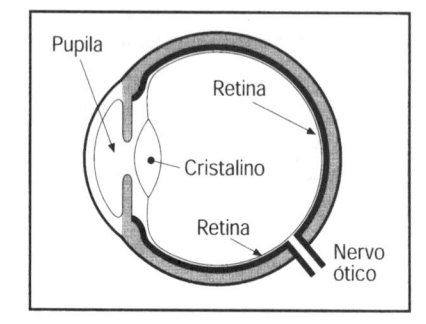

Figura 1.4 — O olho humano se assemelha a uma câmara fotográfica

Figura 1.5 — Corte do olho humano

A câmara fotográfica focaliza os objetos, próximos ou distantes, através da variação da distância entre a objetiva e o plano do filme fotográfico. Já o olho humano faz essa focalização pela modificação da curvatura da lente do *cristalino* (Fig.1.6). Ele se aplaina para a visão à distância ou diminui seu raio de curvatura para a visão de objetos próximos.

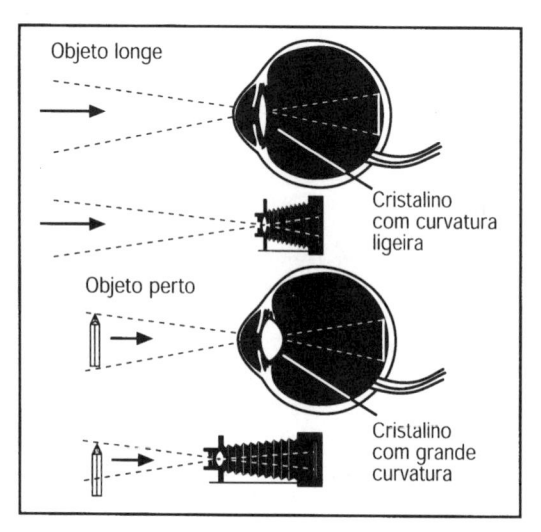

Figura 1.6 — A curvatura do cristalino varia com a distância olho/objeto.

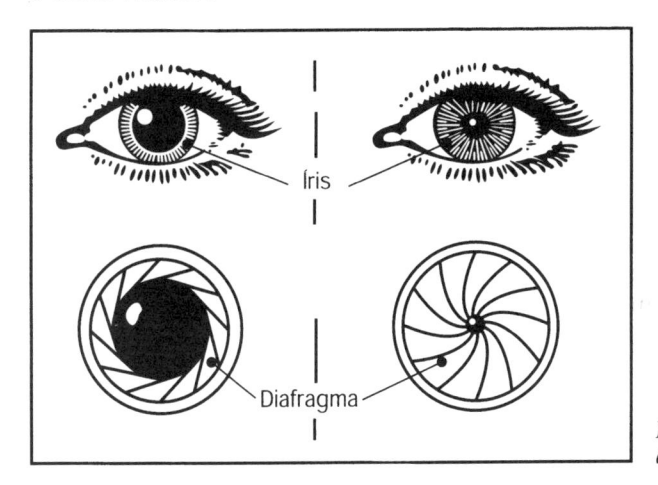

Figura 1.7— O papel da pupila no ajuste da quantidade de luz que penetra no olho.

Já o diafragma da câmara fotográfica (que se fecha ao focalizar assuntos de elevada luminância e se abre ao focalizar assuntos na penumbra) corresponde no olho humano à *pupila (íris)* (Fig. 1.7) que através da pressão do músculo ciliar ajusta automaticamente seu diâmetro aos níveis de luminância dos assuntos visualizados.

Assim como nas câmaras fotográficas, a imagem é formada invertida no fundo do olho (na *retina*) e daí é levada pelos nervos óticos até ao cérebro que a interpreta e faz sua reinversão.

1.5.1 — Visão das cores

A cor de um objeto iluminado consta da interação de três fatores: a composição espectral do fluxo luminoso emitido pela fonte luminosa; a reflectância espectral do objeto iluminado e da capacidade do observador de detetar e interpretar a composição espectral da luz recebida pelos seus olhos.

A *retina* do olho humano, que faz o papel da emulsão nas câmaras fotográficas, está provida de duas espécies de células sensíveis à luz, os *cones* e os *bastonetes*. Essas células transformam a luz em impulsos elétricos que os nervos óticos2 conduzem ao cérebro. O centro visual do cérebro recebe as informações e as interpreta, verificando-se a percepção visual.

As células-*bastonetes* da retina são sensíveis unicamente à luz, sendo as responsáveis pela nossa visão para baixos níveis de luminância (da ordem de 0,001 cd/m² ou menos). Nesse caso, não existe percepção de cores. Já as células-*cone*, sensíveis à luz e à cor, dão-nos o sentido da visão diurna para altos níveis de iluminâncias e luminâncias acima de 3 cd/ m².

Nessa explanação encontra-se a justificativa do fenômeno de Purkinje, que consiste no deslocamento, na escala dos comprimentos de onda, da curva internacional de luminosidade espectral do olho humano. Pela Fig. 1.3, vemos que a máxima sensibilidade do olho humano passa do comprimento de onda de 555 nm (visão fotópica) para 508 nm, em baixos níveis de luminância (visão escotópica). Os valores máximos da sensibilidade absoluta variam de 680 lm/W, na visão fotópica, para 1 746 lm/W, na visão escotópica. A curva correspondente à visão fotópica é, como vimos, denominada *curva internacional de visibilidade espectral relativa.*

1.5.2 — Deslumbramento (ofuscamento)

"Defeito de adaptação que se manifesta em caso de excesso de contraste ou excesso de iluminância, no espaço ou no tempo. No primeiro caso, traduz a falta de harmonia entre a sensibilidade de partes da retina submetidas simultaneamente a iluminâncias diferentes. No segundo caso, resulta do tempo necessário à própria adaptação" (ABNT). O deslumbramento produz desconforto visual e redução da visão, podendo mesmo ocasionar a cegueira momentânea (ver itens 7.1 e 9.4). Um caso típico de deslumbramento é o provocado nos motoristas, que dirigem à noite, pelos *faróis altos* dos veículos que circulam em sentido contrário.

1.6 — ATRIBUTOS DAS CORES

Uma cor possui três atributos subjetivos que a caracterizam: matiz, saturação e luminância subjetiva.

O matiz é o atributo que permite distinguir uma cor da outra. Assim, podemos, por exemplo, distinguir o verde do vermelho. É o atributo da sensação visual que determina se uma cor é vermelha, verde ou amarela.

Saturação (pureza) é o atributo de uma sensação colorida correspondente a um certo matiz que determina o grau de sua diferença em relação à cor espectral padrão que mais se lhe assemelha. Uma cor pura (espectral) tem saturação integral (100 %). À medida que essa cor se mistura com o branco, sua saturação diminui, chegando a zero para o branco puro. O matiz e a saturação, em conjunto, formam o *cromatismo*.

Luminância subjetiva é o atributo pelo qual um corpo parece mais ou menos luminoso do que outro. Pode-se, pois, variar a sensação de cor de um objeto, variando-se sua luminância, ainda que se mantenha o cromatismo constante. Assim, quando a luminância diminui, o branco passa a cinzento e o amarelo a pardo.

1.6.1 — Cores primárias e secundárias

Tendo algumas cores básicas, poderemos obter novas cores por dois processos: subtração e adição. Na subtração, faz-se a luz atravessar um filtro colorido. Tal filtro permite passar, para cada comprimento de onda, uma determinada fração ($\tau\lambda$) da intensidade. Assim, de uma luz de espectro I (λ) obtém-se nova cor de espectro I (λ) $\cdot$ ($\tau\lambda$). As cores obtidas por subtração dependerão sempre do espectro da cor primitiva e das transmitâncias espectrais $\tau(\lambda)$ dos filtros utilizados.

Quando duas ou mais cores chegam ao mesmo tempo ao olho, é provocada uma nova impressão cromática. Trata-se, portanto, da obtenção de uma nova cor pela adição dessas cores. As três cores no sistema aditivo que permitem a obtenção da mais extensa gama de cores derivadas são o vermelho $R(\lambda = 650 \text{ nm})$, o verde $G(\lambda = 530 \text{ nm})$ e o azul $B(\lambda = 425 \text{ nm})$. Por esse motivo, elas são chamadas de cores primárias.

1.6.2 — Sistema CIE de tristímulus

A CIE (Comissão Internacional de Iluminação, 1931), decidiu exprimir todos os dados para a composição de cores em função de três componentes. Esses estímulos-padrão não são na verdade cores reais, o que, entretanto, carece de importância, visto serem calculados matematicamente e não determinados através de colorímetros. A esses três estímulos capazes de, em conjunto, produzir a sensação da cor considerada para um olho-padrão internacional, deu-se o nome de *tristímulus*.

As variações dos tristímulus são representadas por curvas (Fig. 1.8) nas quais as ordenadas correspondem a unidades arbitrárias, tais que as áreas delimitadas pelas três curvas sejam iguais. Os tristímulus são representados por $\bar{x}$, $\bar{y}$ e $\bar{z}$

A curva de variação de $\bar{y}$ é igual a *curva internacional de luminosidade espectral relativa*. Uma cor F seria representada simbolicamente pela equação

$$F = \bar{x}R + \bar{y}G + \bar{z}B.$$

Os cones do olho possuem três aparelhos distintos relativos ao vermelho *(R)*, ao verde (G), e ao azul *(B)*. Cada um desses aparelhos possui uma sensibilidade luminosa função de λ. As sensibilidades espectrais desses aparelhos coincidem com os tristímulus-padrão $\bar{x}$, $\bar{y}$ e $\bar{z}$. O olho humano seria grosseiramente comparado a três fotocélulas sensíveis, respectivamente, ao vermelho, ao verde e ao azul.

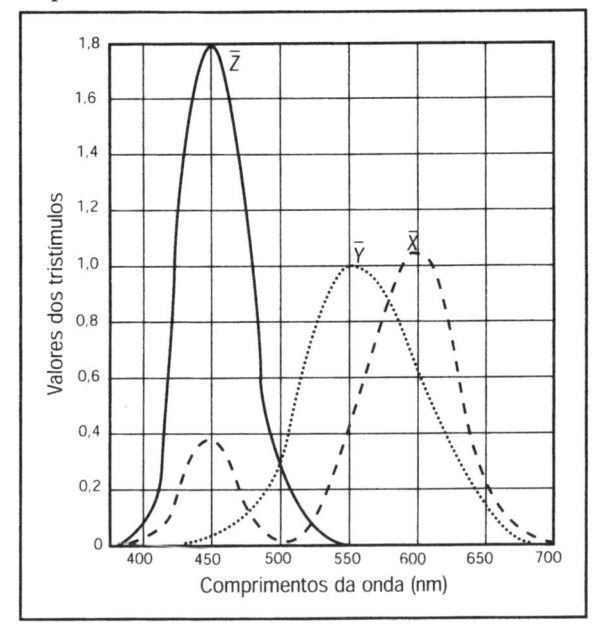

Figura 1.8 — Variações dos tristímulus com os comprimentos de onda

Iluminando-se simultaneamente as três fotocélulas com luz composta, os fluxos fotoelétricos particulares corresponderiam às perceptividades fundamentais do olho para essa cor composta. Obteríamos a cor branca, quando as três sensibilidades fundamentais fossem igualmente excitadas.

Para a representação gráfica vectorial da cor, $F = \bar{x}R + \bar{y}G + \bar{z}B$, necessitaremos de um sistema cartesiano a três dimensões. Para simplificar essa representação e torná-la viável num diagrama a duas dimensões, basta que façamos

$$x = \bar{x}/(\bar{x}+\bar{y}+\bar{z}); \qquad y = \bar{y}/(\bar{x}+\bar{y}+\bar{z}); \qquad z = \bar{z}/(\bar{x}+\bar{y}+\bar{z}); \qquad (1.1)$$

sendo $x + y + z = 1$. Bastarão, pois, dois coeficientes tricromáticos, x,y ou z, para representar qualquer cor do espectro. Assim, para a luz vermelha de $\lambda = 500$ nm, temos os seguintes valores dos tristímulus:

$$\bar{x} = 0,0049, \qquad \bar{y} = 0,3230, \qquad \bar{z} = 0,2720;$$
$$x = 0,0049 / 0,5999 = 0,0082$$

$$y = 0,3230 / 0,5999 = 0,5384$$
$$z = 0,2720 / 0,5999 = 0,4534$$

Essa cor do espectro poderá, pois, ser representada em um diagrama bidimensional cartesiano cujas coordenadas sejam $x = 0,0082$ e $y = 0,5384$.

Determinando os coeficientes tricromáticos x e y para todas as cores do espectro visível, poderemos representá-las no *diagrama da cromaticidade* (Fig. 1.9). O lugar geométrico das cores do espectro visível no diagrarna da cromaticidade é chamado de *spectrum locus*. A reta *HJ* que liga as extremidades do *spectrum locus* é denominada fronteira purpurina. Na Fig. 1.5, o ponto C representa a "luz do dia média" correspondente ao iluminante-padrão tipo C. O ponto F representa uma cor iluminada pela luz-padrão C. Ligando C a F e prolongando essa reta até ao *spectrum locus,* obteremos o ponto G, correspondente ao comprimento de onda de 600 nm. Portanto a cor F é alaranjada, sendo G o comprimento de onda dominante.

A reta *CG* corresponde ao lugar geométrico das cores que poderão ser obtidas pela mistura das cores C (branco) e G (laranja). A pureza da cor F será expressa, em porcentagem, pela relação dos comprimentos $CF/CG = CF/(CF + FG)$. Daí se conclui que a pureza espectral da cor G é 100% e a pureza do branco C é 0%.

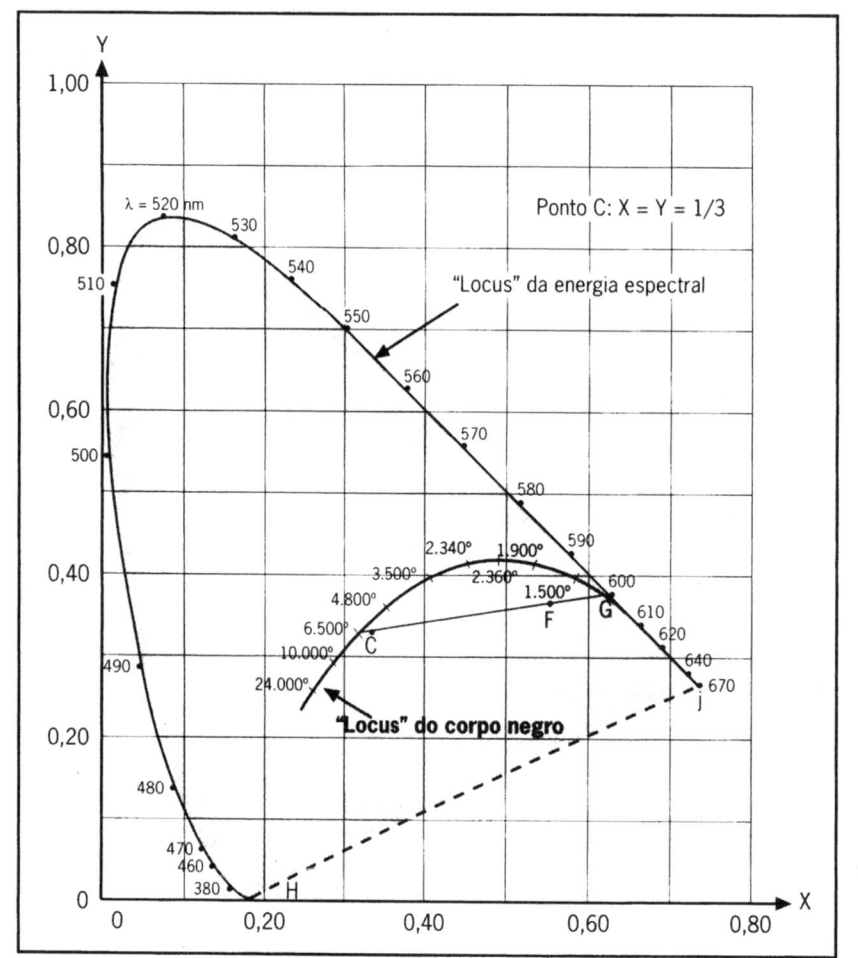

Figura 1.9 Diagrama da cromaticidade. Segundo a Commission Internationale de L'éclairage (CIE).

As cores situadas no triângulo *HCJ* não podem ser obtidas pela combinação do branco com uma das cores do espectro, pois as retas que passam por *C,* dentro desse triângulo, não cortam o *spectrum locus.* Essas cores, que correspondem aos púrpuras ou magentas, são denominadas cores não-espectrais.

A curva cheia da Fig. 1.9 representa a posição da cor de um radiador integral (corpo negro) para diversas temperaturas absolutas.

Tabela 1.3 — Valores dos tristímulus do espectro equienergético							
Comprimento de onda (nm)	$\bar{x}$	$\bar{y}$	$\bar{z}$	Comprimento de onda (nm)	$\bar{x}$	$\bar{y}$	$\bar{z}$
380	0,0014	0,0000	0,0065	580	0,9163	0,8700	0,0017
385	0,0022	0,0001	0,0105	585	0,9786	0,8163	0,0014
390	0,0042	0,0001	0,0201	590	1,0263	0,7570	0,0011
395	0,0076	0,0002	0,0362	595	1,0567	0,6949	0,0010
400	0,0143	0,0004	0,0679	600	1,0622	0,6310	0,0008
405	0,0232	0,0006	0,1102	605	1,0456	0,5668	0,0006
410	0,0435	0,0012	0,2074	610	1,0026	0,5030	0,0003
415	0,0776	0,0022	0,3713	615	0,9384	0,4412	0,0002
420	0,1344	0,0040	0,6456	620	0,8544	0,3810	0,0002
425	0,2148	0,0073	1,0391	625	0,7514	0,3210	0,0001
430	0,2839	0,0116	1,3856	630	0,6424	0,2650	0,0000
435	0,3285	0,0168	1,6230	635	0,5419	0,2170	0,0000
440	0,3483	0,0230	1,7471	640	0,4479	0,1750	0,0000
445	0,3481	0,0298	1,7826	645	0,3608	0,1382	0,0000
450	0,3362	0,0380	1,7721	650	0,2835	0,1070	0,0000
455	0,3187	0,0480	1,7441	655	0,2187	0,0816	0,0000
460	0,2908	0,0600	1,6692	660	0,1649	0,0610	0,0000
465	0,2511	0,0739	1,5281	665	0,1212	0,0446	0,0000
470	0,1954	0,0910	1,2876	670	0,0874	0,0320	0,0000
475	0,1421	0,1126	1,0419	675	0,0636	0,0232	0,0000
480	0,0956	0,1390	0,8130	680	0,0468	0,0170	0,0000
485	0,0580	0,1693	0,6162	685	0,0329	0,0119	0,0000
490	0,0320	0,2080	0,4652	690	0,0227	0,0082	0,0000
495	0,0147	0,2586	0,3533	695	0,0158	0,0057	0,0000
500	0,0049	0,3230	0,2720	700	0,0114	0,0041	0,0000
505	0,0024	0,4073	0,2123	705	0,0081	0,0029	0,0000
510	0,0093	0,5030	0,1582	710	0,0058	0,0021	0,0000
515	0,0291	0,6082	0,1117	715	0,0041	0,0015	0,0000
520	0,0633	0,7100	0,0782	720	0,0029	0,0010	0,0000
525	0,1096	0,7932	0,0573	725	0,0020	0,0007	0,0000
530	0,1655	0,8620	0,0422	730	0,0014	0,0005	0,0000
535	0,2257	0,9149	0,0298	735	0,0010	0,0004	0,0000
540	0,2904	0,9540	0,0203	740	0,0007	0,0003	0,0000
545	0,3597	0,9803	0,0134	745	0,0005	0,0002	0,0000
550	0,4334	0,9950	0,0087	750	0,0003	0,0001	0,0000
555	0,5121	1,0002	0,0057	755	0,0002	0,0001	0,0000
560	0,5945	0,9950	0,0039	760	0,0002	0,0001	0,0000
565	0,6784	0,9786	0,0097	765	0,0001	0,0000	0,0000
570	0,7621	0,9520	0,0021	770	0,0001	0,0000	0,0000
575	0,8425	0,9154	0,0018	775	0,0000	0,0000	0,0000
580	0,9163	0,8700	0,0017	780	0,0000	0,0000	0,0000
				Totais	21.3713	21.3714	21.3715

1.6.3 — Outros sistemas de especificação das cores

A especificação das cores por seus componentes tricromáticos é bastante complexa para que seu uso seja generalizado a todas as pessoas que lidam com cores. Nos casos mais gerais, portanto, são de interesse os sistemas de classificação que permitam identificar as cores por meio de comparação. São os atlas de cores desenvolvidos por diversos autores. Entre outros, temos os seguintes: *Dicionário de cores*, de Maers e Paul, *Dictionary of colour standards,* sistema Munsell, sistema Ostwald, etc.

O *Dicionário de cores* de Maers e Paul consiste num catálogo com mais de sete mil cores e quatro mil nomes, sendo as cores reunidas em sete grupos, segundo sua seqüência no espectro. Cada grupo é apresentado em oito folhas sucessivas, sendo a primeira para pureza 0% (branco) e escurecendo nas demais até o negro, na última folha. O sistema desenvolvido pelo professor Albert Munsell, de Boston, é largamente conhecido e usado. A cor é, especificada através de três entradas, correspondentes ao *hue* (matiz), *value* (refletância) e *chroma* (pureza). Aos diversos matizes, correspondem páginas que se encontram em torno de um eixo vertical. Nessas páginas, as cores são catalogadas verticalmente segundo a refletância e horizontalmente segundo a pureza. A cor vermelha 5/6, por exemplo, seria colocada na página correspondente ao matiz vermelho com ordenada 5 (refletância) e abscissa 6 (pureza).

No sistema Ostwald, o conjunto de cores forma o *sólido de cor*. A cada cor básica (em numero de oito) corresponde uma seção desse sólido. Dentro do mesmo, as cores são designadas segundo seu conteúdo em branco e preto.

O dicionário de cores usado pelas industrias britânicas é o *Dictionary of colour standards* do British Colour Council, obra essa apresentada em dois volumes. No primeiro, estão as amostras de cores e, no segundo, seus nomes, fontes de fornecimento, etc.

Todos esses processos de especificação de cores são relativamente precários, carecendo de precisão. Para os técnicos é, portanto, aconselhável a utilização do sistema CIE de tristímulus.

1.6.4 — Aplicações da especificação das cores

A especificação das cores torna-se cada dia mais importante em todos os setores industriais. Para os fabricantes de material elétrico, ela é importante na análise da cor das lâmpadas fluorescentes, nos projetos de iluminação, na determinação das temperaturas de cor das lâmpadas e no estudo das substâncias fluorescentes.

A outros especialistas, também interessa a precisa especificação das cores: são os fabricantes de tintas, corantes e vernizes, a indústria automobilística, os fabricantes de papel e de tecidos, etc. Também as indústrias farmacêuticas, de produtos de beleza, a fotografia, a televisão e o cinema se beneficiarão com um maior conhecimento do assunto.

BIBLIOGRAFIA

ABNT — *Definição de cores.* P-TB 32, 1971.
ACEC — *Manuel d'éclairage.* Diffusion Gamma, Bélgica, 1969.
GE — Fundamentals of light and lighting. *Boletim LD-2.*
Gilberto J.C.Costa — *Iluminação Econômica.* Edições EDIPUCRS. Porto Alegre-RGS. 1998.
I.E.S. — *Lighting handbook.* Illuminating Engineering Society, N.Y. 8.ª edição, 1993.
L. Smit — *Os raios ultravioleta e seu efeito germicida.* S.A. Philips do Brasil, 1960.
L. Smit — *Os raios ultravioleta e seus efeitos fotoquímicos.* S.A. Philips do Brasil, 1960.
M. La Toisson — *Manual de alumbrado.* Ed. Paraninfo, Madrid, 1968.
P. J. Bouma — *Physical aspects of colour.* Biblioteca Técnica Philips, 1949.

CAPÍTULO 2

GRANDEZAS E UNIDADES UTILIZADAS EM ILUMINAÇÃO

Estudaremos neste capítulo as principais grandezas e unidades utilizadas em iluminação. Adotaremos as definições, símbolos e unidades legais da "NBR 5461 — Vocabulário de Iluminação — Terminologia" da Associação Brasileira de Normas Técnicas (ABNT) e do decreto 63233, de 12 de setembro de 1968.

2.1 — FLUXO RADIANTE

Fluxo radiante *(P)* é a quantidade de energia transportada por uma radiação. As unidades que medem o fluxo radiante são as unidades de energia: watt-hora (Wh), quilowatt-hora (kWh); Joule (J), etc.

2.2 — INTENSIDADE LUMINOSA

Apesar de o fluxo radiante exprimir a potência de uma fonte de luz, não indica como se distribui, em todas as direções, a energia irradiada. Assim, duas fontes luminosas podem ter igual potência e no entanto uma delas, numa dada direção, emitir muito mais energia que a outra. Para caracterizar esse fenômeno é necessário distinguir-se, além da potência, a intensidade luminosa da fonte (I).

2.2.1 — Definição

Intensidade luminosa é o "limite da relação entre o fluxo luminoso (veja 2.3) em um ângulo sólido em torno de uma direção dada e o valor desse ângulo sólido, quando esse ângulo sólido tende para zero" (Fig. 2.1),

$$I = d\varphi / d\omega \tag{2.1}$$

A unidade de intensidade luminosa no nosso sistema legal é a candela (cd), e corresponde à "intensidade luminosa, na direção perpendicular a uma superfície plana de área igual a $1/600000 \, m^2$, de um corpo negro, à temperatura de solidificação da platina, sob pressão de $101 \, 325 \, N/m^2$".

Durante muito tempo, a unidade básica da Fotometria foi uma unidade de intensidade luminosa denominada "vela-padrão", que era determinada a partir de medições padronizadas em um conjunto de velas de espermacete, construídas com características especiais. Evidentemente tal padrão não podia permanecer, dadas as dificuldades de reproduzi-lo com exatidão. Foi posteriormente substituído pela lâmpada de pentana e esta

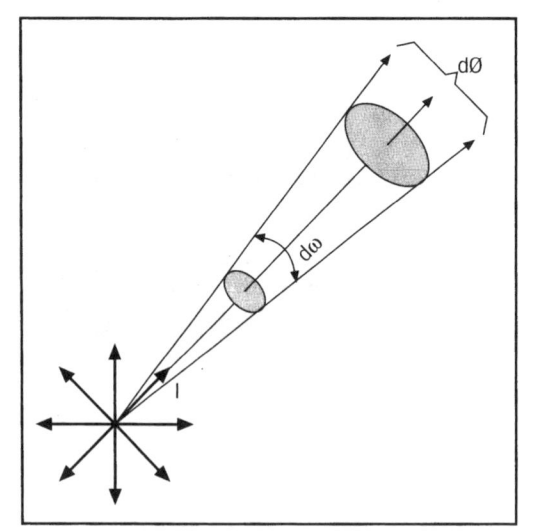

Figura 2.1 — Noção de intensidade luminosa

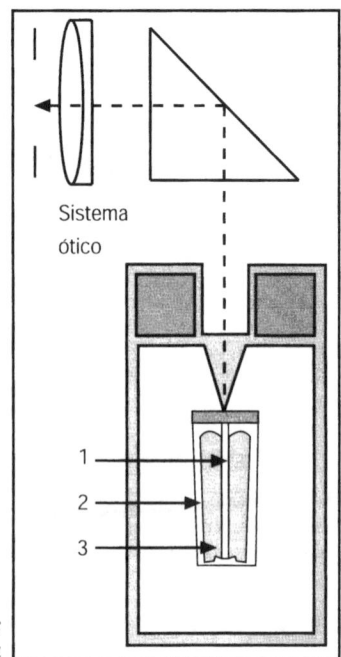

Figura 2.2 — Padrão primário de intensidade luminosa;
1. cavidade radiadora de óxido de tório; 2. cadinho; 3. massa de platina

pela média das intensidades médias horizontais de um conjunto padronizado de lâmpadas incandescentes.

O padrão internacional da intensidade luminosa, atualmente adotado, baseia-se na luminância do corpo negro à temperatura de solidificação da platina e está indicado na Fig. 2.2. A massa de platina é aquecida por indução com rádiofreqüência. Para a medida fotométrica, é utilizado o esquema desse radiador integral, na temperatura de solidificação da platina (1773 ^{0}C), sob pressão de 101 325 N/m^2.

O nome candela substitui os antigos nomes "vela internacional" e "vela nova" (para fins práticos, os valores das antigas "vela internacional" e "vela nova" podem ser tomados como iguais ao da candela).*

As fontes industriais de luz não possuem, em geral, distribuição uniforme de suas intensidades luminosas, isto é, a intensidade luminosa não é a mesma em todas as direções. Temos então, muitas vezes, a necessidade de determinar a intensidade luminosa média.

Intensidade luminosa média horizontal é a média dos valores da intensidade luminosa medida em todas as direções de um plano horizontal, passando pelo centro da fonte luminosa.

Intensidade média esférica é a média dos valores da intensidade luminosa, medida em todas as direções do espaço.

Fator de redução esférica é o quociente da intensidade média esférica para a intensidade média horizontal.

---

* *Nos países que adotam unidades inglesas a unidade de intensidade luminosa é o "candle-power" (cp) de valor igual a uma candela.*

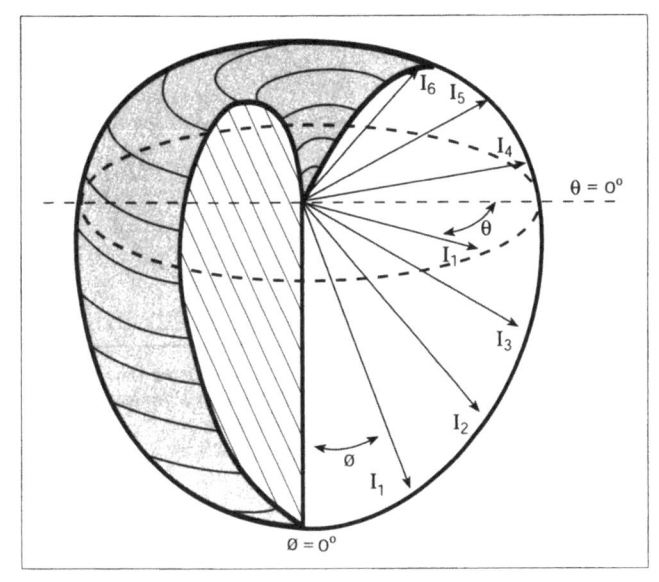

Figura 2.3 — Superfície fotométrica

2.2.2 — Diagramas fotométricos

A distribuição de luz realizada por uma fonte pode ser representada por uma superfície definida pela distribuição espacial dos valores da intensidade luminosa em cada direção. É a chamada superfície fotométrica (Fig. 2.3).

Quando a fonte realiza uma distribuição espacialmente uniforme, a superfície fotométrica é uma esfera. A superfície fotométrica, sendo espacial, não pode ser representada diretamente sobre um plano, isto é, em um diagrama de duas dimensões. Para que a representação seja possível, adotam-se projeções dessa superfície sobre um plano. A intersecção de uma superfície fotométrica por um plano que passa pelo centro da fonte luminosa é uma curva fotométrica (Fig. 2.4). Podemos assim traçar as curvas fotométricas horizontais [Fig. 2.4(b)] e verticais [Fig. 2.4(d)] de uma fonte luminosa.

A ABNT define curva fotométrica ou curva de distribuição de intensidade luminosa, do seguinte modo: "curva, geralmente polar, que representa a variação da intensidade luminosa de uma fonte segundo um plano passando pelo centro, em função da direção".

Se medirmos as intensidades luminosas emitidas segundo um plano horizontal [Fig. 2.4(a)] de uma lâmpada incandescente e, numa escala conveniente, traçarmos a partir do centro 0 os vetores respectivos, teremos, unindo as extremidades dos mesmos, o diagrama polar luminoso horizontal [Fig. 2.4(b)]. Geralmente, para as lâmpadas comuns de filamento, o diagrama polar horizontal é praticamente uma circunferência. De modo semelhante, poderíamos obter o diagrama fotométrico vertical [Fig. 2.4(d)] da mesma lâmpada incandescente.

As Figs. 2.5 e 2.6 representam, respectivamente, as curvas fotométricas, de uma lâmpada de vapor de mercúrio e de uma luminária especial para iluminação pública.

No caso de curvas fotométricas de luminárias para iluminação pública, entre os planos verticais a considerar há um de importância capital, isto é, aquele no qual a intensidade luminosa atinge o maior valor. A direção desse plano é fixada em relação à posição da luminária instalada, como nos mostra a Fig.2.6.

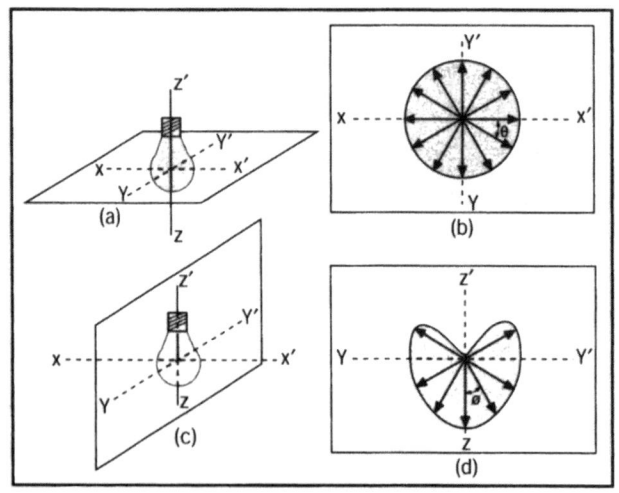

Figura 2.4 — Curvas fotométricas horizontais e verticais

Figura 2.5 — Curva fotométrica vertical de uma lâmpada de vapor de mercúrio de cor corrigida de 250W

2.2.3 — Diagramas de isocandelas

Linha isocandela é a "linha traçada num plano e referida a um sistema de coordenadas que permita representar direções no espaço em torno de um ponto luminoso ligando os pontos do espaço em que as intensidades luminosas são iguais" (ABNT).

As linhas isocandelas ligam pontos de uma esfera nas quais vêm aflorar raios vetores, segundo os quais as intensidades luminosas são iguais. Tais curvas são traçadas na superfície da esfera e, para que as possamos desenhar num plano (obtendo um diagrama de isocandelas), teremos de aplicar um método de projeção dos utilizados em cartografia.

Um processo consiste em circunscrever a esfera por um cilindro (Fig. 2.7), um cone (Fig. 2.8) ou colocá-la tangencialmente a um plano (Fig. 2.9) e projetar os meridianos e paralelos desde o centro da esfera (ou outro *ponto de vista* conveniente eleito) sobre o cilindro,

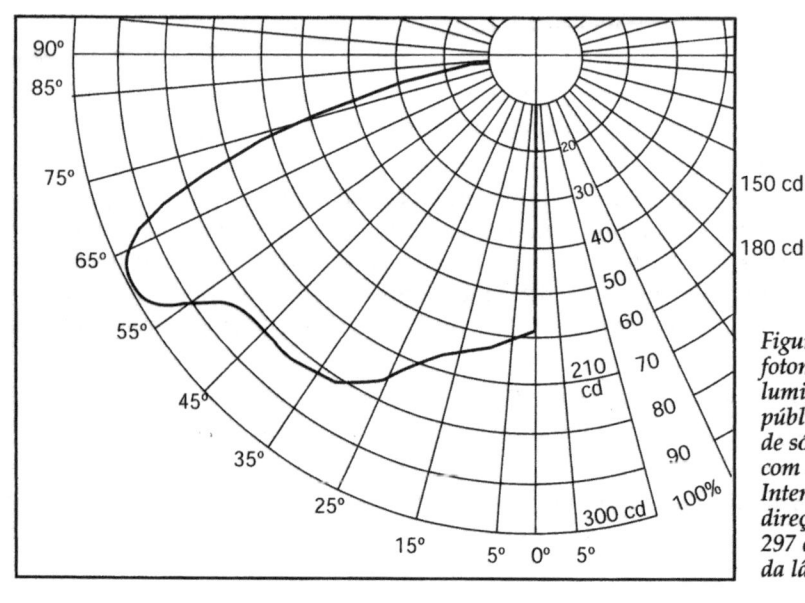

Figura 2.6 — Curva fotométrica vertical de uma luminária para iluminação pública com lâmpada vapor de sódio de 70 W e montada com inclinação de 15°. Intensidade máxima, na direção do eixo da rua, de 297 candelas para 1000 lm da lâmpada

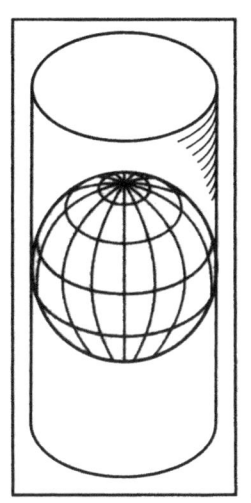

Figura 2.7
Projeção cilíndrica

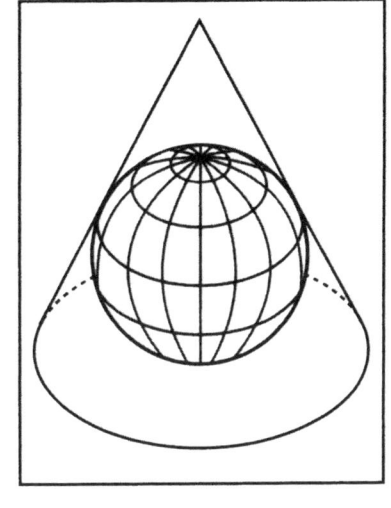

Figura 2.8
Projeção cônica

o cone ou o plano tangente. Cortando o cilindro ou o cone segundo sua geratriz e desenvolvendo sobre um plano, teremos completada a projeção.

Vários sistemas de projeção, modificação dos básicos precedentes, podem ser utilizados no estudo fotométrico das fontes de luz. No nosso caso, dá-se preferência especialmente `as projeções cilíndricas eqüirretangulares (derivadas da Fig. 2.7), azimutais (derivadas da Fig. 2.9) ou senoidais (Fig. 2.10).

Na projeção senoidal, as dimensões são verdadeiras sobre todos os paralelos e sobre o meridiano central, ficando bem distorcidas nos demais meridianos, à medida que se afastam do central (Fig. 2.11).

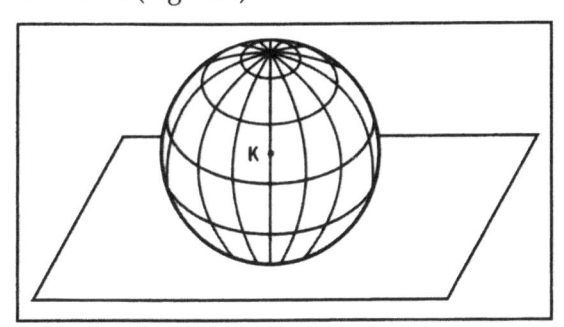

Figura 2.9 — Projeção azimutal

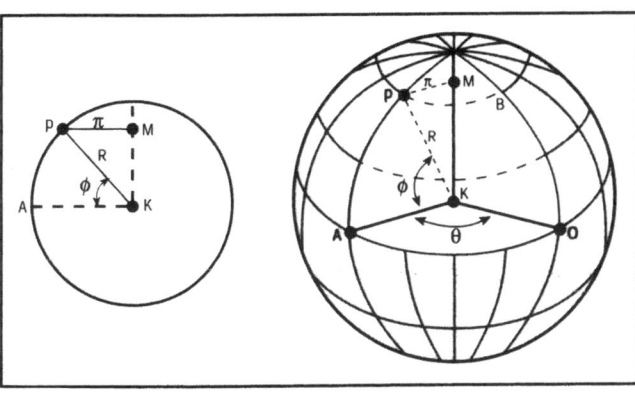

Figura 2.10 — Projeção senoidal.
φ, latitude; θ, longitude
$\overset{\frown}{PB}/\overset{\frown}{AO} = r/R; r = R\,cos\varphi\ ou$
$\overset{\frown}{PB}/\overset{\frown}{AO} = cos\varphi$

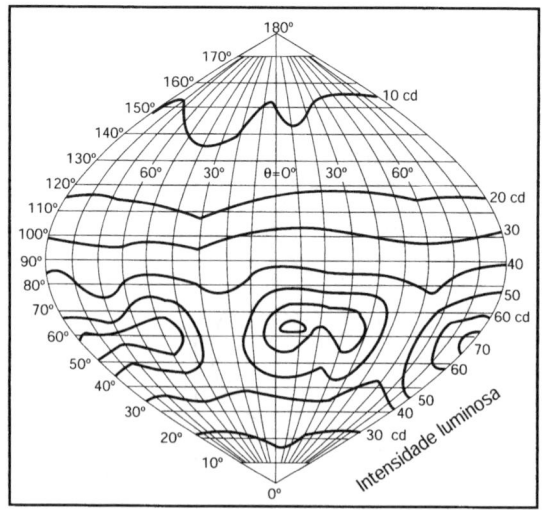

Figura 2.11 — Diagrama de isocandelas em projeção senoidal

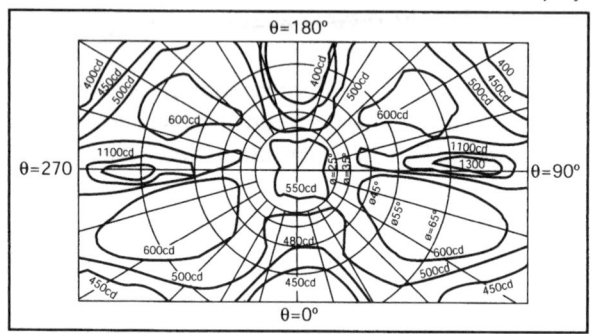

Figura 2.12 — Diagrama de isocandelas em projeção azimutal

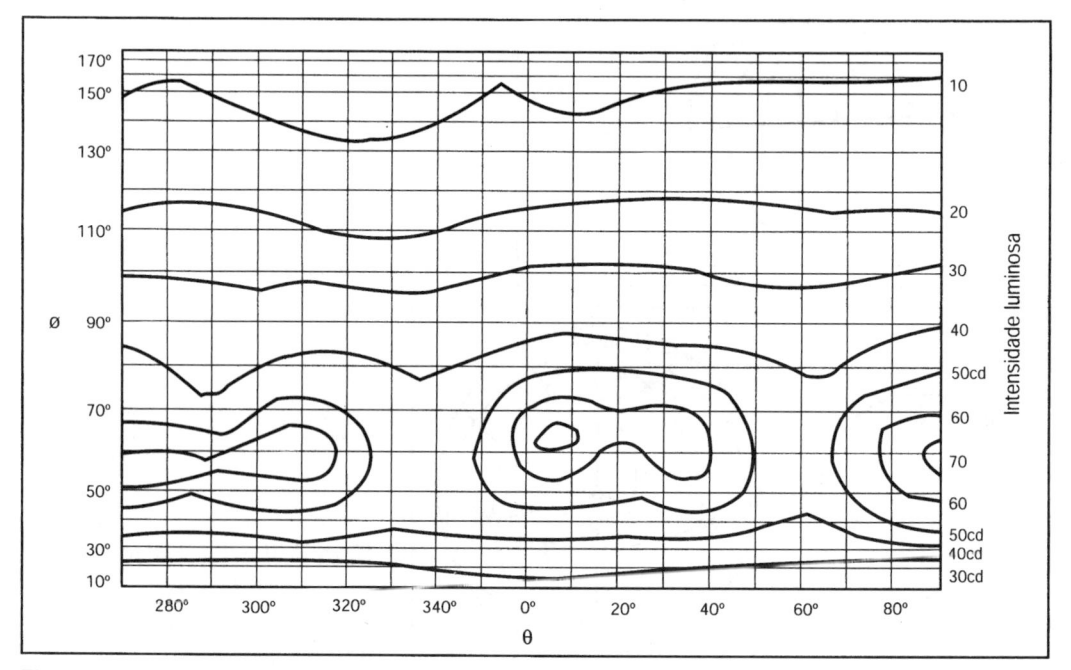

Figura 2.13 — Diagrama de isocandelas em projeção cilíndrica da mesma luminária da Fig 2.11

Na projeção azimutal, todos os círculos máximos (os meridianos, no caso da Fig. 2.9) são retas e seu azimute (θ) é verdadeiro. Já os paralelos são representados por circunferências concêntricas. No caso mais comum, utiliza-se como ponto de vista o centro *(k)* da esfera, sendo, portanto, possível de representação unicamente uma semi-esfera (Fig. 2.12).

2.3 — FLUXO LUMINOSO

Fluxo luminoso (ϕ) é a "grandeza característica de um fluxo energético, exprimindo sua aptidão de produzir uma sensação luminosa no ser humano através do estímulo da retina ocular, avaliada segundo os valores da eficácia luminosa relativa admitidos pela Comissão Internacional C.I.E." (ABNT).

A unidade de fluxo é o lúmen (lm), definido como "fluxo luminoso emitido no interior de um ângulo sólido igual a um esferorradiano, por uma fonte luminosa puntiforme de intensidade invariável e igual a uma candela, de mesmo valor em todas as direções". Na prática, não temos fonte puntiforme, porém, quando seu diâmetro for menor que 20% da distância que a separa do ponto em que consideramos o efeito, ela atua como puntiforme. A relação 10% é usada nos trabalhos de maior precisão (Cap. 3).

Sabemos, da Geometria, que uma esfera tem 4π, ou seja, 12,56 ângulos sólidos unitários; portanto urna fonte luminosa de intensidade de uma candela emitirá 12,56 lm.

2.4 — QUANTIDADE DE LUZ

Quantidade de luz (Q) é a quantidade de energia radiante, avaliada de acordo com sua capacidade de produzir sensação visual. A unidade correspondente é o lúmen-segundo (lm.s), que é a "quantidade de luz, durante 1 segundo, de um fluxo luminoso uniforme e igual a 1 lm".

2.5 — EFICIÊNCIA LUMINOSA

Eficiência luminosa (η) de uma fonte luminosa é a relação entre o fluxo luminoso total emitido pela fonte e a potência por ela absorvida,

$$\eta = \phi / P \qquad ou \qquad \eta = lm / W \tag{2.2}$$

onde ϕ é o fluxo luminoso emitido pela fonte luminosa (lm); P o fluxo radiante ou potência absorvida (W); e η a eficiência luminosa (lm / W).

A figura 2.14 nos mostra as eficiências luminosas das principais lâmpadas elétricas.

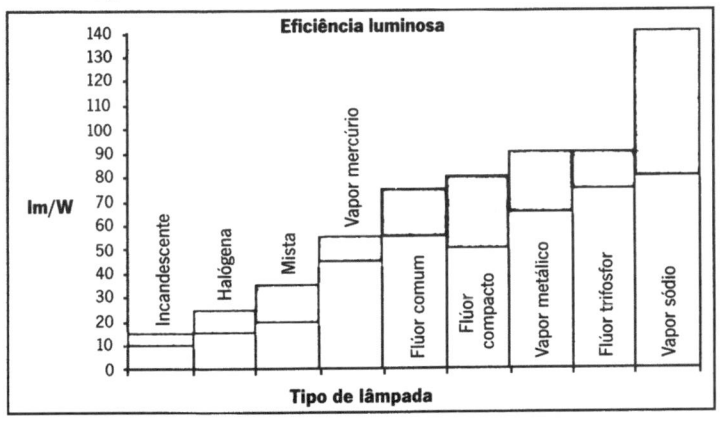

Figura 2.14 — Eficiência luminosa das lâmpadas elétricas

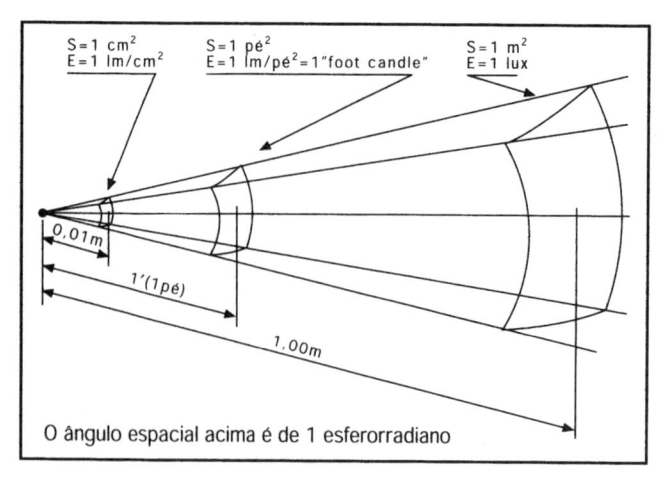

Figura 2.15 — Fluxo luminoso de 1 lm irradiado num ângulo sólido de 1 sr

2.6 — ILUMINÂNCIA

Iluminância (ou *Iluminamento*) *(E)* é o "fluxo luminoso incidente por unidade de área iluminada". Podemos também defini-la (em um ponto de uma superfície) como "a densidade superficial de fluxo luminoso recebido",

$$E = d\varphi / dS \qquad (2.3)$$

A unidade brasileira de *iluminância* é o lux (lx): "iluminância de uma superfície plana, de área igual a 1 m², que recebe, na direção perpendicular, um fluxo luminoso igual a 1 lm, uniformemente distribuído". A Inglaterra e os Estados Unidos utilizam como unidade de *iluminância* o *foot-candle* (vela-pé), que é igual a um lúmen por pé quadrado (1 lm/pé²).

A Fig. 2.15 mostra, em perspectiva, o fluxo luminoso de um 1 lúmen irradiado pela fonte puntual de intensidade de uma candela, incidindo sobre as áreas de um centímetro quadrado, um pé quadrado e um metro quadrado. Temos assim a representação, sem preocupação de escalas, de três unidades de *iluminância*. Pela mesma figura, vemos que 1 *foot-candle* é igual a 10,76 lux (Tabela 2.1).

Curva de isolux. "Linha traçada em um plano, referida a um sistema de coordenadas apropriado, ligando pontos de uma superfície, que têm iluminância igual." Um conjunto de curvas isolux forma um diagrama de isolux de grande importância em Luminotécnica (Fig. 2.16).

2.7 — EXITÂNCIA LUMINOSA (antiga Emitância Luminosa)

Exitância Luminosa *(H)* é a densidade superficial de um fluxo luminoso emitido,

$$H = d\varphi / dS \qquad (2.4)$$

A unidade legal brasileira de exitância luminosa é o lúmen por metro quadrado (lm/m²): "*exitância* luminosa de uma fonte superficial que emite, uniformemente, um fluxo luminoso igual a lúmen por metro quadrado de sua *área*". Essa unidade eventualmente recebe o nome de radiolux. Já se utilizou, como unidade de exitância, o Lambert (La = 1 lm/ 1 cm²).

Os países que adotam medidas inglesas usam o *foot-Lambert*, que é a *exitância* de uma superfície de um pé quadrado, emitindo uniformemente um fluxo luminoso de um lúmen.

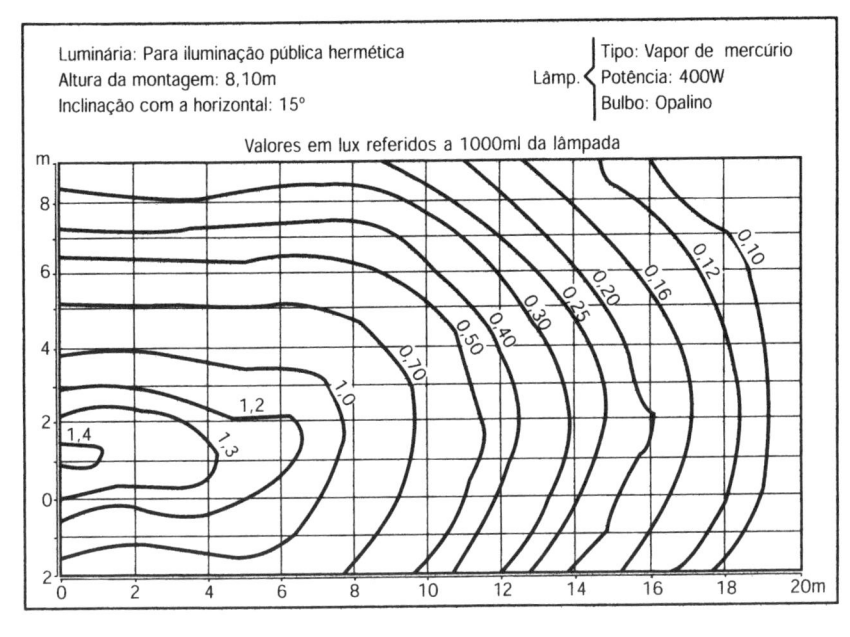

Luminária: Para iluminação pública hermética
Altura da montagem: 8,10m
Inclinação com a horizontal: 15°

Lâmp. { Tipo: Vapor de mercúrio
Potência: 400W
Bulbo: Opalino

Valores em lux referidos a 1000ml da lâmpada

*Figura 2.16
Diagrama de isolux
de uma luminária
para iluminação
pública*

Pode-se mostrar que 1 lm/m² é igual a 929×10^{-4} *foot-Lambert*, pois $1/10,76 = 929 \times 10^{-4}$.

2.8 — LUMINÂNCIA

Luminância (L) é o "limite da relação entre a intensidade luminosa com a qual irradia, em uma direção determinada, uma superfície elementar contendo um ponto dado e a área aparente dessa superfície para uma direção considerada, quando essa área tende para zero" (ABNT),

$$L = dI / dS_a \tag{2.5}$$

A área aparente de uma superfície, para uma direção dada, é a área da projeção ortogonal dessa superfície sobre um plano perpendicular a essa direção. A unidade legal brasileira é a candela por metro quadrado (cd/m²) também conhecida por *nit:* "*luminância*, em uma direção determinada, de uma fonte com área emissiva igual a um metro quadrado, e cuja intensidade luminosa, na mesma direção, é igual a uma candela."

Já se utilizou como unidade de luminância o *Stilb* (Sb), que é a luminância de uma fonte cuja área aparente é de um centímetro quadrado e cuja intensidade, na mesma direção, é uniforme e igual a uma candela.

Uma superfície difusora é aquela cuja luminância é igual em todas as direções. Tal luminância *(L)* será proporcional ao iluminamento *(E)* sobre a superfície,

$$L = q E, \tag{2.6}$$

onde *q* é o *fator de luminância*. Quando a superfície não é difusora, como nos casos dos pavimentos de ruas, o fator de luminância será função dos ângulos α, β e γ da Fig. 2.17.

Assim como temos curvas isocandelas, podemos também traçar *curvas de isoluminâncias* para determinada fonte de luz, luminária ou superfície iluminada. Elas são especialmente úteis em projetos de iluminação pública, quando se conhecem as curvas de isoluminâncias

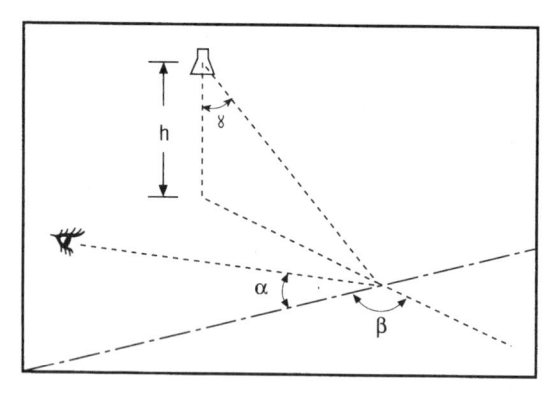

Figura 2.17 — Noção de fator de luminância:
$q = f(\alpha, \beta, \gamma)$

para um determinado tipo de pavimento (asfalto) de rua iluminado por luminárias montadas em posições definidas.

2.9 — REFLEXÃO, TRANSMISSÃO E ABSORÇÃO DA LUZ

Quando se ilumina uma superfície de vidro, por exemplo, uma parte do fluxo luminoso que incide sobre a mesma se reflete, outra atravessa a superfície transmitindo-se ao outro lado, e uma terceira parte do fluxo luminoso é absorvida pela própria superfície, transformando-se em calor. Portanto o fluxo luminoso incidente, nesse caso, divide-se em três partes, em uma dada proporção, que depende das características da substância sobre a qual incide. Temos, pois, três fatores a definir: *refletância, transmitância* e *fator de absorção*.

A luz solar e a maioria das fontes artificiais de luz contêm radiações de quase todos os comprimentos de onda, sendo, portanto, brancas ou quase brancas. Se uma superfície iluminada por uma luz branca reflete igualmente todas as radiações que incidem sobre ela, o fluxo refletido terá a mesma composição espectral do fluxo incidente: a luz refletida será branca. Se a superfície refletir melhor determinados comprimentos de onda, no fluxo refletido haverá predominância desses comprimentos de onda: a luz refletida será colorida.

As letras pretas de um livro diferem do papel branco sobre o qual estão impressas unicamente por sua refletância. Ambos refletem a luz branca, mas em porcentagens bem diversas; a cor negra absorve quase todo o fluxo luminoso incidente.

2.9.1 — Refletância

Refletância (fator de reflexão) (ρ) é a relação entre o fluxo luminoso refletido por uma superfície (φ_r) e o fluxo luminoso (φ) incidente sobre ela:

$$\rho = \varphi_r / \varphi \tag{2.7}$$

O valor da refletância é normalmente dado em porcentagem. Essa refletância corresponde a um valor médio dentro de todo o espectro visível.

Para determinado intervalo $\Delta\lambda$ do espectro, poderemos definir a refletância espectral (ρ_λ),

$$\rho(\lambda) = \varphi(\lambda)_r / \varphi(\lambda) \tag{2.8}$$

que poderá diferir do valor médio obtido da Eq. 2.7.

2.9.2 — Transmitância

Transmitância (fator de transmissão) (τ) é a relação entre o fluxo luminoso transmitido por uma superfície (φ_τ) e o fluxo luminoso que incide sobre a mesma,

$$\tau = \varphi_\tau / \varphi; \qquad \tau(\lambda) = \varphi(\lambda)\,\tau / \varphi(\lambda) \qquad (2.9)$$

2.9.3 — Fator de absorção

Fator de absorção (α) é a relação entre o fluxo luminoso absorvido por uma superfície (φ_α) e o fluxo luminoso que incide sobre a mesma,

$$\alpha = \varphi_\alpha / \varphi \qquad (2.10)$$

Das Eqs. (2.7), (2.9) e (2.10), tiramos que

$$\varphi_r = \rho\varphi, \qquad \varphi_t = \tau\varphi, \qquad \varphi_a = \alpha\varphi,$$

Somando membro a membro,

$$\varphi_r + \varphi_t + \varphi_a = \varphi\,(\rho + \tau + \alpha)$$

Como

$$\varphi_r + \varphi_t + \varphi_a = \varphi,$$

teremos então

$$\rho + \tau + \alpha = 1 \qquad (2.11)$$

Sendo $\rho(\lambda)$, t (λ) e $\alpha(\lambda)$ respectivamente a *refletância espectral*, a *transmitância espectral* e o *fator de absorção espectral* de um material e $\varphi(\lambda)$ o fluxo radiante incidente sobre uma amostra do mesmo, teremos

fluxo radiante refletido, $\quad \varphi_r(\lambda) = \rho(\lambda) \cdot \varphi(\lambda),$

fluxo radiante transmitido, $\varphi_t(\lambda) = \tau(\lambda) \cdot \varphi(\lambda),$

fluxo radiante absorvido, $\quad \varphi_a(\lambda) = \alpha(\lambda) \cdot \varphi(\lambda).$

Os valores de $\rho(\lambda)$ e $\tau(\lambda)$ podem ser obtidos com a utilização de um espectrofotômetro.

2.10 — TEMPERATURA DE COR

É a grandeza que expressa a aparência de cor de uma luz (Fig.2.18). Sua unidade é o *kelvin* (K). Quanto mais alta é a temperatura de cor, mais branca é a cor da luz (vide itens

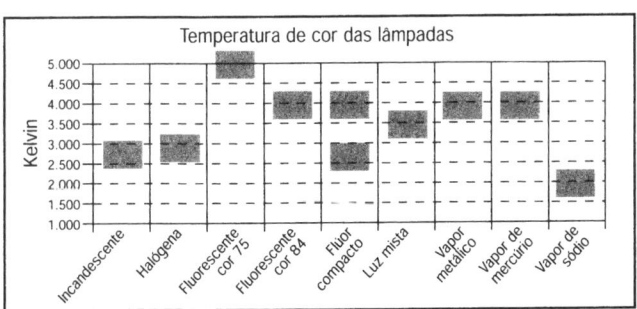

Figura 2.18 — Temperatura de cor das lâmpadas elétricas

4.2.1 , 4.7.7 e Fig. 1.9). A temperatura de cor de aproximadamente 3000 K corresponde a *"luz quente"* de aparência amarelada. A *"luz fria"* (6000 K ou mais),por outro lado, tem aparência branco violeta. A *"luz branca natural "* emitida pelo sol em céu aberto, ao meio dia, tem temperatura de cor de 5800 K.

2.11 — ÍNDICE DE REPRODUÇÃO DE COR (IRC OU R$_A$)

É a medida de correspondência entre a cor real de um objeto e sua aparência diante de uma fonte de luz. Corresponde a um número abstrato, variando de 0 a 100, que indica aproximadamente como a iluminação artificial permite ao olho humano perceber as cores com maior ou menor fidelidade (Tabela 2.1). Lâmpadas com IRC próximos de 100 reproduzem as cores com fidelidade e precisão (Vide 4.6 e 4.7).

Tabela 2.1 — Índice de reprodução de cores (R$_A$)

R$_A$		Classificação / nível	Reprodução	Aplicações
100 ↓	Nível 1	1a: 90 < R$_A$ < 100	Excelente	Testes de cor, floricultura,
80		1b: 80 < R$_A$ < 90	Muito boa	lojas, shoppings, residências
	Nível 2	2a: 70 < R$_A$ < 80	Boa	Escritórios, ginásios,
60		2b: 60 < R$_A$ < 70	Razoável	fábricas, oficinas
	Nível 3	40 < R$_A$ < 60	Regular	Depósitos, postos de gasolina, pátios
40				
	Nível 4	20 < R$_A$ < 40	Insuficiente	Ruas, canteiros de obras, estacionamentos
20				

2.12 — LEIS DA ILUMINÂNCIA PRODUZIDA POR UMA FONTE PUNTIFORME

Consideremos o foco luminoso *L* puntiforme, mostrado na Fig. 2.19, à distância *d* do ponto *O*, no plano *P*. Seja α o ângulo que a normal faz com *OL*. Supondo no plano *P* uma área elementar *dS*, o ângulo sólido subentendido por *dS*, de vértice em *L*, será

$$d\omega = dS \cos\alpha / d^2 \tag{2.12}$$

Porém, por definição, sabemos que a intensidade luminosa na direção *LO* será:

$$I = d\varphi / d\omega$$

Então $\qquad d\varphi = I \, d\omega = I \, dS \cos\alpha / d^2$

Podemos então calcular a iluminância na área *dS*, que será

$$E_H = d\varphi / dS = I \cos\alpha / d^2; \qquad E_H = I \cos\alpha / d^2 \tag{2.13}$$

Essa fórmula resume as três leis (leis de Lambert) da iluminância, proporcionada por uma fonte puntiforme em um ponto de uma superfície:

1) A iluminância varia na razão direta da intensidade luminosa na direção do ponto considerado;

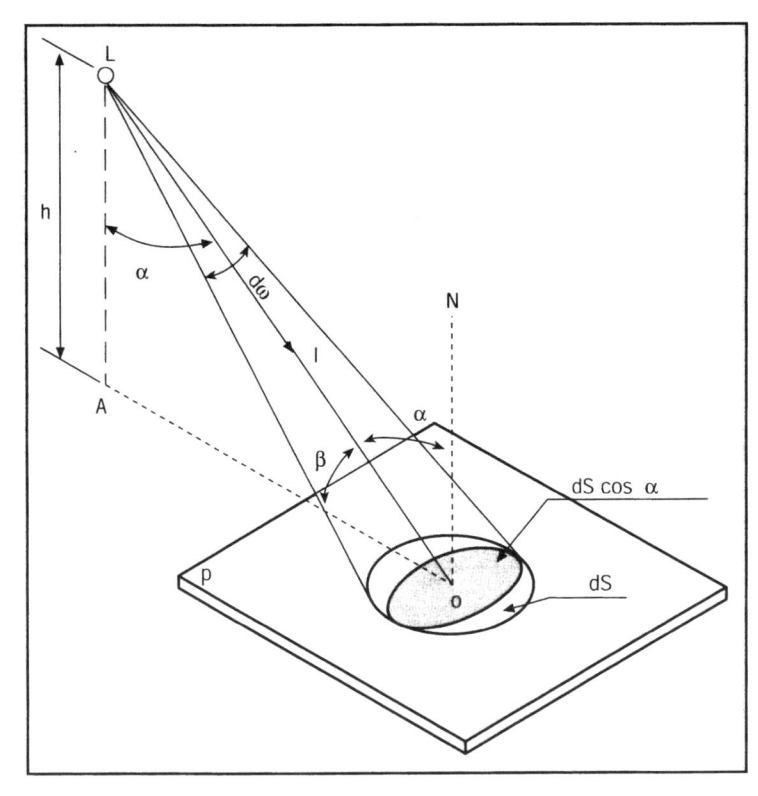

Figura 2.19 — Fonte luminosa puntiforme iluminando uma área elementar do plano P.

2) A iluminância varia na razão inversa do quadrado da distância da fonte ao ponto iluminado;

3) A iluminância varia proporcionalmente ao co-seno do ângulo formado pela normal à superfície no ponto considerado e pela direção do raio luminoso que incide sobre o mesmo.

Da Fig. 2.19, tiramos

$$h = d \; cos\alpha$$

Logo, a iluminância no ponto O poderá ser calculada por

$$E_H = I \; cos^3 \alpha \, / \, h^2 \tag{2.14}$$

Essas fórmulas permitem calcular a iluminância em qualquer ponto de uma superfície (iluminada por fontes puntuais), individualmente, para cada foco luminoso que ilumine a mesma superfície (veja item 8.3.2).

Conforme já observamos anteriormente, podemos considerar puntiforme todas as fontes de luz cuja maior dimensão seja inferior a cinco vezes a distância d que a separa do ponto iluminado.

2.13 — FATORES DE UNIFORMIDADE E DE DESUNIFORMIDADE

Entre os critérios para avaliação de um projeto de iluminação podemos citar:

- *Nível médio de Iluminância* (Eméd) de uma área: é igual a média aritmética de todos os valores de iluminância encontrados em pontos determinados dentro desta área.

$$\text{Eméd} = 1/n \ \textstyle\sum_{i=1}^{n} \text{Ei} \qquad (2.15)$$

- *Fator de uniformidade*: é a relação entre o nível médio de iluminância (Eméd) de uma área e o nível mínimo de iluminância (Emín) encontrado na mesma área.

$$\text{Uniformidade} = \text{Eméd} / \text{Emín} \qquad (2.16)$$

- *Fator de desuniformidade*: é a relação entre o nível máximo de iluminância (Emáx) de uma área e o nível mínimo de iluminância (Emín) encontrado nesta área.

$$\text{Desuniformidade} = \text{Emáx} / \text{Emín} \qquad (2.17)$$

2.14 — TABELA DE CONVERSÃO DE UNIDADES

Tabela 2.2 — Conversão de unidades

Intensidade luminosa	Cd	Cp	HK	IK
1 candela (Cd)	1	1	1,16	0,98
1 candle-power (Cp)	1	1	1,16	0,98
1 vela Hefner (HK)	0,86	0,86	1	0,85
1 vela internacional (IK)	1,02	1,02	1,17	1

Iluminância	lx	ft-cd
1 lux (lx)	1	0,0919
1 foot-candle (ft-cd)	10,764	1

Luminância	cd/m2	cd/cm2	ft-L
1 cd/m2	1	10^{-4}	0,2919
1 cd/cm2	104	1	2919
1 foot-Lambert (ft-L)	3,426	$3,426 \times 10^{-4}$	1

BIBLIOGRAFIA

ABNT/NBR 5461 — *Iluminação - Terminologia*, 1998.

E, Raiz — *Cartografia*, Ed, Omega SA, Barcelona, 1953.

GE — *Fundamentals of light and lighting, Catálogo LD-2.*

Hugo Cardoso Silva — *Luminotécnica*, Escola Nacional de Engenharia, Rio de Janeiro,1960.

I. E. S. — *Lighting handbook*, 8ª, edição, 1993.

IZO — *Quantities and units of light and related eletromagnetic radiations*, 19031/VI, 1973

J. B. Boer — *Public lighting*, Philips Technical Library, 1967.

M. La Toisson — *Manual de alumbrado*, Ed, Paraninfo, Madrid, 1968.

Unidades Legais no Brasil — Decreto nº 63 233, de 12 de setembro de 1989.

CAPÍTULO 3

NOÇÕES DE FOTOMETRIA

3.1 — INTRODUÇÃO

A Fotometria consiste em uma série de métodos e processos de medida das grandezas luminosas. Como desejamos dar apenas uma noção sobre a mesma, estudaremos unicamente os processos comumente utilizados na determinação do fluxo luminoso, intensidade luminosa, iluminâncias, luminâncias e curvas de desempenho dos aparelhos de iluminação.

3.2 — FOTÔMETROS

São os equipamentos utilizados nas medições de nível de iluminação. Os fotômetros mais antigos eram, simplesmente, aparelhos comparadores que nos permitiam avaliar visualmente uma grandeza quando comparada com um padrão (fotômetro de Bunsen,de mancha de óleo, Lummer-Brodhun, fotômetro de cintilação, etc.). Os fotômetros atuais, fotoelétricos, baseiam-se em fotocélulas e, sendo calibrados, nos permitem a leitura direta da grandeza medida (luxímetros, luminancímetros, etc.).

3.2.1 — Fotômetro de Lummer-Brodhun

Um anteparo *(AA')* tem seus lados iluminados pelas intensidades luminosas I_0 e I_1 a serem comparadas. O lado A é visto pelo observador, via espelho M e prismas P e P', na parte central da área de observação. O lado A' é visto, via espelho M' e o prisma de reflexão total P' (na parte não em contato com P), na área externa da zona de observação. Assim, a luminância de A' é vista pelo observador como uma área anular ao redor da luminância vista de A.

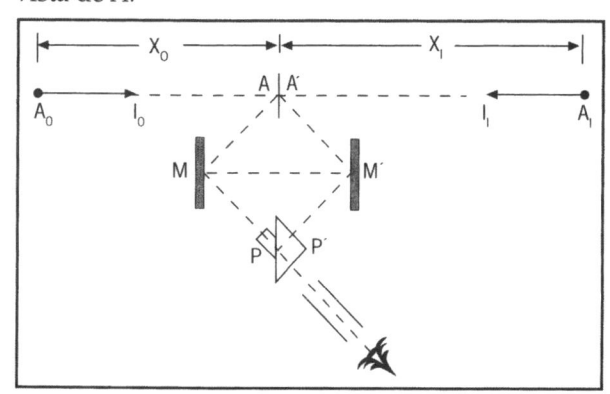

Durante os ensaios, modificam-se as distâncias x_0 e/ou x_1 ou as intensidades I_0 ou I_1 de forma a obter-se igual luminância em todo o campo visual do observador. Neste ponto teremos:

$$I_0 / x_0{}^2 = I_1 / x_1^2 \qquad (3.1)$$

Figura 3.1 — Fotômetro de Lummer-Brodhum. Princípio básico

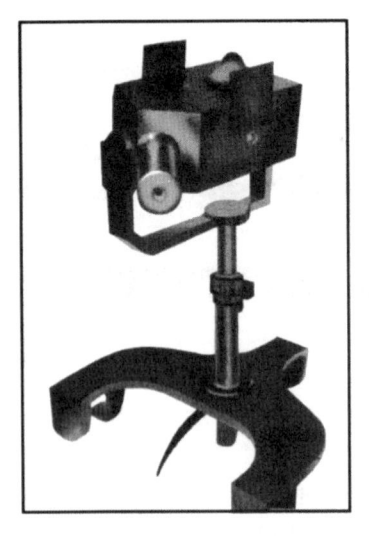

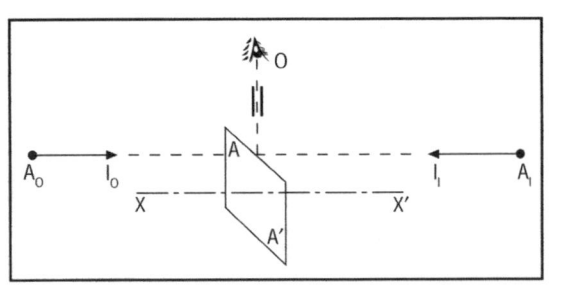

Figura 3 3 — Fotômetro de cintilação. Princípio básico

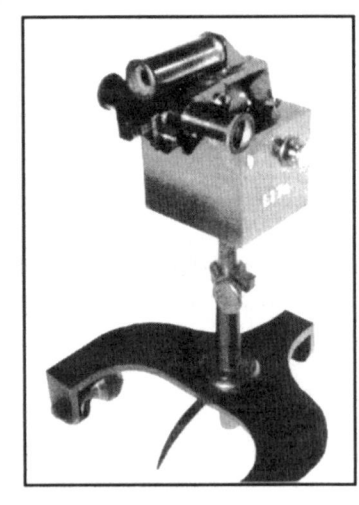

Figura 3.2 — Fotômetro de Lummer-Brodhum (foto do autor)

Figura 3.4 — Fotômetro de cintilação (foto do autor)

Esse fotômetro comparador só deverá ser utilizado quando as fontes luminosas A_0 e A_1 forem da mesma cor.

3.2.2 — Fotômetro de cintilação

Podem ser utilizados quando as fontes luminosas possuem composições espectrais diferentes. 0 elemento básico desse fotômetro é um anteparo refletor branco difuso *(AA')*, com a forma de um tronco de cilindro cortado a 45^0, que gira, graças a um pequeno motor de velocidade variável, em torno do eixo *xx'* (Figs. 3.3 e 3.4).

 Dessa forma o observador, colocado em *0*, observa alternadamente os lados *A* e *A'* do anteparo giratório sob a forma de uma cintilação, que desaparecerá quando as luminâncias de *A* e *A'* forem iguais. 0 método de ajuste e comparação das fontes A_0 e A_1 é similar ao caso anterior.

3.2.3 — Fotômetros fotoelétricos

Não se utilizam mais os fotômetros comparadores óticos, dando-se preferência aos fotoelétricos, que constam de uma célula fotoelétrica e elementos anexos. Permitem a leitura direta da grandeza medida, sendo de utilização mais simples e possuindo muito maior precisão.

3.3 — CÉLULAS FOTOELÉTRICAS

Sao dispositivos que podem transformar as variações de fluxo luminoso em variações de grandezas elétricas. Seu funcionamento pode ser baseado em três princípios básicos: fotoemissão, efeito fotovoltaico e fotocondução.

3.3.1 — Fotoemissão

Consiste na remoção, a frio, de elétrons da superfície de um sólido, causada pela incidência de energia luminosa ou outra forma de energia eletromagnética. A célula fotoemissiva consta de um cátodo frio, em forma de semicilindro, recoberto de material fotoemissivo (potássio, césio) e de um ânodo constituído por uma haste fina colocada em frente ao cátodo. O conjunto (Fig. 3.5) é encapsulado em bulbo de vidro, no vácuo ou em atmosfera rarefeita de gás inerte. Os dois eletrodos são ligados em série com uma fonte de tensão contínua e um resistor de carga (R_L).

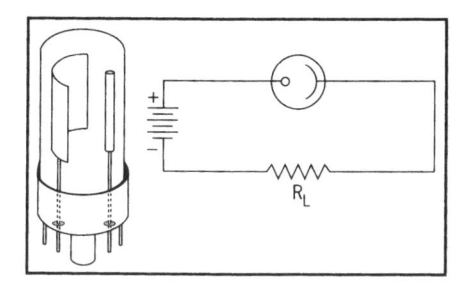

Figura 3.5 — Célula fotoemissiva

Pela incidência da luz, o cátodo emite elétrons, que são atraídos pelo ânodo, polarizado positivamente, dando origem a uma corrente elétrica através do circuito externo. A sensibilidade luminosa dessas células é dada em termos de microampères (μA) por fluxo luminoso incidente (Fig. 3.6). Como essa sensibilidade depende do comprimento de onda da radiação incidente, ela é normalmente medida utilizando-se como fonte luminosa uma lâmpada incandescente na temperatura de cor de 2.870 K.

A queda de tensão através do resistor de carga, para vários valores de fluxo luminoso e de resistência de carga, pode ser determinada graficamente pela construção de retas de carga, conforme a Fig. 3.6. A diferença de potencial entre o potencial de ânodo e a interseção da reta de carga com a curva do fluxo luminoso fornece a queda de tensão resultante.

Devido à baixa potência fornecida, a célula fotoemissiva necessita, para seu funcionamento, de amplificadores eletrônicos. Como apresentam picos na sua sensibilidade espectral, são necessários filtros corretores para adaptá-las à *Curva Internacional de Luminosidade Espectral Relativa.*

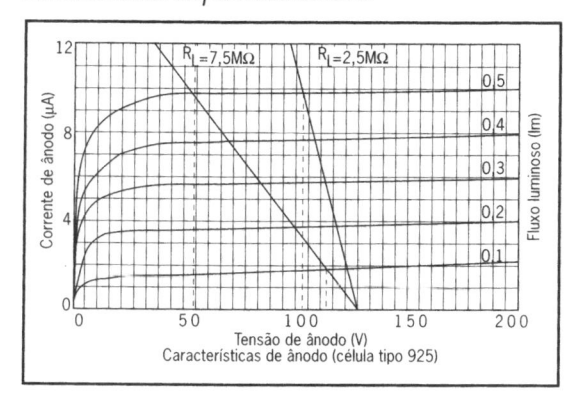

Figura 3.6 — Variação da corrente anódica de uma célula fotoemissiva em função do valor do resistor de carga e do fluxo luminoso incidente

A célula fotoemissiva a gás tem a vantagem de fornecer correntes até dez vezes rnaiores que a célula a vácuo, tendo entretanto o inconveniente de apresentar maior inércia às variações rápidas de iluminância. Possui campo de aplicação em sistemas de som de projetores cinematográficos e em alguns medidores de luz de custo elevado. São também fabricados fotômetros com células fotoemissivas, para medição de radiações exteriores ao espectro visível.

3.3.2 — Efeito fotovoltaico

Foi descoberto em 1839 por Edmund Becquerel, que verificou que quando um de dois eletrodos imersos em um eletrólito é iluminado, uma diferença de potencial aparece entre os mesmos. Os dispositivos fotovoltaicos têm construção semelhante a dos retificadores de selênio (Fig. 3.7), devendo-se observar, entretanto que quando submetidos à luz, a direção do fluxo eletrônico é oposta a observada quando de seu emprego como retificador.

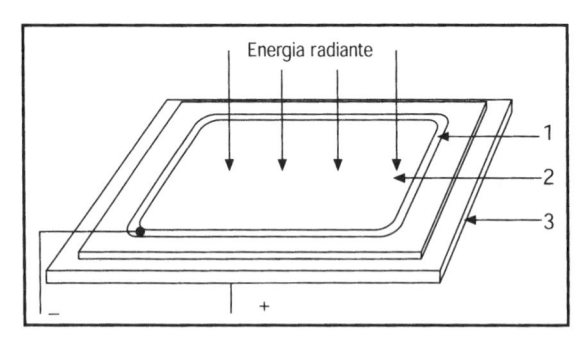

Figura 3.7 — Construção básica de uma célula fotovoltaica: 1, contato elétrico frontal; 2, material fotossensível (selênio); 3, placa-base

As células fotovoltaicas são as mais empregadas em Fotometria, quando não existem problemas de elevada precisão e estabilidade, como é o caso dos aparelhos portáteis. Elas transformam diretamente a energia radiante incidente em energia elétrica, não necessitando, portanto, de baterias ou de fontes de polarização, sendo ligadas diretamente a um micro-amperímetro (Fig. 3.8). Como a resistência interna da célula atua como um *shunt* através do instrumento medidor, para que tenhamos uma resposta linear, necessitamos de circuitos externos de baixa resistência ôhmica (Fig. 3.9).

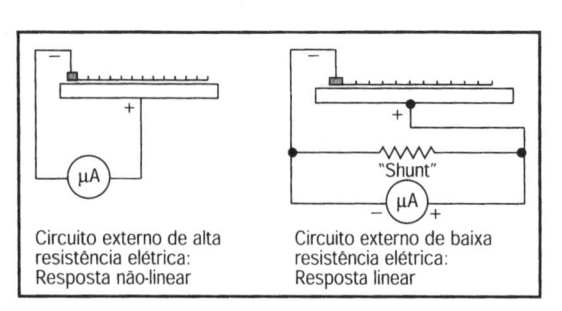

Circuito externo de alta resistência elétrica: Resposta não-linear

Circuito externo de baixa resistência elétrica: Resposta linear

Figura 3.8 — Circuitos típicos para utilização de células fotovoltaicas

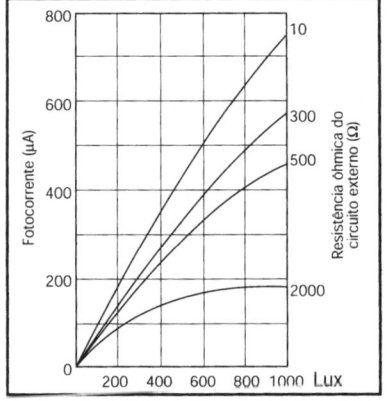

Figura 3.9 — Variação da fotocorrente de uma célula fotovoltaica típica. em função da iluminância e da resistência ôhmica do circuito externo

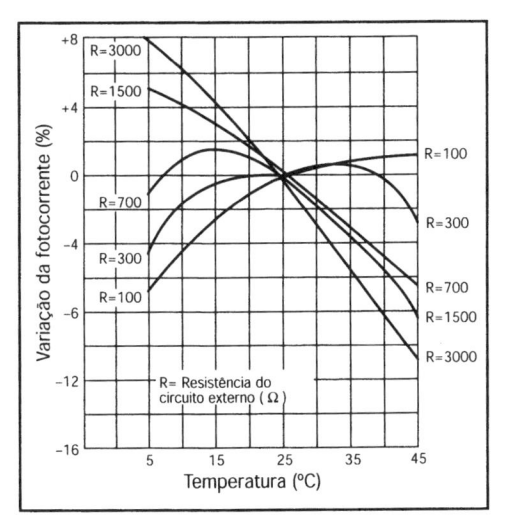

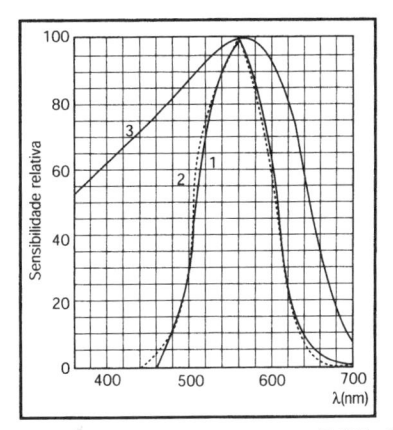

Figura 3.10 — *Variação da fotocorrente de uma célula fotovoltaica típica, em função da resistência ôhmica do circuito externo e da temperatura ambiente (para uma iluminância básica de 1.000 lux)*

Figura 3.11 — Para que a sensibilidade espectral das células fotovoltaicas se ajuste a do olho humano-padrão é necessário um filtro corretor; 1. fotocélula com filtro corretor (cor corrigida); 2. Curva internacional de luminosidade espectral relativa; 3. fotocélula sem filtro corretor

A corrente gerada por uma fotocélula varia com a temperatura. Essa variação depende, para determinado dispositivo, do nível de iluminância e da resistência de carga externa (Fig. 3.10). Por esse motivo, os luxímetros deverão ser utilizados, preferivelmente, nas temperaturas nas quais foram aferidos.

Para se adaptar a sensibilidade espectral das células fotovoltaicas de selênio à *Curva Internacional de Luminosidade Espectral Relativa*, são utilizados filtros corretores (Fig. 3.11). Todos os luxímetros de boa qualidade possuem essa correção de cor, que é imprescindível nas medições de iluminação que utilizam lâmpadas de descarga elétrica (Fig. 3.12).

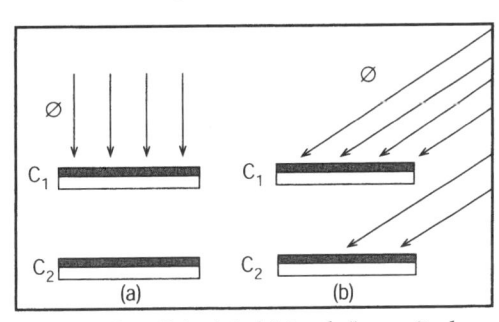

Figura 3.12 — *Luxímetro dotado de célula provida de correção de cor (foto do autor)*

Figura 3.13 — Princípio básico da "correção do co-seno" em uma célula fotoelétrica. (a)Incidência normal; (b) incidência oblíqua

A camada superficial dos elementos fotovoltaicos é frágil e muito sujeita a deterioração. Dessa forma deve ser protegida por uma placa de vidro ou material plástico transparente (acrílico ou policarbonato). Essa proteção diminui a penetração dos raios luminosos, devido à reflexão superficial e as inter-reflexões, produzindo um erro na leitura quando a incidência de luz não seja perpendicular à célula.

Os bons luxímetros deverão, pois, possuir dispositivos que permitam diminuir esse erro devido ao ângulo de incidência da luz sobre a fotocélula; deverão ser instrumentos providos de "co-seno corrigido".

Um dos processos utilizados para "correção do co-seno" é o esquematizado na Fig. 3.13, onde estão superpostas duas células fotoelétricas idênticas (C_1 e C_2). Elas são montadas de tal sorte que a célula superior serve de anteparo à inferior para as incidências perpendiculares e, por outro lado, a célula inferior receberá um fluxo luminoso crescente, à medida que aumentar o ângulo de incidência. Dessa forma, obtém-se uma compensação, isto é, a "correção do co-seno".

3.3.3 — Fotocondução

A fotocondução consiste na alteração da resistividade elétrica de um sólido pela incidência da luz. Os dispositivos fotocondutivos atuais empregam semicondutores, podendo ser classificados em dois grupos, os fotorresistores — também conhecidos como LDR *(light dependent resistor)* — e os dispositivos de fotojunção, que compreendem os fotodiodos e os fototransistores.

0 fotorresistor é, atualmente, muito empregado nas aplicações industriais, quer pelas suas características de desempenho, quer pela simplicidade dos circuitos eletrônicos por eles comandados. Tem como elemento principal uma fina camada de sulfeto de cádmio (CdS), convenientemente dopado, depositada sobre um substrato cerâmico de alumina, entre dois eletrodos metálicos (Fig. 3.14).

A resistência ôhmica do LDR no escuro chega a ser milhares de vezes maior que sua resistência quando iluminado com um nível de 1 000 lux (Fig. 3.15). Uma das particularidades do LDR é sua capacidade de controlar diretamente energia suficiente para operar relés, tanto em circuitos de corrente contínua como de corrente alternada. A variação da sensibilidade relativa de um fotorresistor com os comprimentos de onda da radiação incidente é dada pela sua curva de resposta espectral (Fig. 3.16), que difere da curva de

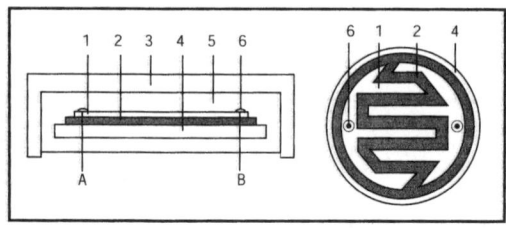

Figura 3.14 — Construção de um fotorresistor; 1. máscara (eletrodos); 2. película fotossensível de sulfeto de cádmio (CdS); 3. invólucro transparente (policarbonato); 4. substrato de alumina (Al_2O_3); 5. fechamento (poliéster); 6. contatos elétricos

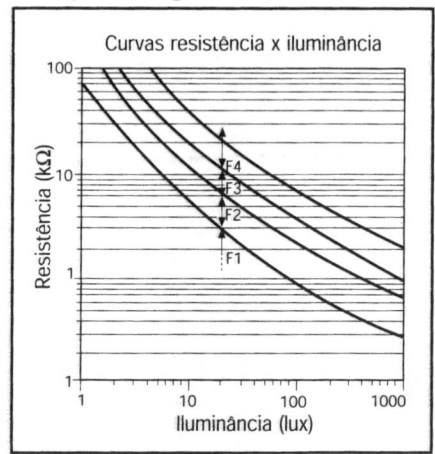

Figura 3.15 — Variação da resistência ôhmica de fotorresistores em função da iluminância

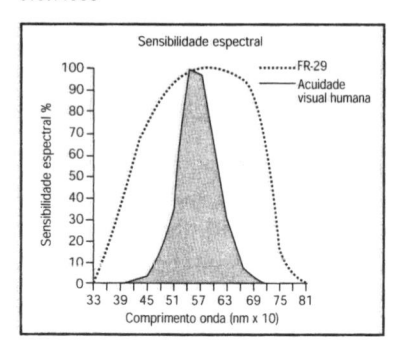

Figura 3.16 — Curva de resposta espectral de um LDR 1. LDR; 2. Curva internacional de luminosidade

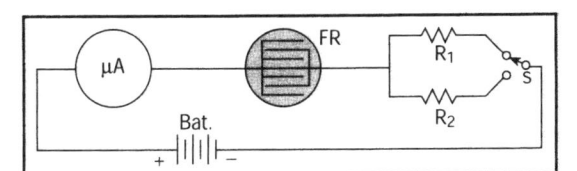

Figura 3.17 — Circuito elétrico de um fotômetro de duas escalas. FR. fotorresistor; R_1 e R_2. resistores para ajuste das escalas; S. seletor de escalas; mA. microamperímetro.

sensibilidade do olho humano-padrão. A Fig. 3.17 indica um circuito de utilização de um fotorresistor num fotômetro para fotografia, e na Fig. 9.29 temos um relé fotoelétrico usado no comando automático da iluminação pública.

3.3.4 — Fotodiodos

Qualquer diodo de junção, pode, em princípio, funcionar como fotodiodo, bastando para isso que haja incidência de luz sobre a junção e que o diodo esteja ligado em série com uma resistência de carga e uma fonte de corrente contínua que o polarize inversamente. Com a incidência de luz sobre a junção, formam-se pares elétron-buraco que, ao se recombinarem, provocam a difusão e movimentação dos demais portadores, ocasionando assim uma corrente elétrica, que aumenta proporcionalmente à intensidade da luz. Devido à excelente resposta às variações rápidas da intensidade luminosa, os fotodiodos são empregados principalmente na leitura de códigos de barras, no sistema sonoro de projetores cinematográficos, em luxímetros de qualidade e em sensores diversos

3.4 — MEDIÇÃO DE ILUMINÂNCIAS (ILUMINAMENTOS)

Quando se deseja conhecer os níveis de iluminância de interiores, procede-se à sua rnedição com o auxílio de fotômetros calibrados em lux (luxímetros). Em instalações recém-construídas, deve-se fazê-las funcionar por algum tempo (aproximadamente 100 h) para que as lâmpadas sejam devidamente sazonadas e estabilizadas em seus fluxos luminosos. Só depois se processam as medições.

Nas instalações com lâmpadas de descarga, deve-se, ainda, deixá-las funcionar por 30 minutos antes de se proceder às medições. Com isso, as condições de funcionamento serão aproximadamente as ótimas, pois as temperaturas das fontes e as pressões internas dos gases estarão dentro de seus valores nominais. Todas as medições deverão ser feitas com os aparelhos medidores se deslocando no plano de trabalho e, preferivelmente, os luxímetros deverão ser do tipo de "cor e co-seno corrigidos" (veja 3.3.2).

3.4.1 — Medição de iluminância de interiores

Um dos métodos seria o da divisão da superfície em pequenas áreas (0,4 x 0,4 m, aproximadamente) elementares nas quais se mediriam as iluminâncias. Depois se tomaria a iluminância média dessas áreas elementares. Um processo mais simples, utilizável em áreas regulares, e que conduz a resultados com erros inferiores a 10% (que, nesses casos, são absolutamente toleráveis), é o que descreveremos esquematicamente a seguir (método aprovado pelo Illuminating Engineering Society-IES e pela ABNT). Dividiremos o caminho a seguir em cinco casos, segundo as disposições geométricas das luminárias.

Primeiro caso. Área com luminárias individuais dispostas simetricamente em duas ou mais fileiras [Fig. 3.18(a)].

Colocaremos o luxímetro nos seguintes pontos:

a)   em oito pontos *r*, escolhidos em áreas elementares aproximadamente no centro da sala

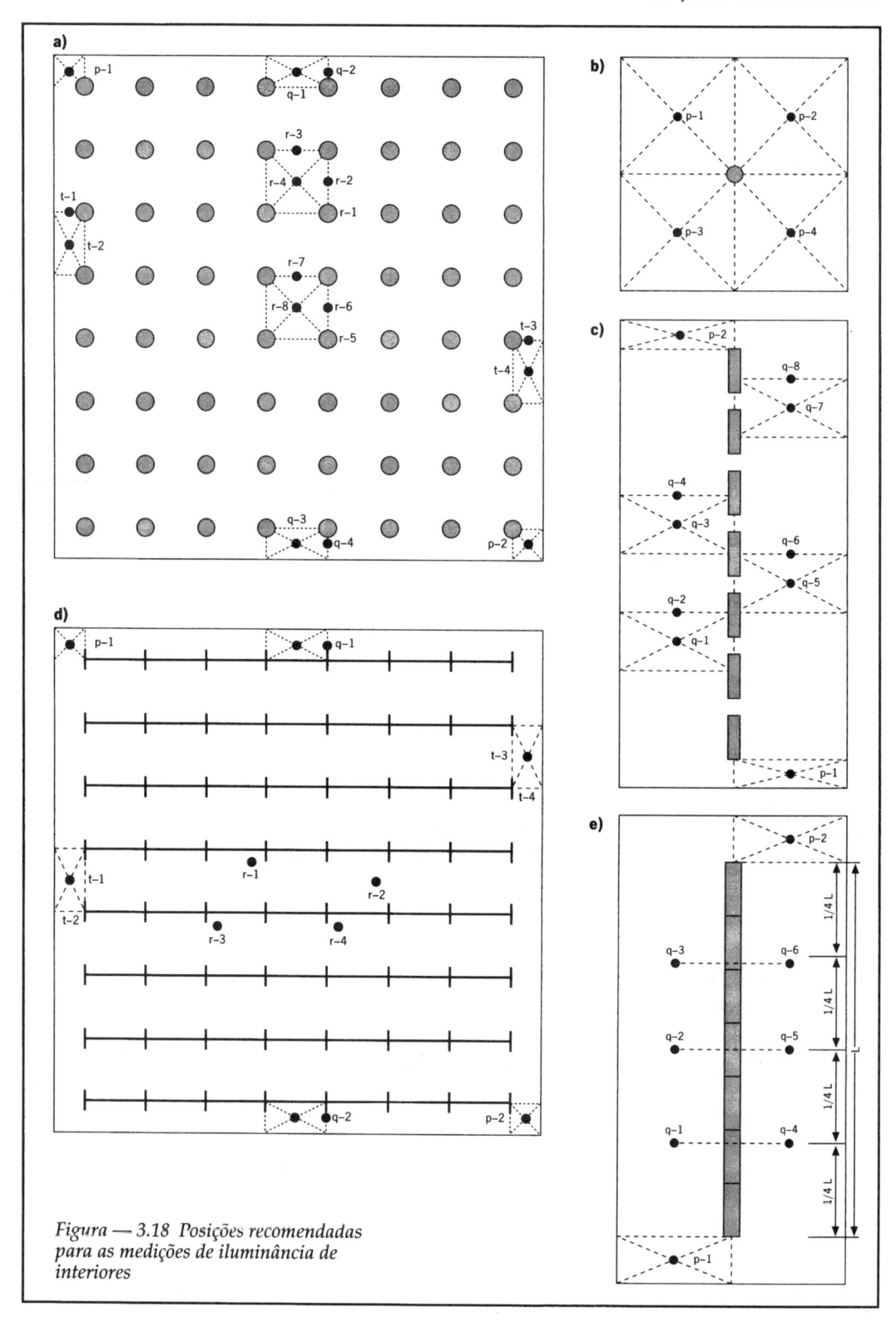

Figura — 3.18 Posições recomendadas para as medições de iluminância de interiores

e tendo em vista a posição das luminárias (que formam as áreas elementares); as luminárias são representadas por círculos cinza e os pontos de medição por círculos pequenos pretos;

b)   em quatro pontos *q*, sendo dois em cada uma das áreas elementares aproximadamente centrais dos lados da sala;

c)   em quatro pontos *t*, sendo dois em cada uma das áreas elementares aproximadamente centrais dos outros dois lados da sala;

d)   em dois pontos *p*, centros de duas áreas elementares situadas em cantos opostos da sala. A iluminância média será calculada pela fórmula:

$$L = [A \cdot (B{-}1) \cdot (C{-}1) + D(B{-}1) + E \cdot (C{-}1) + F] / (\text{número de luminárias}) \tag{3.2}$$

sendo *A* a média das iluminâncias (lux) medidas nos pontos *r* (oito vezes); *B* o número de luminárias por fila; *C* o número de filas de luminarias; *D* a média das iluminâncias dos quatro pontos *q*; *E* a média das iluminâncias dos quatro pontos *t*; e *F* a média das iluminâncias dos dois pontos *p*.

Segundo caso. Área com uma única fila de luminárias individuais [Fig. 3.18 (c)]. Colocaremos o luxímetro nas seguintes posições:

a)   em oito pontos *q*, sendo dois em cada uma das quatro áreas elementares quaisquer, tomadas duas de cada lado da fila;

b)   em dois pontos *p*, centro de duas áreas elementares situadas em cantos opostos da sala. A iluminância média será

$$L = [D \cdot (B{-}1) + F] / (\text{número de luminárias}) \tag{3.3}$$

onde *B* é o número de luminárias; *D* a média das iluminâncias dos oito pontos *q*; e *F* a média das iluminâncias dos oito pontos *p*.

Terceiro caso. Área com uma única luminária [Fig. 3.18 (b)].

O medidor será colocado nos quatro pontos *p* e a iluminância média será a média aritmética das quatro leituras.

Quarto caso. Área com duas ou mais filas contínuas de luminárias [Fig. 3.18 (d)]. Colocaremos o luxímetro nos seguintes pontos:

a)   em quatro pontos *r* quaisquer, situados aproximadamente no centro da sala;

b)   em dois pontos *q*, situados um em cada centro das partes laterais da sala;

c)   em quatro pontos *t*, sendo dois em cada uma das áreas elementares aproximadamente centrais dos outros dois lados da sala;

c)   em dois pontos *p*, centro de duas áreas elementares situadas em cantos opostos da sala. A iluminância média será dada pela fórmula

$$L = [A \cdot B (C{-}1) + C \cdot B + E \cdot (C{-}1) + F] / [C \cdot (B{+}1)] \tag{3.4}$$

onde *A* é a média das iluminâncias medidas nos quatro pontos *r*; *B* o número de luminárias por fila; *C* o número de filas; *D* a média das iluminâncias medidas nos dois pontos *q*; *E* a média das iluminâncias medidas nos dois pontos *t*; e *F* a média das iluminâncias medidas nos dois pontos *p*.

Quinto caso. Área regular com uma fila contínua de luminárias [Fig. 3.18 (e)]. Divide-se a fila em quatro partes iguais e tomam-se as medições nos seguintes pontos:

a)   em seis pontos *q* (três de cada lado), opostos dois a dois e situados na linha imaginária da divisão feita anteriormente;

b)   em dois pontos *p*, centro de duas áreas situadas em cantos opostos da sala. A iluminância média será

$$L = (D.B + F) / (B + 1)$$
(3.5)

onde *B* é o número de luminárias que compõem a fila; *D* a média das iluminâncias dos seis pontos *q*; e *F* a média das iluminâncias dos dois pontos *p*.

3.4.2 — Medição de iluminâncias de exteriores

Assim como no caso da verificação de iluminâncias de interiores, dividimos o espaço em retângulos elementares, no centro dos quais fazemos as medições com o auxílio de um luxímetro. Depois tomamos como nível de iluminância a média das leituras feitas. Essas devem ser tomadas estando o elemento fotossensível distante no máximo 15 cm do pavimento (Fig.3.19).

O luxímetro utilizado deverá ter escalas relativamente baixas, devido ao menor nível de iluminância das ruas (0,2 a 200 lux), quando comparado com os níveis encontrados nos ambientes interiores. O instrumento deverá também ser corrigido para o erro proporcionado pelo co-seno dos ângulos de incidência, que, normalmente, são elevados na iluminação pública. Finalmente, deverá possuir filtro corretor para que sua resposta coincida com a curva de sensibilidade do olho humano.

O I.E.S. (Illuminating Engineering Society) especifica as posições, para a colocação dos luxímetros nos levantamentos fotométricos dos logradouros, de acordo com a posição das luminárias de iluminação pública (Figs. 3.20 e 3.21).

Depois de feitas as medidas, calculamos a iluminância média sobre o pavimento, que será a média das leituras obtidas.

Na Fig. 3.22 temos uma sugestão de planilha para levantamentos de iluminação pública. Nesse caso as distâncias entre os "piquetes" são função da altura de montagem (*H*) da luminária sob teste. Da planilha básica, para essa altura de montagem *H*, fornecida pelo fabricante, podemos obter outras planilhas para diferentes alturas de montagem *h* (em

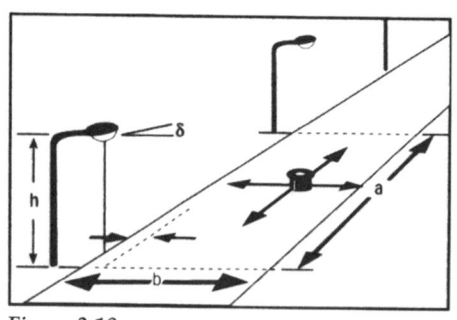

Figura 3.19

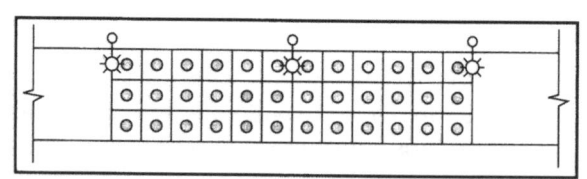

Figura 3.20 — Luminárias em montagem unilateral

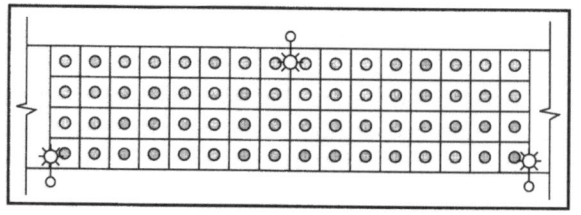

Figura 3.21 — Luminárias montadas alternadas (ziguezague)

função de *H*) desde que façamos as necessárias correções para as novas distâncias entre "piquetes" e nos novos níveis de iluminância (vide tabela 3.1 e problema 3 do capítulo 9).

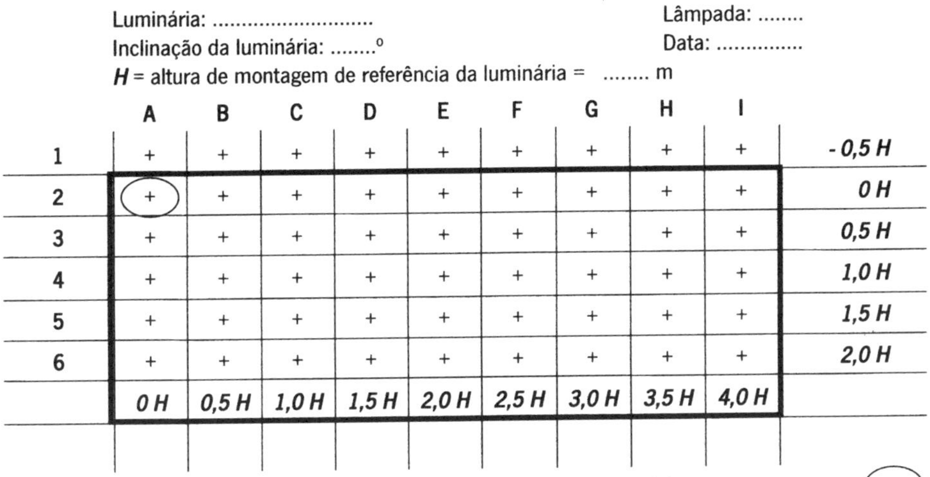

Luminária: ....   Lâmpada: ....
Inclinação da luminária: ....°   Data: ....
H = altura de montagem de referência da luminária = ... m

	A	B	C	D	E	F	G	H	I	
1	+	+	+	+	+	+	+	+	+	*- 0,5 H*
2	⊕	+	+	+	+	+	+	+	+	*0 H*
3	+	+	+	+	+	+	+	+	+	*0,5 H*
4	+	+	+	+	+	+	+	+	+	*1,0 H*
5	+	+	+	+	+	+	+	+	+	*1,5 H*
6	+	+	+	+	+	+	+	+	+	*2,0 H*
	0 H	*0,5 H*	*1,0 H*	*1,5 H*	*2,0 H*	*2,5 H*	*3,0 H*	*3,5 H*	*4,0 H*	

Níveis de iluminância (lux) para 1.000lm da lâmpada instalada na luminária

◯ - Luminária

Figura 3.22 — Exemplo de posições sugeridas, para levantamento fotométrico de uma luminária para iluminação pública

Tabela 3.1 — Fatores de correção (multiplicação) das Iluminâncias para diferentes alturas de montagem									
Nova altura de montagem (*h*) em função de *H*									
0,85	0,90	0,95	**1,00**	1,05	1,10	1,15	1,20	1,25	1,30
Fator de correção das Iluminâncias									
1,38	1,23	1,11	**1.00**	0,91	0,83	0,76	0,69	0,64	0,59

$E_n = E_b (H/h)^2$ onde E_b=Iluminância planilha básica ; E_n=Iluminância p/nova planilha

Antigamente, para a medição dos níveis de iluminância na iluminação pública, as luminárias eram montadas em uma torre especial (Fig. 3.23), que permitia variar sua altura de montagem e seu ângulo de inclinação com a horizontal de acordo com a necessidade. As posições de colocação do luxímetro eram indicadas por piquetes de alvenaria com sua face superior plana e horizontal para receber a fotocélula do medidor. Hoje prefere-se levantar fotometricamente uma luminária diretamente no laboratório, montada num goniofotômetro (vide item 3.5.2 e Figuras 3.30) e simulando, através dos seus ângulos de rotação horizontais e verticais, as posições de medição (Fig. 3.24A na página 36 e 3.24B na página 37).

Figura 3.23 — Campo de provas para medição de níveis de iluminância

LUMINÁRIA:.. IP 71 SRB
LÂMPADA:.................................N061 V.Sódio 70W
CLIENTE:..
DISTÂNCIA FOTOMETRIA (m):...................... 7
ALTURA DE MONTAGEM (m):.................... 8
INCLINAÇÃO (graus):................................ 15
FLUXO DA LÂMPADA (lm):........................5960
DATA:.. 28/05/98
TÉCNICO:..

	distancias		ângulos		leitura	intensidade	K	iluminância para:	
	X	Y	ÂH	ÂV	(lux)	(cd)		5960 lm	1000 lm
	(1)	(2)	(3)	(4)	(5)	(6)	(7)	(8)	(9)
A1	0	-1,25	0,0	-8,9	13,6	666,4	0,015070	10,04	1,68
A2	0	1,25	0,0	8,9	16,7	818,3	0,015070	12,33	2,07
A3	0	3,75	0,0	25,1	17,8	872,2	0,011599	10,12	1,70
A4	0	6,25	0,0	38,0	16,2	793,8	0,007646	6,07	1,02
A5	0	8,75	0,0	47,6	13,4	656,6	0,004800	3,15	0,53
B1	3,5	-1,25	23,6	-8,9	14,6	715,4	0,011655	8,34	1,40
B2	3,5	1,25	23,6	8,9	23,0	1127,0	0,011655	13,14	2,20
B3	3,5	3,75	23,6	25,1	23,7	1161,3	0,009321	10,82	1,82
B4	3,5	6,25	23,6	38,0	20,4	999,6	0,006461	6,46	1,08
B5	3,5	8,75	23,6	47,6	14,3	700,7	0,004235	2,97	0,50
C1	7	-1,25	41,2	-8,9	16,2	793,8	0,006524	5,18	0,87
C2	7	1,25	41,2	8,9	26,5	1298,5	0,006524	8,47	1,42
C3	7	3,75	41,2	25,1	30,6	1499,4	0,005586	8,37	1,41
C4	7	6,25	41,2	38,0	23,1	1131,9	0,004266	4,83	0,81
C5	7	8,75	41,2	47,6	16,2	793,8	0,003065	2,43	0,41
D1	10,5	-1,25	52,7	-8,9	15,2	744,8	0,003432	2,56	0,43
D2	10,5	1,25	52,7	8,9	26,3	1288,7	0,003432	4,42	0,74
D3	10,5	3,75	52,7	25,1	25,8	1264,2	0,003096	3,91	0,66
D4	10,5	6,25	52,7	38,0	20,0	980,0	0,002568	2,52	0,42
D5	10,5	8,75	52,7	47,6	16,0	784,0	0,002014	1,58	0,26
E1	14	-1,25	60,3	-8,9	13,2	646,8	0,001891	1,22	0,21
E2	14	1,25	60,3	8,9	22,4	1097,6	0,001891	2,08	0,35
E3	14	3,75	60,3	25,1	25,2	1234,8	0,001763	2,18	0,37
E4	14	6,25	60,3	38,0	18,4	901,6	0,001547	1,39	0,23
E5	14	8,75	60,3	47,6	13,2	646,8	0,001296	0,84	0,14
F1	17,5	-1,25	65,5	-8,9	9,0	441,0	0,001116	0,49	0,08
F2	17,5	1,25	65,5	8,9	18,8	921,2	0,001116	1,03	0,17
F3	17,5	3,75	65,5	25,1	23,4	1146,6	0,001062	1,22	0,20
F4	17,5	6,25	65,5	38,0	16,2	793,8	0,000966	0,77	0,13
F5	17,5	8,75	65,5	47,6	12,0	588,0	0,000847	0,50	0,08
G1	21	-1,25	69,2	-8,9	7,0	343,0	0,000702	0,24	0,04
G2	21	1,25	69,2	8,9	13,0	637,0	0,000702	0,45	0,07
G3	21	3,75	69,2	25,1	22,0	1078,0	0,000676	0,73	0,12
G4	21	6,25	69,2	38,0	15,7	769,3	0,000630	0,48	0,08
G5	21	8,75	69,2	47,6	11,0	539,0	0,000570	0,31	0,05
H1	24,5	-1,25	72,0	-8,9	4,0	196,0	0,000466	0,09	0,02
H2	24,5	1,25	72,0	8,9	11,0	539,0	0,000466	0,25	0,04
H3	24,5	3,75	72,0	25,1	18,0	882,0	0,000453	0,40	0,07
H4	24,5	6,25	72,0	38,0	14,0	686,0	0,000429	0,29	0,05
H5	24,5	8,75	72,0	47,6	10,0	490,0	0,000397	0,19	0,03

(6) = (5) x (Distância fotometria)^2 (m)   (9) = (8) ÷ fluxo lâmpada em klm   (8) = (6) x (7)

$$K = H \div (X^2 + Y^2 + H^2)^{1,5} \quad \text{(Fórmula obtida da Eq. 8.7)}$$

Figura 3.24A — Exemplo de planilha (para a fig. 3.24B)

ILUMINÂNCIAS INICIAIS SOBRE O PISO (lux) - Valores para uma luminária referidos a 1.000 lm da lâmpada - Altura da montagem da luminária: 8,00m — inclinação: 15°

Y	X→	A 0,0m	B 3,5m	C 7,0m	D 10,5m	E 14,0m	F 17,5m	G 21,0m	H 24,5m
1	−1,25m	1,68	1,40	0,87	0,43	0,21	0,08	0,04	0,02
2	1,25m	2,07	2,20	1,42	0,74	0,35	0,17	0,07	0,04
3	3,75m	1,70	1,82	1,41	0,66	0,37	0,20	0,12	0,07
4	6,25m	1,02	1,08	0,81	0,42	0,23	0,13	0,08	0,05
5	8,75m	0,53	0,50	0,41	0,26	0,14	0,08	0,05	0,03

Figura 3.24B — Campo de provas simulado (com a planilha da fig. 3.24 A) para levantamento fotométrico, em laboratório, de uma luminária pública

3.5 — DETERMINAÇÃO DAS INTENSIDADES LUMINOSAS

A determinação das intensidades luminosas poderá ser feita num banco ótico ou num goniofotômetro.

3.5.1 — Utilização do banco ótico

Consta de dois tubos ou barras horizontais, paralelos e graduados, sobre os quais podem se deslocar (sobre pequenas estruturas providas de rodas) os equipamentos sob teste e os instrumentos de medida. Os bancos óticos mais comuns possuem 5 m de comprimento sendo instalados em uma câmara escura.

Para a determinação da intensidade luminosa de uma lâmpada, em uma dada direção, fazemos uma comparação dessa lâmpada com uma lâmpada-padrão de intensidade luminosa (Fig. 3.27) devidamente aferida. A lâmpada-padrão utilizada deve ter, de preferência, uma intensidade luminosa pouco superior à presumível intensidade luminosa

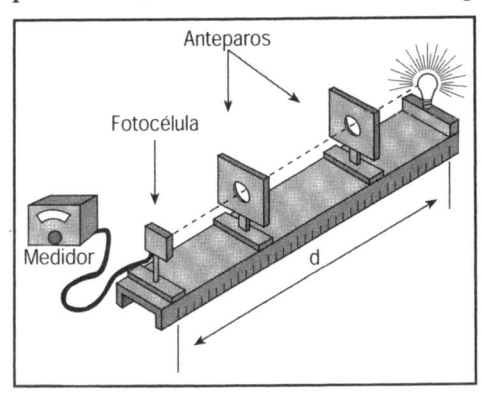

Figura 3.25 — Banco ótico

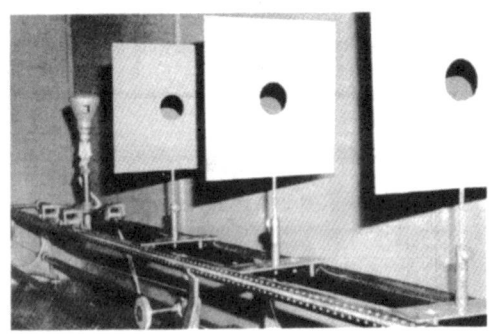

Figura 3.26 — Banco ótico em um laboratório de Fotometria. Vê-se à esquerda uma lâmpada-padrão de intensidade luminosa (foto do autor)

Figura 3.27 — Lâmpadas-padrão de intensidade luminosa (à esquerda) e de fluxo luminoso (à direita) (foto do autor)

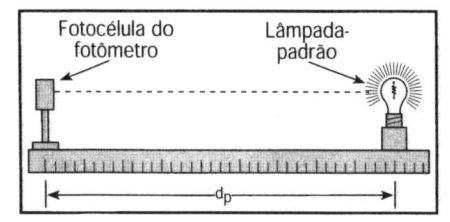

Figura 3.28 — Utilização do banco ótico

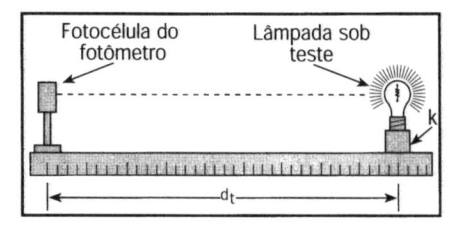

Figura 3.29 — Utilização do banco ótico

da lâmpada sob teste, e ambas devem ser do mesmo tipo (incandescente, vapor de mercúrio, vapor de sódio, etc.).

Durante toda a experiência as tensões deverão manter-se dentro dos valores especificados para as lâmpadas, sendo aconselhado, para essa medição, voltímetro classe 0,2%, ou melhor. Inicialmente colocamos (Fig. 3.28), numa extremidade do banco óptico, um fotômetro que utilize células de cor corrigida. Na extremidade oposta, colocamos a lâmpada-padrão, de forma que a direção de seu eixo de aferição incida perpendicularmente sobre a fotocélula. Seja d_p a distância entre o fotômetro e essa lâmpada padrão.

A seguir, o padrão é aceso durante vários minutos até que sua temperatura se estabilize e, conseqüentemente, esteja estabilizada sua intensidade luminosa. Depois de cerrada a câmara escura, procede-se à leitura do fotômetro, obtendo-se a leitura da iluminância (L_p) obtida sobre a fotocélula. Substitui-se então o padrão pela lâmpada sob teste, de forma que a direção da intensidade a ser determinada incida perpendicularmente sobre a superfície da fotocélula e acende-se a lâmpada, esperando-se que sua temperatura se estabilize.

Com a câmara escura cerrada, desloca-se o carrinho-suporte *(K)* até que se obtenha, sobre a fotocélula, a mesma iluminância L_p medida anteriormente (Fig. 3.29). Lê-se então, sobre a escala graduada, a distância d_t do centro do filamento da lâmpada à superfície da fotocélula. A intensidade luminosa (I_t) procurada será determinada através da lei de Lambert,

$$L_p = I_p / d_p^2 = L_t = I_t / d_t^2, \quad logo \quad I_t = (I_p\, d_t^2) / dp^2 \tag{3.6}$$

3.5.2 — Utilização do goniofotômetro (goniômetro)

O goniômetro ou gôniofotômetro (Fig. 3.30) consta de uma estrutura provida de dois

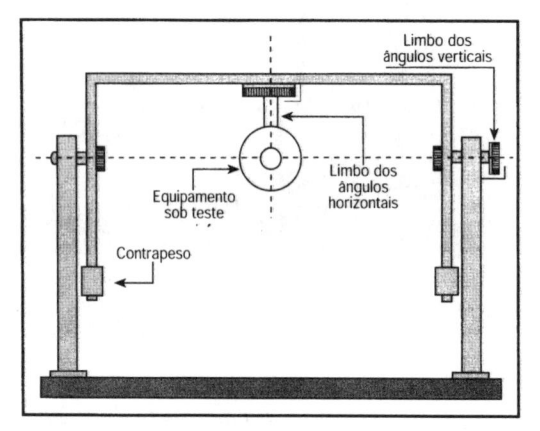

Figura 3.30 — Goniofotômetro

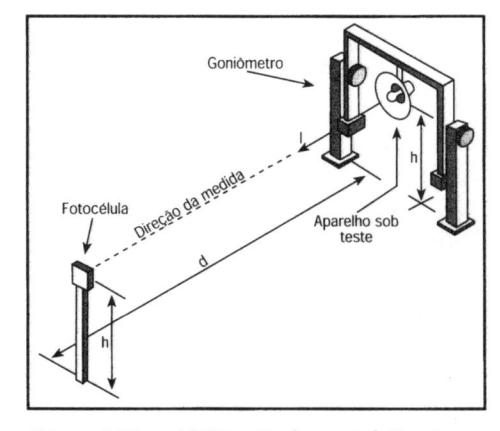

Figura 3.31 — Utilização do goniofotômetro

limbos graduados, que permite a rotação do equipamento sob teste segundo um eixo horizontal ou segundo um eixo vertical. Outros goniofotômetros mantêm fixa a fonte luminosa, existindo um espelho giratório que reflete o fluxo luminoso, emitido nas diversas direções sobre o instrumento de medição. Esse segundo tipo de construção é o mais indicado, pois nas lâmpadas de descarga elétrica o fluxo luminoso pode se alterar com a inclinação da lâmpada.

Quando se deseja determinar as curvas e superfícies fotométricas de uma fonte de luz, deve-se repetir o processo, visto no item anterior, para as diversas direções do espaço.

Para isso, torna-se mais simples montar o equipamento sob teste no goniofotômetro e medir as iluminâncias obtidas sobre a fotocélula do luxímetro colocado a uma distância d do centro do aparelho sob teste (Fig. 3.31).

Para que possamos considerar a fonte luminosa como puntual, a distância d deverá ser, no mínimo, cinco vezes a maior dimensão do aparelho sob teste (com essa providência, o erro de medição fica em aproximadamente 2%). A intensidade luminosa I, na direção considerada, será (lei de Lambert)

$$I = E\,d^2 \quad (\text{pois} \quad \cos \alpha = 1), \tag{3.7}$$

sendo I a intensidade luminosa procurada (cd); E a iluminância obtida sobre a superfície sensível do luxímetro (lux); e d a distância entre o luxímetro e o centro do goniofotômetro (m).

Repetimos as leituras e o cálculo para os diversos ângulos horizontais e verticais, usando, para isso, do movimento e dos limbos do goniofotômetro. Os resultados obtidos poderão ser tabulados (Tab. 3.2), para que se possa traçar a superfície de distribuição luminosa do aparelho.

Tabela 3.2 — Intensidades luminosas emitidas por uma luminária para iluminação pública, com lâmpada de vapor de mercúrio de 250W

Ângulo Vertical ϕ	Ângulo horizontal θ													Intensidade média na zona
	0	15	30	45	60	75	90	105	120	135	150	165	180	
	Intensidades luminosas (candelas) (cd)													
5	1504	1504	1476	1448	1448	1476	1476	1476	1485	1504	1523	1541	1560	1494
15	1448	1429	1420	1391	1369	1353	1353	1372	1410	1476	1523	1541	1550	1433
25	1391	1344	1298	1288	1298	1306	1316	1306	1298	1279	1325	1335	1344	1317
35	1184	1147	1138	1240	1325	1335	1325	1298	1240	1128	1128	1156	1166	1216
45	894	903	968	1165	1231	1288	1335	1250	1202	1109	1043	1015	996	1108
55	564	620	771	936	1034	1175	1193	1052	968	864	717	668	592	862
65	395	436	536	780	884	987	986	874	742	639	188	395	376	655
75	122	132	282	461	630	771	750	564	415	320	178	169	169	382
85	73	75	113	226	282	301	263	216	169	122	75	75	75	159
95	38	38	47	51	53	47	47	47	38	38	47	47	38	44
105	9	9	9	9	6	6	5	5	6	6	8	9	9	7,5

3.6 — MEDIÇÃO DE FLUXO LUMINOSO

3.6.1 — Processo direto

Esse processo, a utilização da esfera integradora, ou esfera de Ulbricht, na medição do fluxo luminoso emitido por uma fonte de luz, baseia-se no princípio enunciado em 1892 por Sumpner. Segundo esse princípio, quando se coloca uma fonte de luz no interior de uma esfera de paredes brancas perfeitamente difusoras, obtém-se, em qualquer parte da superfície da mesma, uma igual luminância, que será proporcional ao fluxo luminoso total emitido pela fonte. Com base nesse mesmo princípio, não importa a localização da fonte dentro da esfera, assim como sua distribuição de fluxo luminoso.

Suponhamos uma esfera oca, de raio r (Fig. 3.32), com sua superfície interior perfeitamente difusora. Tomemos no ponto P, situado em seu interior, uma área elementar dS, e seja L a luminância dessa área. Sabemos que

$$L = d\,I_Q / dS_{aparente} \;\; ; \;\;\; \text{logo:} \quad d\,I_Q = L\,dS\,\cos\theta$$

A iluminância dE, no ponto Q, será:

$$dE = dI_Q\,\cos\theta / \overline{PQ}^2 = L\,dS\,\cos^2\theta\, / (2r\cos\theta)^2 = L\,dS\,/\,4\,r^2 \tag{3.8}$$

Como vemos, a iluminância dE é independente de θ; portanto ela independe da posição relativa de P e Q.

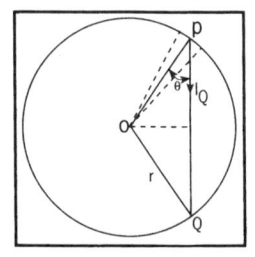

Figura 3.32 — Princípio básico de funcionamento da esfera integradora

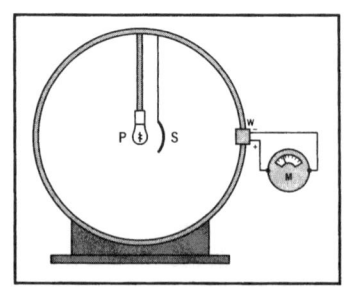

Figura 3.33 — Esfera integradora na medição de fluxo luminoso por meio de comparação

Para utilizarmos a esfera integradora como fotômetro, empregamos normalmente o método da substituição. Inicialmente colocamos, de preferência no centro da esfera, uma lâmpada-padrão *(P)* (Fig. 3.33) e, na abertura lateral da parede, o elemento fotossensível *(W) de um* luxímetro.

Em qualquer ponto no interior da esfera a iluminância será devida a dois fatores: ao fluxo luminoso direto da fonte de luz e ao fluxo refletido pelas paredes brancas difusoras. A componente direta dependerá da posição da fonte de luz dentro da esfera, assim como de sua distribuição luminosa. Esse fluxo direto não incidirá sobre a fotocélula, devido à presença do anteparo S. Dessa forma, o fluxo luminoso que incide sobre W será devido à série de reflexões sucessivas no interior da esfera, independendo da distribuição espacial da fonte luminosa P.

Iniciando nossa experiência, fazemos, no microamperímetro (M), uma leitura L_p proporcional ao fluxo luminoso total conhecido (φ_p) emitido pelo padrão P. A seguir, substituímos o padrão pela lâmpada sob teste, que deverá ser colocada no mesmo local anteriormente ocupado pelo padrão, e fazemos no microamperímetro uma nova leitura L_t.

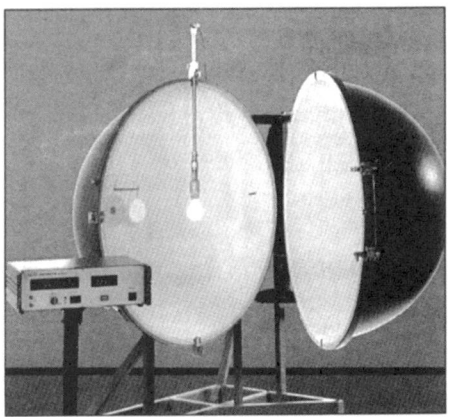

Figura 3.34 — Esfera integradora aberta

O fluxo total (φ_t), emitido pela lâmpada sob teste, será então calculado pela expressão

$$\varphi_p / L_p = \varphi_t / L_t \quad \text{logo:} \quad \varphi_t = (\varphi_p . L_t) / L_p \quad (3.9)$$

Na utilização desse método, o comprimento das lâmpadas empregadas não deverá ser maior que 80% do diâmetro da esfera e a área da fonte de luz não deverá exceder 2% da superfície interior da esfera (Fig. 3.34). As lâmpadas utilizadas nas experiências deverão funcionar na sua tensão nominal; para tanto, empregamos uma fonte de alimentação estabilizada. A posição de montagem do padrão e a temperatura ambiente deverão ser as mesmas utilizadas por ocasião de sua aferição nas entidades certificadoras correspondentes.

No caso de medições em lâmpadas incandescentes, estas deverão, antes de se proceder à leitura, funcionar dentro da esfera sob regime normal durante 1 a 3 minutos (dependendo de seu tamanho e potência) para que atinjam sua temperatura e condições normais de funcionamento, estabilizando o fluxo luminoso emitido. Já no caso de lâmpadas de descarga elétrica, esse período de preaquecimento poderá atingir mais de uma hora.

As lâmpadas cujo fluxo se quer medir, deverão estar convenientemente sazonadas (envelhecidas), a fim de possuírem fluxo luminoso estável. Para isso, deverão ter funcionado aproximadamente 1 % de sua vida normal, antes de se proceder aos testes.

Na prática, a existência do anteparo S, a obstrução de raios luminosos pela própria lâmpada, a não-perfeita difusão da pintura interna e a eventual precária correção do coseno do luxímetro utilizado, provocam erros de medição. Para diminuí-los aconselhamos:

a) utilizar anteparos de dimensões reduzidas cuja sombra cubra somente a área da fotocélula;

b) utilizar esferas de grande volume em relação ao da fonte de luz;

c) manter em bom estado a pintura branca difusora interna;

d) utilizar, nas medições, luxímetros cujas fotocélulas possuam cor e co-seno corrigido.

3.6.2 — Processo indireto

Consideremos uma esfera imaginária de raio R (Fig. 3.35), em cujo centro encontra-se o equipamento sob teste, emitindo uma intensidade luminosa I em uma direção considerada. Sabemos que

$$E = d\varphi / dS \quad \text{ou} \quad d\varphi = E \, dS$$

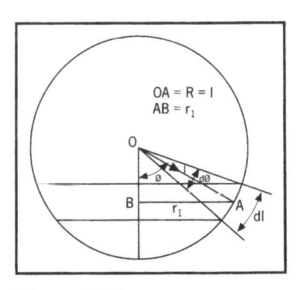

Figura 3.35

Como I incide perpendicularmente sobre dl, temos que a iluminância sobre este elemento será (Lei de Lambert)

$$E = I / R^2 \quad \text{logo} \quad d\varphi = (I. \, dS) / R \quad (3.10)$$

Da figura, tiramos

$$dS = 2\pi \, r_1 \, dl = 2\pi R \, \text{sen}\theta \; dl \; ;$$

Como $\qquad dl = R\,d\theta,$

Temos $\qquad dS = 2\pi\,R^2\,\text{sen}\theta\;d\theta;$ $\hfill$ (3.11)

Das equações (3.10) e (3.11),

$$d\varphi = 2\pi\,I\,\text{sen}\theta\;d\theta.$$

O fluxo luminoso emitido no intervalo θ_1, θ_2 será

$$\varphi_{(\theta_2,\,\theta_1)} = 2\pi \int_{\theta_1}^{\theta_2} I\,\text{sen}\theta\;d\theta. \hfill (3.12)$$

Para a solução desta equação, substituímos I pelo seu valor médio, $I_{méd}$, no intervalo considerado,

$$\varphi_{(\theta_2,\,\theta_1)} = 2\pi\,I_{méd} \int_{\theta_1}^{\theta_2} \text{sen}\theta\;d\theta = 2\pi\,I_{méd}\,(\cos\theta_1 - \cos\theta_2)$$

ou

$$\varphi_{(\theta_2,\,\theta_1)} = K\,I_{méd}\,, \hfill (3.13)$$

sendo K a "constante zonal", que é igual a $2\pi\,(\cos\theta_1 - \cos\theta_2)$. Os valores do K poderão ser tabelados para diversos intervalos θ_1, θ_2. Na Tab. 3.3, temos a tabulação das constantes zonais para intervalos de $10°$ e $5°$.

Esse é o processo indireto, utilizado especialmente quando se deseja determinar o fluxo luminoso emitido por um aparelho cujas dimensões sejam maiores que as de esfera de Ulbricht ou quando sua distribuição luminosa for assimétrica.

Tabela 3.3 — Constantes zonais

Para intervalos de $10°$					Para intervalos de $5°$				
θ_2	θ_1	θ_2	θ_1	$K=2\pi(\cos\theta_1-\cos\theta_2)$	θ_2	θ_1	θ_2	θ_1	$K=2\pi(\cos\theta_1-\cos\theta_2)$
10	0	180	170	0,0954	5	0	180	175	0,0239
20	10	170	160	0,2835	10	5	175	170	0,0715
30	20	160	150	0,4629	15	10	170	165	0,1186
40	30	150	140	0,6282	20	15	165	160	0,1649
50	40	140	130	0,7744	25	20	160	155	0,2097
60	50	130	120	0,8472	30	25	155	150	0,2531
70	60	120	110	0,9926	35	30	150	145	0,2946
80	70	110	100	1,0579	40	35	145	140	0,3337
90	80	100	90	1,0911	45	40	140	135	0,3703
					50	45	135	130	0,4041
					55	50	130	125	0,4339
					60	55	125	120	0,4623
					65	60	115	115	0,4862
					70	65	120	110	0,5064
					75	70	115	105	0,5228
					80	75	110	100	0,5351
					85	80	105	95	0,5434
					90	85	100	90	0,5476

Figura 3.36 — Laboratório fotométrico. Em primeiro plano, à esquerda, banco ótico com anteparo cônico de proteção à fotocélula; à direita, esfera integradora (foto do autor)

O aparelho sob teste será colocado no goniofotômetro, determinando-se as intensidades luminosas emitidas pelo mesmo em todas as direções, conforme já estudado no item 3.5.2. O fluxo luminoso emitido em cada zona será

$$\varphi = KI,$$

sendo φ o fluxo luminoso no intervalo (lm); K a constante zonal para o intervalo considerado; e I a intensidade luminosa média na zona (cd). A Tab. 3.4 exemplifica a aplicação desse método.

Tabela 3.4 — Cálculo do fluxo luminoso emitido por luminária de iluminação pública (a mesma utilizada na Tab. 3.2)

Ângulo vertical	Intensidade média (Cd)	Constante zonal	Fluxo luminoso na zona	Fluxo luminoso no semi-espaço		Fluxo luminoso total
5	1.494	0.095	141.92			
15	1.433	0.284	407.08			
25	1.317	0.463	610,00			
35	1.216	0,628	763.71	Inferior:	4.738,0 lm	
45	1.108	0.774	857.28			
55	862	0,847	730.11			4794,1 lm
65	655	0.993	650.61			
75	382	1.058	403,83			
85	159	1.091	173.46			
95	44	1.091	48,13	Superior:	56,1 lm	
105	7,5	1,058	7,99			

3.6.3 — Diagrama de Rousseau

O valor da Eq. (3.12),

$$\varphi_{(\theta_2, \theta_1)} = 2\pi \int_{\theta_1}^{\theta_2} I \operatorname{sen}\theta \, d\theta$$

pode ser obtido graficamente da curva fotométrica da luminária através do processo conhecido como diagrama de Rousseau. Tomemos a Fig. 3.37, que representa as distribuições luminosas de uma lâmpada e de uma luminária com a mesma lâmpada. Foi representada a metade das curvas fotométricas, por se tratar de equipamentos simétricos em relação ao eixo vertical xx', que passa pelo centro da fonte luminosa.

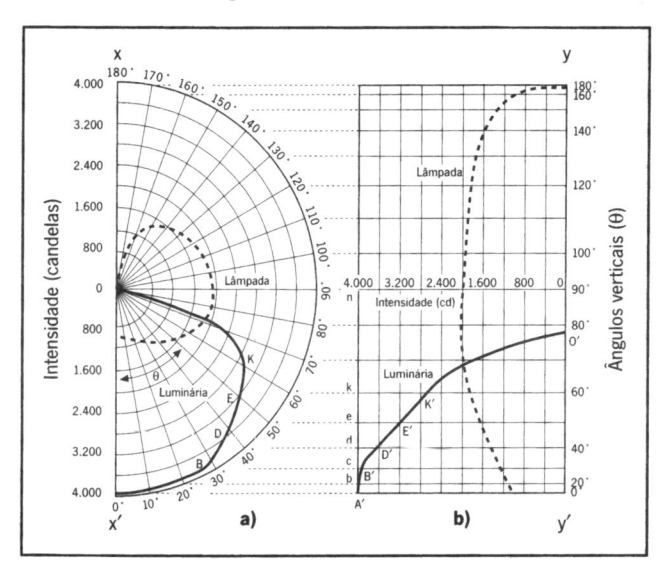

Figura 3.37 — Diagrama de Rousseau

A partir da Fig. 3.37 (a), desenhamos a Fig. 3.37 (b), de tal modo que as distâncias horizontais entre os pontos A', B', C', ... K' e a reta YY' sejam iguais respectivamente às intensidades luminosas OA, OB, OC, ...OK. Pela figura, temos que

$$pk = r - r\cos\theta = r(1 - \cos\theta)$$

ou

$$d(pk)/d\theta = r\,\text{sen}\,\theta;$$

como

$$\overline{py'} = I_{0°}$$

$$\overline{B'20^0} = I_{20°}$$

$$\ldots\ldots\ldots$$

$$\ldots\ldots\ldots$$

$$\ldots\ldots\ldots$$

$$\overline{K'60^0} = I_{60°},$$

temos que a área A', B', D', E', K', O', Y', A' será igual a

$$r\int_0^\pi I_0\,\text{sen}\,\theta\;d\theta. \tag{3.14}$$

Portanto, se multiplicarmos essa área (determinada por um planímetro ou outro processo qualquer) por 2π e dividí-la por r, obteremos o fluxo luminoso total emitido pela fonte. Note-se que, por esse processo, podemos determinar o fluxo luminoso emitido em qualquer zona subtendida por dois ângulos θ.

3.7 — MEDIÇÃO DA LUMINÂNCIA

Até recentemente, a iluminação pública era projetada unicamente por meio do cálculo da iluminância sobre a via pública. Tal processo, apesar de não corresponder às características fisiológicas da visão humana, ainda é o mais utilizado, pela sua simplicidade de cálculo e medição. Já o cálculo pelo processo da luminância, recomendado pelas normas de diversos países, é bem mais complexo, pois, como vimos no Capítulo 2, requer o conhecimento das características luminotécnicas do revestimento da via. A luminância do piso da rua variará com a posição do observador (nesse caso, provavelmente o motorista), nível de iluminância do pavimento, sua refletância, etc. Portanto tais medições devem ser feitas das posições que serão ocupadas pelos observadores.

Nas ruas de mão dupla, é nomalmente padronizada a altura de 1,5 m sobre o meio da meia pista direita. Nas vias de diversas pistas, as medições são feitas no meio de cada pista para o olho do observador colocado a 1,5 m de altura (altura média provável dos olhos dos motoristas de automóveis e de veículos maiores). O ângulo α de observação é da ordem de 1°, o que corresponde a uma distância de medição aproximadamente de 86 m (Fig. 3.38).

Esse processo expedito é utilizado quando se deseja unicamente a luminância média e se utiliza um medidor tipo integrador. Quando desejamos, também, a apreciação da uniformidade de luminância, teremos de executar uma série de medidas para diversos pontos, como os apresentados na Fig. 3.39. Esses pontos, da ordem de 40, são distribuídos uniformemente sobre o pavimento a distâncias de 60 a 160 m do olho do observador. A luminância média seria obtida por

$$L_{\text{med}} = (\Sigma_{K=1}^{K=K} L_k)/K \tag{3.15}$$

Pode-se definir a desuniformidade de luminância (F) longitudinal e transversal conforme se tomem os valores mínimos e máximos lidos, segundo um eixo longitudinal ou eixos transversais à rua

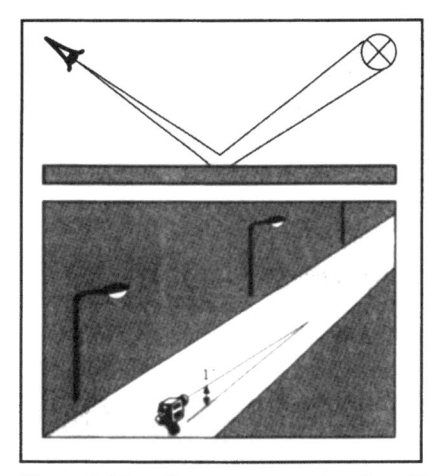

Figura 3.38 — Para um ponto situado a 86 m do veículo o ângulo de observação de um motorista é de aproximadamente 1°

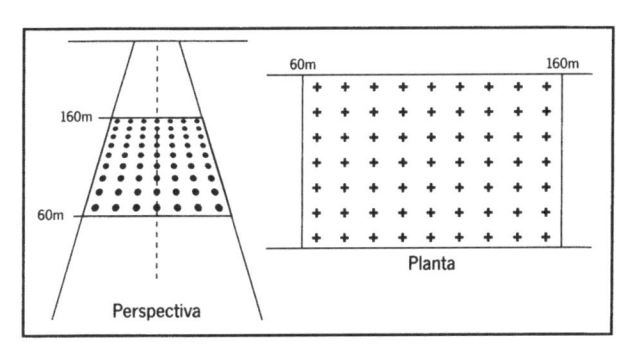

Figura 3.39 — Exemplo de posições recomendadas para medições de luminância

$$F = L_{max} / L_{min} \tag{3.16}$$

Contudo mais importante que esse fator é a ocorrência de abruptas variações de luminância, isto é, elevadas taxas de variação da mesma (efeito "zebra").

A medição de um valor de luminância é feita, basicamente, por meio de comparação, isto é, a grandeza medida é comparada com uma luminância de referência. Essa comparação poderá ser visual ou eletrônica.

0 princípio básico da medição está representado na Fig. 3.40. Um anteparo S, que contém a janela P, é colocado a uma distância do observador. Pela janela, visualiza-se a área elementar A sob teste. Por um processo qualquer, varia-se a luminância do anteparo S, até que ela se iguale a da janela P. Nesse instante não se enxergará a janela, que se confundirá com o anteparo. Repetindo-se o procedimento para diversas janelas diferentes e estando o observador fixo, obteremos as luminâncias individuais de diversas áreas elementares.

Tem-se procurado desenvolver instrumentos de medida que combinem alta sensibilidade, pequeno ângulo de visada (que podem ser focalizados sobre pequenas áreas elementares da superfície medida), portabilidade e robustez.

O requisito de pequeno ângulo de visada é necessário, pois, a uma distância de medida de 100 m, um trecho de rua com 30 m de comprimento é submetido por um ângulo de 15' no olho do observador. Na prática, utilizam-se aparelhos óticos sofisticados e de preço elevado, sendo a comparação das luminâncias feita diretamente por processo eletrônico. Pode-se, com esses instrumentos medir diretamente a luminância média de uma área ou a luminância individual das diversas áreas elementares.

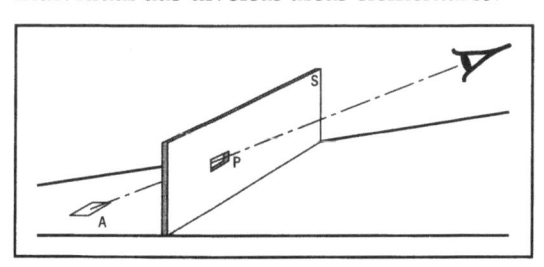

Figura 3.40 — Princípio básico das medições de luminância

Para fotometria das áreas elementares, coloca-se um diafragma no plano focal ótico do medidor, de forma que a abertura do diafragma corresponda à pequena área a ser fotometrada. Assim, somente a luz proveniente da área elementar, passando pelo diafragma, sensibiliza a fotocélula do luminancímetro. Para a correta focalização do medidor sobre a área em teste, sem que se incorra em erros de paralaxe, é conveniente a utilização de medidores cujo visor de focalização seja através da própria objetiva ótica de medida (visor "reflex") (Fig. 3.41).

O luminancímetro Morass (Fig. 3.42) possui diversas escalas, de 0,1 cd/m² a 100 cd/ m². O fluxo luminoso proveniente da área elementar medida incide sobre a máscara prateada

(2), provida de pequena janela semiprateada, dividindo-se em duas partes. A primeira, depois de refletida pelo espelho (4), permite, através da ocular (5), a visão da área fotometrada (processo reflex). A segunda incide sobre a célula fotomultiplicadora (3), dotada de filtro para correção de cor, provocando na mesma uma corrente anódica, que é comparada, através de um rnicroamperírnetro (7), com uma corrente de referência ajustada pelo controle (6) deslizante sobre um mostrador calibrado em luminâncias.

Com a utilização de luminancímetros de boa qualidade, é possível uma precisão de medições da ordem de 10 a 20%, valores esses perfeitamente cabíveis nas técnicas de Fotometria.

Figura 3.41 — Luminancímetro fabricação "LMT"

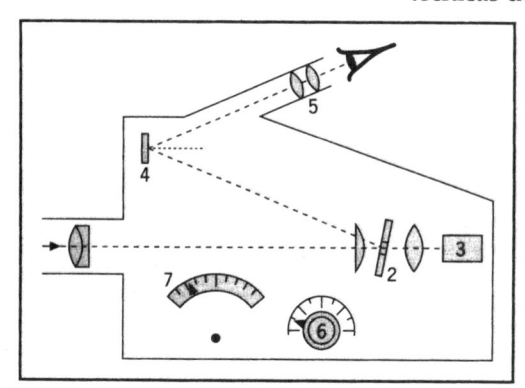

Figura 3.42 — Luminancímetro Morass

3.8 — DETERMINAÇÃO PRÁTICA DAS CURVAS DE UTILIZAÇÃO DE UMA LUMINÁRIA

Um dos processos clássicos de cálculo de iluminação pública é através das curvas do *fator de utilização (Fu)* das luminárias (veja o item 9.11.1). Nesse caso, o fator de utilização é definido como a relação entre o fluxo luminoso incidente sobre a via pública (lado da rua ou lado do passeio) e o fluxo luminoso total emitido pelas lâmpadas instaladas na luminária (Fig. 3.43).

A iluminância proporcionada pela luminária no ponto p_1 (Fig. 3.44) é

$$E_{p1} = (I_{p1} \cdot \cos^3\alpha_1) / h^2$$

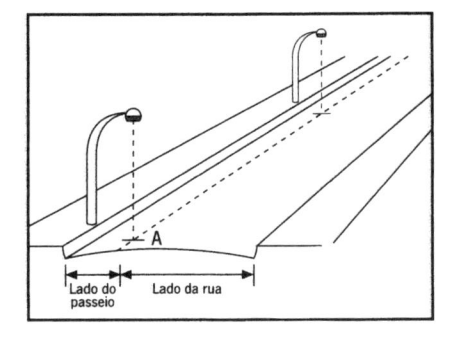

Figura 3.43 — *Luminárias montadas em uma via pública*

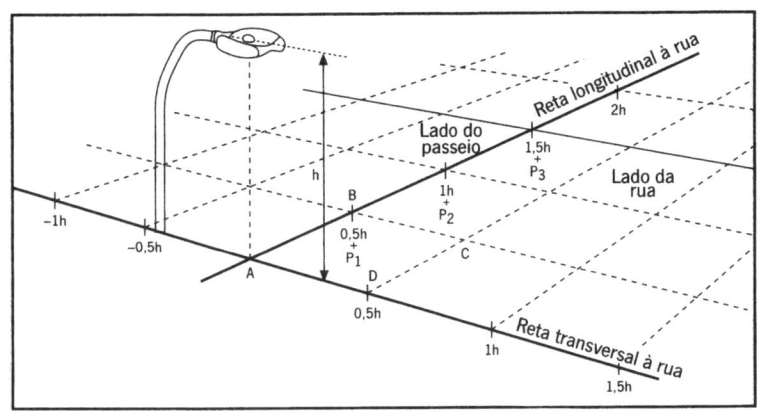

Figura 3.44 — Divisão de uma rua em áreas elementares para determinação das curvas do fator de utilização de uma luminária

Se supusermos uniforme a iluminância sobre a área $ABCD$ (cujo centro é o ponto p_1), podemos escrever que

$$\varphi \text{ área } ABCD = E_{p1} \times S_{ABCD} = 0,25\ h^2\ E_{p1}$$

ou

$$\varphi\ ABCD = (\ 0,25\ h^2\ I_{p1}\ \cos^3\alpha_1\ )\ /\ h^2 = 0,25\ \cos^3\alpha_1\ I_{p1}\ ,$$

onde φ_{ABCD} é o fluxo luminoso que atinge a área $ABCD$. Genericamente falando,

$$\varphi = 0,25\ I\ \cos^3\alpha$$

fazendo

$$K = 0,25\ \cos^3\alpha$$

teremos

$$\varphi = K\ I$$

Portanto, se conhecermos os valores de K para todas as áreas de centro, p_1, p_2, p_3,........p_n e as intensidades luminosas emitidas pela luminária em direção a estes pontos, podemos conhecer o fluxo luminoso emitido pelo aparelho na direção das áreas consideradas e o fluxo luminoso total que atinge o pavimento da via.

Os valores de K para os pontos p_1, p_2, p_3,........p_n são calculados conforme a Fig. 3.44,

$$AP_1 = [(0,25h)^2 + (0,25h)^2]^{1/2} = 0,25h\ (2)^{1/2} = 0,35\ h$$

$$\alpha_1 = \text{arc}\ tg\ (AP_1\ /\ h) = tg^{-1}\ 0,353 \qquad \text{logo,} \qquad \alpha_1 = 19,44° \quad \text{e} \quad \cos^3\alpha_1 = 0,838,$$

logo, $K_{p_1} = 0,25 \ \cos^3 \alpha_1 = 0,25 \times 0,8380 = 0,209;$

da rnesma forma,

$$AP_2 = [(0,75h)^2 + (0,25h)^2]^{1/2} = 0,79 \ h$$

$$\alpha_2 = arc \ tg \ (AP_2 / h) = arc \ tg \ 0,79 \qquad logo \qquad \cos^3 \alpha_2 = 0,484,$$

logo, $K_{p_2} = 0,25 \cos^3 \alpha_2 = 0,25 \times 0,484 = 0,121$

Para o ponto p_3, teremos

$$AP3 = [((1,25h)^2 + (0,25h)^2]^{1/2} = 1,27h,$$

$$\alpha_3 = arc \ tg \ (AP3 / h) = arc \ tg \ 1,27 \qquad logo \qquad \cos^3 \alpha_3 = 0,235$$

$$ou \ K_{p_3} = 0,25 \times \cos^3 \alpha_3 = 0,059.$$

Os demais valores que seriam obtidos acham-se tabulados na Tab. 3.5.

Tomemos, por exemplo, uma luminária montada horizontalmente sobre o ponto A da Fig. 3.43, a uma altura h. Seja (Fig. 3.45) o diagrama de isocandelas, em projeção plana, dessa luminária. Trata-se de um aparelho assimétrico, para iluminação pública, dotado de lâmpada de vapor de mercúrio de 400 W (20.500 lm).

Tabela 3.5

			-3h	-2h		-1h		0h		1h		2h		3h	Na zona Ø'=∑Ø"	Totais Ø=∑Ø'	F_u
			2,75 h	-2,25 h	-1,75 h	-1,25 h	-0,75 h	-0,25 h	0,25 h	0,75 h	1,25 h	1,75 h	2,25 h	2,75 h			
-1h	-0,75h	K	0,009	0,015	0,025	0,045	0,081	0,121	0,121	0,081	0,045	0,025	0,015	0,009			0,210
		I	960	1.320	1.600	1.700	2.250	2.700	2.700	2.250	1.700	1.600	1.320	960	1.307,9	4.303,8	
		Ø"	8,60	19,8	40,0	76,5	182,2	326,7	326,7	182,2	76,5	40,0	19,8	8,60			
	-0,25h	K	0,010	0,017	0,030	0,059	0,121	0,209	0,209	0,121	0,059	0,030	0,017	0,010			0,106
		I	1.640	2.300	2.800	3.080	3.250	3.750	3.750	3.250	3.080	2.800	2.300	1.640	2.996,2	2.996,2	
		Ø"	16,4	39,1	84,0	181,7	393,2	783,7	783,7	393,2	181,7	84,0	39,1	16,4			
0h	0,25h	K	0,010	0,017	0,030	0,059	0,121	0,209	0,209	0,121	0,059	0,030	0,017	0,010			0,200
		I	2.250	3.075	4.100	5.070	5.100	4.500	4.500	5.100	5.070	4.100	3.075	2.250	4.109,0	4.109,0	
		Ø"	22,5	52,3	123,0	299,1	617,1	940,5	940,5	617,1	299,1	123,0	52,3	22,5			
	0,75	K	0,009	0,015	0,025	0,045	0,081	0,121	0,121	0,081	0,045	0,025	0,015	0,009			0,316
		I	2.350	3.300	4.225	4.900	4.500	3.500	3.500	4.500	4.900	4.225	3.300	2.350	2.369,4	6.478,4	
		Ø"	21,1	49,5	105,6	220,5	364,5	423,5	423,5	364,5	220,5	105,6	49,5	21,1			
1h	1,25h	K	0,008	0,012	0,019	0,030	0,045	0,059	0,059	0,045	0,030	0,019	0,012	0,008			0,360
		I	2.080	2.680	3.075	3.250	2.600	2.250	2.250	2.600	3.250	2.075	2.680	2.080	908,8	7.387,2	
		Ø"	16,6	32,2	58,4	97,5	117,0	132,7	132,7	117,0	97,5	58,4	32,2	16,6			
	1,75	K	0,006	0,009	0,013	0,019	0,025	0,030	0,030	0,025	0,019	0,013	0,009	0,006			0,375
		I	1.640	1.890	1.850	1.580	1.400	1.280	1.280	1.400	1.580	1.850	1.890	1.640	308,4	7.695,6	
		Ø"	9,80	17,0	24,0	30,0	35,0	38,4	38,4	35,0	30,0	24,0	17,0	9,80			
2h	2,25h	K	0,005	0,007	0,009	0,012	0,015	0,016	0,016	0,015	0,012	0,009	0,007	0,005			0,381
		I	1.150	1.140	1.050	1.000	835	750	750	835	1.000	1.050	1.140	1.150	119,4	7.815,0	
		Ø"	5,8	8,0	9,4	12,0	12,5	12,0	12,0	12,5	12,0	9,4	8,0	5,8			

Esquerda (rotulado verticalmente): Distâncias ao longo do eixo transversal da rua / Distâncias ao longo do eixo longitudinal da rua

Direita (rotulado verticalmente): Lado do passeio / Lado da rua

Topo: Distâncias ao longo do eixo longitudinal da rua — Fluxo luminoso (lm)

I = Intensidade emitida pela luminária no centro da área considerada (cd); Ø" = Fluxo luminoso incidente na área considerada (lm); Ø" = KI

$$F_u = \frac{\text{Fluxo total na zona}}{\text{Fluxo emitido pela lâmpada}} = \frac{Ø}{Ø \ \text{lâmpada}}$$

Do diagrama de isocandelas, retiramos os valores das intensidades luminosas emitidas em direção aos centros p_1, p_2, p_3, p_n de cada uma das áreas elementares e os levamos à Tab. 3.5. Calculamos o fluxo luminoso (φ'') incidente em cada uma das áreas elementares ($\varphi''=KI$) e os transportamos para a tabela. A seguir, calculamos o fluxo luminoso (φ') incidente em cada zona, que será a soma dos fluxos luminosos incidentes em todas as áreas elementares que compõem a zona e, finalmente, os fluxos luminosos totais (φ) que incidem, independentemente, do lado da rua e do lado do passeio da via pública. Podemos agora calcular o fator de utilização (F_u) da luminária para cada zona,

$$Fu = \text{fluxo luminoso total / fluxo luminoso da lâmpada} = \varphi/\varphi_{\text{lâmpada}} \qquad (3.17)$$

Com os valores obtidos, acabamos de preencher a Tab. 3.5 e desenhamos a Fig. 3.46.

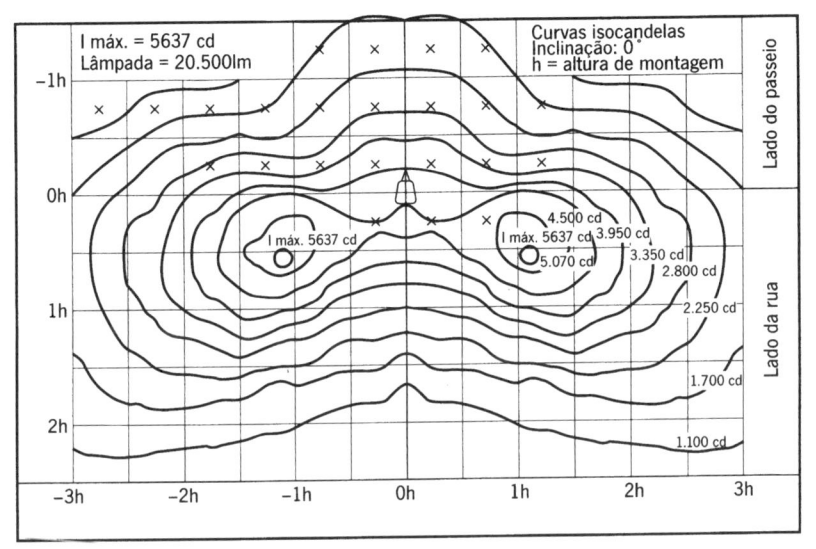

Figura 3.45 — Diagrama de isocandelas. em projeção plana de uma luminária para iluminação pública com lâmpada de vapor de mercúrio de 400 W (20.500 lm)

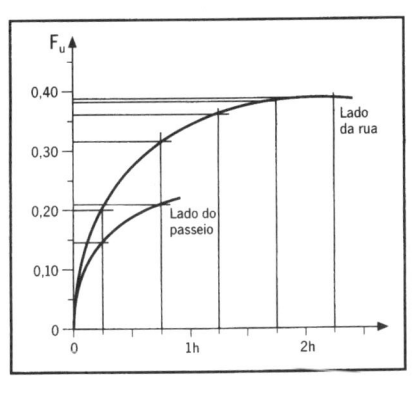

Figura 3.46 — Curvas do fator de utilização da luminária da Figura 3.45

BIBLIOGRAFIA

ABNT — NBR5385 — *Verificação de iluminância de interiores* - Procedimento

ABNT — Fotometria de luminárias- Procedimento. 1998

Antonio Bossi/Ezio Sesto: *Instalações Elétricas*. Hemus Editora. SP.

Décio G. Silveira — *Determinação das características de aparelhos de iluminação*. Revista *Mundo Elétrico*, ano 2, julho de 1961

Gilberto J.C.Costa — *Iluminação Econômica*. Edições EDIPUCRS. Porto Alegre-RGS. 1998.

H.A Keitz — *Calculos y medidas en luminotecnia*, Ed. Paraninfo, Madrid, 1974

I.E.S. — *Lighting handbook*. 8.ª edição, 1993

I.E.S. — *Practical Guide to Photometry*, 1969

I.E.S. — *Calculating coefficients of utilization, wall exitance coefficients, ceiling cavity exitance coefficients*. LM-57.1982

I.E.S. — *Photometric testing of roadway luminaires*. LM-31.1996

I.E.S. — *Standard file format for electronic transfer of photometric data*. LM-57.1982

J. B. Boer - *Public lighting*. Philips Technical Library, 1967

J. W. Walsh — *Photometry*. Constable Co., Londres 1953

Merry Cohu — *Photométrie, éclairage interieur* et *extérieur*, Masson Editeurs, Paris, 1966

Michael Zaha — *Shedding some needed light on optical measurements*. Revista Electronics, 6 de novembro de 1972

Simons and Bean — *Lighting Fittings performance and design*, Pergamon Press, London, 1968

Walter Sturrock e Karl Stoley — *Light, its measurements and control*, Catálogo G.E., LS154.

W. E. Barrows — *Luz, fotometria y luminotecnia*. Editorial Hispano Americana SA., B.Aires, 1960

CAPÍTULO 4

LÂMPADAS ELÉTRICAS INCANDESCENTES

Conforme já estudamos anteriormente, enxergamos os corpos pela luz que emitem. Esse fluxo luminoso emitido pode ser próprio, refletido ou transmitido. No primeiro caso, o corpo seria uma fonte primária de luz. No segundo e terceiro casos, o corpo seria uma fonte secundária de fluxo luminoso.

As fontes primárias podem ser naturais ou artificiais. A principal fonte primária natural de luz para a Terra é o sol. As primárias artificiais, são geralmente classificadas de acordo com o fenômeno que é a causa produtora do fluxo luminoso (combustão, incandescência, descarga elétrica, eletroluminescência, etc), e são chamadas de "lâmpadas".

4.1 — INTRODUÇÃO

As lâmpadas incandescentes constam basicamente de um filamento espiralado uma, duas ou três vezes, que é levado a incandescência pela passagem da corrente elétrica (efeito Joule). Sua oxidação é evitada pela presença de gás inerte ou vácuo dentro do bulbo que contém o filamento.

Em 1879, Thomaz A. Edison realizou a primeira lâmpada incandescente praticamente utilizável. 0 filamento era constituído por um fio de linha carbonizado em um cadinho hermeticamente fechado. Conseguiam-se, assim, lâmpadas cuja eficiência era de somente 1,4 lm/W.

As primeiras lâmpadas incandescentes industriais foram fabricadas em 1881, sendo seu filamento constituído de papel carbonizado. Nos anos seguintes, o processo de fabricação do filamento foi sendo modificado, tendo sido utilizada a celulose carbonizada, o ósmio, o tântalo e o tungstênio.

Um grande passo foi dado em 1911, com o desenvolvimento da técnica da trefilação do tungstênio, o que permitiu a produção de filamentos mais robustos e que podiam trabalhar em temperaturas mais elevadas ($\eta \approx 10$ lm/W).

4.2 — PARTES COMPONENTES

A Fig. 4.1 representa o tipo mais comum de lâmpada incandescente para iluminação residencial.

4.2.1 — O filamento

O material a ser utilizado no filamento de uma lâmpada incandescente deve satisfazer a vários requisitos. Deverá possuir elevado ponto de fusão, pois a radiação total *(E)* emitida é diretamente proporcional à quarta potência da temperatura *(T)* do radiador (lei de Stefan-Boltzmann),

$$E = s\,T^4. \tag{4.1}$$

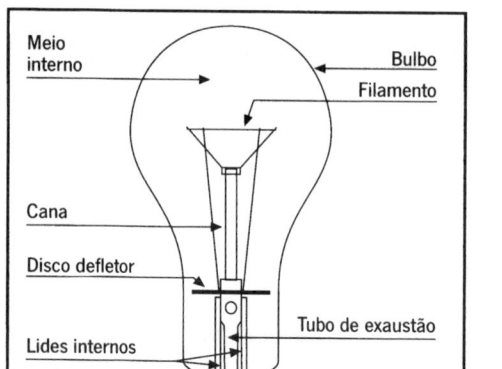

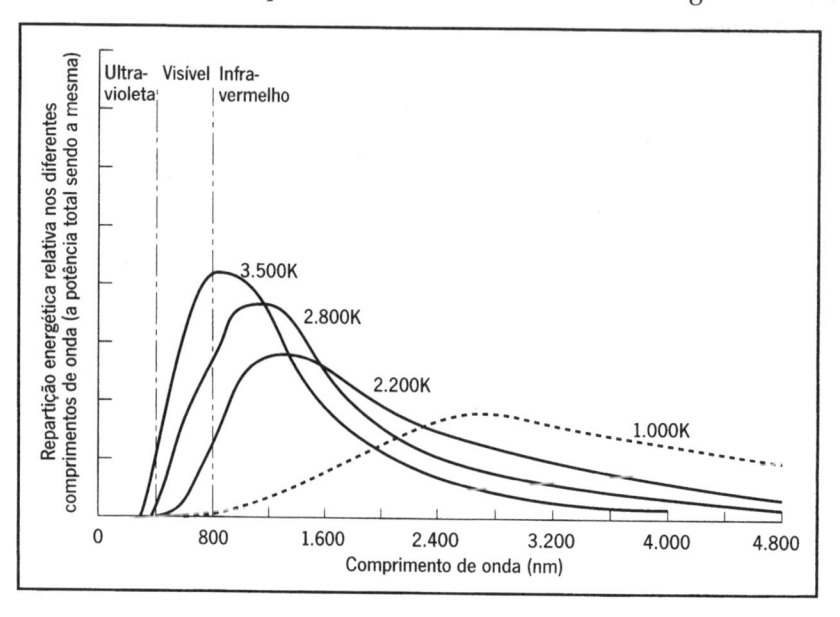

Figura 4.1 — Partes componentes de uma lâmpada incandescente para iluminação geral

Também a porcentagem de energia visível cresce com a elevação da temperatura, em virtude da lei de Wien,

$$\lambda_{max}\,T = \text{constante}, \tag{4.2}$$

onde λ é o comprimento de onda para o qual temos a máxima radiação do corpo negro ou radiador integral (Fig. 4.2).

O carbono tem ponto de fusão de 3.871K e o tungstênio de 3.655 K. Portanto,

Figura 4.2 — Aumentando-se a temperatura de um corpo negro eleva-se a porcentagem de energia visível irradiada

teoricamente, Edison estava certo quando, nas primeiras lâmpadas, utilizou filamentos de carbono. Outra característica importante é sua baixa evaporação, o que alonga a vida da lâmpada. Nesse particular, o carbono é bem inferior ao tungstênio, pois, para que não se evapore rapidamente, sua condição de trabalho (≈2.100 K) deverá ser bem abaixo de sua temperatura de fusão. Já o tungstênio, para a mesma porcentagem de evaporação, poderá operar em aproximadamente 2.500 a 3.000 K (em algumas lâmpadas para uso especial, de vida curta, ou lâmpadas que trabalham em atmosfera de iodo, poderá atingir 3.400 K). O tungstênio leva também vantagem sobre o carbono no que diz respeito à resistência mecânica e à sua ductibilidade, o que permite a execução de filamentos mais finos, resistentes e baratos. Também sua curva de radiação visível aproxima-se mais da radiação do corpo negro teórico.

Praticamente todas as lâmpadas atuais utilizam filamentos de tungstênio trefilado e enrolados em forma de espiral, pois as perdas de calor são menores num filamento mais curto. Consegue-se aumentar ainda mais a eficiência luminosa quando se emprega um filamento em espiral dupla. Nessa nova forma, o filamento tem apenas 1/25 do comprimento do fio esticado.

4.2.2 — O meio interno

Na segunda década deste século, muitos estudos foram feitos por *Langmuir* a respeito das perdas de calor e evaporação dos filamentos das lâmpadas. Quanto maior a temperatura a que for submetido o filamento de uma lâmpada, mais intensa e mais branca será a luz emitida. O filamento, entretanto, deverá ficar ao abrigo do ar, pois, de outro modo, sua vida será curtíssima, devido à ação oxidante do oxigênio sobre ele. Por esse motivo, as primeiras lâmpadas incandescentes tinham como meio interno o vácuo. Acontece, porém, que o tungstênio se vaporiza, quando submetido a elevadas temperaturas, sendo essa vaporização, para uma dada temperatura, tanto maior quanto menor for a pressão no interior do bulbo. Portanto, numa lâmpada a vácuo, onde a pressão interna é praticamente nula, não se pode elevar muito a temperatura do filamento sem que sua vida seja reduzida.

A fim de vencer esse obstáculo, foram experimentados vários gases inertes para enchimento dos bulbos, sendo hoje empregadas misturas de argônio e nitrogênio (em alguns casos, criptônio), que criam certa pressão interna no bulbo, diminuindo a vaporização do filamento e, sendo gases neutros, não se combinam com o tungstênio, deixando de provocar sua oxidação. A presença desses gases, contudo, aumenta as perdas de calor por meio de convexão. Para minimizá-las, o filamento é concentrado em espiral, apresentando, desse modo, maior aquecimento mútuo e menor área de contato com o gás inerte.

A proporção da mistura argônio/nitrogênio varia com o projeto da lâmpada (nas lâmpadas de 120 a 220 V, encontramos, aproximadamente, 90 a 95% de argônio e 5 a 10% de nitrogênio). A maior porcentagem de argônio se deve à sua menor condutividade térmica, proporcionando lâmpadas de maior eficiência luminosa, sendo, contudo, necessário o nitrogênio (especialmente nas lâmpadas para tensões mais elevadas) para suprimir as possibilidades de arcos elétricos internos entre seus lides de ligação.

O criptônio, tendo menor condutividade térmica e maior peso molecular que o argônio, além de aumentar a eficiência luminosa, reduz também a evaporação do filamento, sendo seu uso indicado em lâmpadas especiais, quando se necessita eficiência e vida mais longa, ainda que a um custo mais elevado. Com sua utilização, conseguem-se aumentos de 7 a 20% na eficiência luminosa. Somente em lâmpadas especiais, onde se procura maior eficiência luminosa, ainda que em detrimento de sua vida útil, continua-se a empregar lâmpadas a vácuo.

4.2.3 — Bulbos

As principais finalidades dos bulbos das lâmpadas são:

*   separar o meio interno, onde opera o filamento, do meio externo;
*   diminuir a luminância da fonte de luz;
*   modificar a composição espectral do fluxo luminoso produzido;
*   alterar a distribuição fotométrica do fluxo luminoso produzido;
*   finalidade decorativa.

Conforme a finalidade da lâmpada, o bulbo preencherá uma ou várias dessas características. Nunca, contudo, poderá preencher ao mesmo tempo todas elas, pois algumas são contraditórias, porquanto as finalidades eminentemente técnicas são, de um modo geral, contraditórias às decorativas.

O vidro empregado na fabricação dos bulbos é normalmente o vidro-cal, macio, de baixa temperatura de amolecimento. Em lâmpadas empregadas ao ar livre, onde a água fria da chuva possa tocar o bulho quando aquecido, são empregados vidros duros ou vidros borossilicato, que resistem ao choque térmico. Em outras lâmpadas especiais tubulares, onde o filamento é colocado axialmente muito próximo ao bulbo, são utilizados tubos de quartzo, que resistem a elevadas temperaturas e a choques térmicos.

Para diminuir a luminância da fonte de luz, com o que se diminui a probabilidade de ofuscamentos, os bulbos podem ser fosqueados internamente ou pintados. Esses tratamentos só são necessários nas lâmpadas que trabalharão nuas, fora de luminárias adequadas. O fosqueamento interno corresponde ao tratamento do vidro com ácido fluorídrico, ficando a parte externa do bulbo perfeitamente lisa, para evitar-se a aderência de poeira. Esse fosqueamento interno absorve de 1 a 2 % do fluxo luminoso produzido pelo filamento. A pintura branca é normalmente executada com revestimento de óxido de titânio na parte interna do bulbo. Esse tratamento também diminui a eficiência da lâmpada, sendo a perda maior que no fosqueamento.

Outra finalidade dos bulbos é eventualmente modificar a composição espectral do fluxo luminoso emitido. Para isso os bulbos podem ser coloridos, obtendo-se lâmpadas decorativas ou para finalidades específicas. Um exemplo de lâmpada colorida é a vulgarmente denominada "luz solar", onde um sal de cobalto, introduzido na fómula do vidro, produz um bulbo azul-claro. Esse bulbo, pela sua transmitância espectral, diminui, em relação ao fosco simples, a passagem das radiações amarelas e de maiores comprimentos de onda. O fluxo luminoso resultante é mais semelhante à luz natural provinda da abóbada celeste. Contudo, como era de se esperar, a eficiência dessas lâmpadas cai bastante, sendo aproximadamente 65 % da de uma lâmpada fosca normal.

Os bulbos são, também, muito utilizados para modificar a distribuição espacial do fluxo luminoso produzido pelo filamento. São, por exemplo, as lâmpadas refletoras, onde a parte traseira do bulbo é constituída por um refletor (com perfil parabólico ou elíptico) de alumínio vaporizado em alto vácuo, espelhado internamente. Essas lâmpadas dispensam projetores, permitindo a orientação do facho luminoso em direções determinadas (nas lâmpadas dotadas de refletores parabólicos teremos fachos mais concentrados e nas lâmpadas com refletores elípticos a luz é distribuída sob a forma de um facho aberto).

Finalmente, o bulbo de uma lâmpada pode fazer parte de um esquema de ornamentação. São as lâmpadas decorativas, que podem ter formas e cores bizarras. A forma de bulbo mais comum é a chamada "forma A", que se assemelha a uma gota d'água. Nas máquinas automáticas de fabricação de lâmpadas, onde o vidro fundido forma naturalmente uma gota antes de ser soprado no molde, essa forma é particularmente vantajosa.

4.2.4 — Bases

As bases têm por finalidade fixar mecanicamente a lâmpada em seu suporte e completar a ligação elétrica ao circuito de alimentação. A maior parte das lâmpadas usa a base de rosca tipo Edison. Elas são designadas pela letra E, seguida de um número que indica aproximadamente seu diâmetro externo em milímetros (E27, E40, etc).

As bases tipo baioneta são usadas quando se deseja uma fixação que resista a vibrações intensas (lâmpadas para trens, automóveis, etc.) ou nos tipos "focalizados", onde a fonte de luz tenha uma posição precisa num sistema ótico (projetores de cinema, de *slides*, etc. Essas bases são designadas pela letra B, seguida de seu diâmetro em milímetros. Nos casos mais comuns, são de contato central simples, sendo utilizadas nas lâmpadas que possuem um único filamento. Nas lâmpadas de dois filamentos, utilizadas especialmente em automóveis, as bases tipo baioneta possuem contatos centrais duplos e os pinos de fixação não guardam simetria entre si. Dessa forma, a lâmpada só se encaixa em uma posição predeterminada.

Em casos particulares, são utilizadas bases de desenho especial.

4.2.5 — Outras partes de vidro

Na Fig. 4.1 vemos que no centro da lâmpada existe uma cana terminada em botão, onde são inseridos os fios de molibdênio que suportam o filamento em sua posição. As lâmpadas que trabalham em locais sujeitos a vibrações intensas devem possuir maior número desses suportes. Seu número, contudo, não deverá ser excessivo porque, além de dificultar a fabricação, eles roubam calor do filamento, diminuindo a eficiência luminosa.

A parte inferior da cana é soldada e prensada no flange. Nessa junção, passam os lides, que fazem o contato elétrico ao circuito externo através da base. Para que não existam penetrações de ar nessa passagem, é preciso que não haja grande diferença entre os coeficientes de dilatação do vidro e dos lides. Por esse motivo, nesse ponto, o lide é constituído de uma liga especial (*dumet* de ferroníquel recoberta externamente por cobre). Na parte inferior do flange, temos o tubo de esgotamento, por onde se faz o vácuo e se introduzem os gases inertes. A seguir, esse tubo é selado pouco abaixo do bulbo. Essas últimas peças são feitas em vidro-chumbo, visto ser esse vidro mais fácil de trabalhar e possuir maior rigidez dielétrica.

4.3 — EFEITO DA VARIAÇÃO DA TENSÃO NO FUNCIONAMENTO DAS LÂMPADAS INCANDESCENTES

A Tabela 4.1 e a Fig. 4.3 nos mostram como variam as características de uma lâmpada incandescente quando varia sua tensão de alimentação. Vemos que, quando sobrevoltamos uma lâmpada, sua eficiência, potência absorvida, fluxo luminoso e corrente crescem, ao passo que sua vida se reduz drasticamente. Isso, aliás, é de se esperar, visto que, quando sobrevoltamos uma lâmpada, aumentamos a temperatura de seu filamento. O oposto se dá se alimentarmos a mesma lâmpada com uma subtensão.

Tabela 4.1 — Efeito da tensão de linha

Tensão nominal da lâmpada	Conseqüências
a) Menor que a tensão nominal da concessionária	Aumento da corrente, potência e fluxo luminoso da lâmpada. Grande redução na sua vida
b) Igual à tensão nominal da concessionária	Lâmpada funcionando em seus valores nominais de projeto
c) Maior que a tensão nominal da concessionária	Grande aumento na vida da lâmpada. Redução na potência, corrente e no fluxo luminoso produzido

As variações representadas na Fig. 4.3 podem ser calculadas pelas seguintes expressões empíricas (para lâmpadas em atmosfera de gás inerte):

fluxo luminoso produzido,

$$\varphi/\varphi_0 = (V/V_0)^{3,38}; \tag{4.3}$$

potência elétrica absorvida,

$$P/P_0 = (V/V_0)^{1,54}; \tag{4.4}$$

temperatura de trabalho do filamento,

$$TIT_0 = (V/V_0)^{0,424}; \tag{4.5}$$

vida da lâmpada,

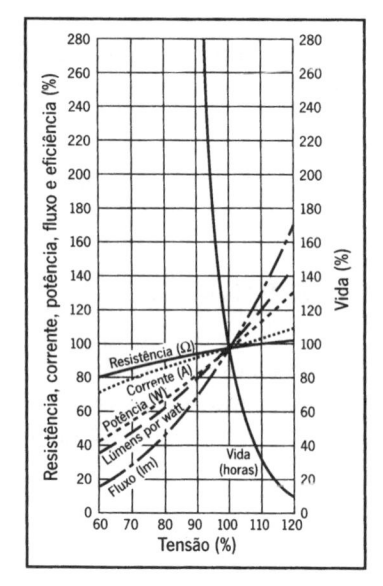

Tensão (%)

$$L/L_0 = (V/V_0)^{-13,1} \tag{4.6}$$

As letras com índice correspondem aos valores nominais de catálogo; as sem índice correspondem aos novos valores procurados.

Exemplo

Seja uma lâmpada de 100 W, 1 500 lm e vida de 1 000 h, cuja tensão nominal é de 120 V. Caso ela seja ligada a uma rede de 127 V, teremos:

• fluxo luminoso produzido em 127 V:

$$\varphi = \varphi_0 (V/V_0)^{3,38} = 1.500 (127/120)^{3,38} = 1.817 \text{ lm}$$

Figura 4.3 — Efeito da variação da tensão de alimentação em uma lâmpada incandescente de uso geral

- potência elétrica absorvida em 127 V : $P = P_0 (V/V_0)^{1,54} = 100 (127/120)^{1,54} = 109$ W
- vida quando ligada em 127 V: $L = L_0 (V/V_0)^{-13,1} = 1.000 (127/120)^{-13,1} = 476$ h.

Vemos, pois, que a lâmpada, funcionando com tensão superior à nominal em cerca de 6%, absorverá mais potência da rede elétrica, seu fluxo luminoso será aumentado e sua vida, por outro lado, será drasticamente reduzida a menos da metade.

Esses resultados explicam, em grande parte, as reclamações que os consumidores, de diversas cidades brasileiras fazem sobre a durabilidade das lâmpadas incandescentes compradas nos supermercados: eles vendem lâmpadas para 120 V quando, nestas cidades, a tensão nominal fase/neutro é de 127 V.

Caso a mesma lâmpada (de 120V) seja ligada a um circuito de 114 V, obteremos os seguintes valores:

- Fluxo luminoso em 114 V: 1.261 lm
- potência elétrica em 114 V: 92,4 W
- vida em 114 V: 1.958 h

4.4 — VIDA E EFICIÊNCIA LUMINOSA

Essas duas características estão, como vimos, intimamente ligadas. Para aumentar a eficiência luminosa de uma lâmpada incandescente, deveremos elevar a temperatura de seu filamento, mas com isso reduziremos sua vida. As lâmpadas incandescentes para iluminação geral possuem, segundo a ABNT, uma vida média de 1.000 h e eficiência luminosa de aproximadamente 15 lm/W (Fig.2.14). As lâmpadas projetadas para aplicações específicas possuem as características que mais se adaptam às suas finalidades.

4.5 — OUTROS DADOS SOBRE AS LÂMPADAS INCANDESCENTES

4.5.1 — Fator de potência

Como a impedância do filamento é constituída praticamente por um circuito resistivo, seu fator de potência é unitário.

4.5.2 — Efeito estroboscópico

Nos circuitos de c.a., a corrente no filamento passa por zero em cada semi-período, causando a flutuação da temperatura e da produção de luz pelo filamento. Os filamentos de maior seção e os duplamente espiralados, possuindo maior inércia térmica, são menos suscetíveis a essa "cintilação". Nas redes de 60 Hz, esse efeito estroboscópico é praticamente desprezível para qualquer potência de lâmpada incandescente.

4.5.3 — Corrente de partida das lâmpadas

Teoricamente existe uma sobrecorrente na lâmpada no momento em que o interruptor é acionado. Essa corrente seria inversamente proporcional à variação da resistência de seu filamento de tungstênio, que, como a maioria dos materiais, possui característica positiva (Fig. 4.4).

A frio a resistividade do tungstênio é da ordem de 1/16 de sua resistividade, na temperatura de trabalho. Contudo a sobrecorrente de partida não atinge esses valores, devido

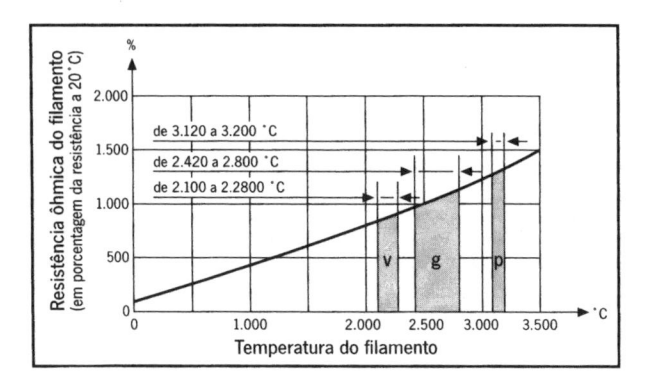

Figura 4.4 — Variação da resistência ôhmica de uma lâmpada incandescente em função da temperatura do filamento: v, lâmpadas a vácuo; g, lâmpadas com gás; p, lâmpadas photoflood

às próprias impedâncias do circuito elétrico de alimentação, dos transformadores, das conexões. Como essas sobrecorrentes são rápidas, para que os fusíveis e disjuntores de proteção não operem indevidamente no momento do acendimento, basta que utilizemos unidades com pequeno retardo.

4.5.4 — Depreciação do fluxo luminoso

O fluxo luminoso emitido pelas lâmpadas incandescentes diminui, durante sua vida, devido a dois fatores:

* Com a constante evaporação do filamento sua seção decresce, ele se torna cada vez mais frágil, sua temperatura é reduzida e sua resistência elétrica é acrescida, fazendo com que a lâmpada consuma menor potência elétrica e emita menos luz.

* Simultaneamente, o fluxo luminoso diminui devido ao enegrecimento interno do bulbo pelas partículas evaporadas. Esse efeito é muito mais pronunciado nas lâmpadas a vácuo.

4.6 — LÂMPADAS INCANDESCENTES HALÓGENAS

São também conhecidas como lâmpadas de quartzo, de iodo ou iodina. Basicamente são lâmpadas incandescentes, nas quais se adiciona, internamente ao bulbo, aditivos de iodo ou bromo. Quando essa lâmpada funciona, realiza-se, no interior do bulbo, o chamado "ciclo do iodo" (Fig. 4.5). O tungstênio evaporado do filamento combina-se (em temperaturas abaixo de 1.400ºC) com o halogênio presente no bulbo. O composto formado (iodeto de tungstênio), fica circulando dentro do bulbo, devido às correntes de convecção aí presentes, até se aproximar novamente do filamento. A alta temperatura ali reinante decompõe o iodeto, e parte do tungstênio se deposita novamente no filamento, regenerando-o. O halogênio liberado recomeça o ciclo. Temos, assim, uma reação cíclica que reconduz o tungstênio evaporado para o filamento. Com isso, o filamento pode trabalhar em temperaturas mais elevadas (aproximadamente 3.200 a 3.400 K), obtendo-se maior eficiência luminosa, fluxo luminoso de maior temperatura de cor, ausência de depreciação do fluxo luminoso por enegrecimento do bulbo, dimensões reduzidas e maior produção percentual de energia ultravioleta (vide Fig. 4.2). Para neutralizar essa última característica (vide 1.3), é conveniente o uso de lente frontal às luminárias ou de lâmpadas "UV stop" cujo bulbo de quartzo dopado filtra até cinco vezes esta radiação.

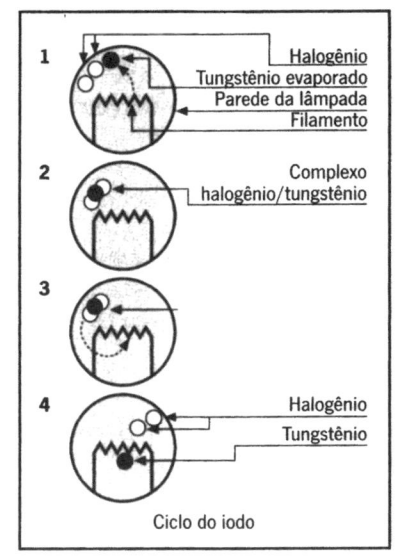

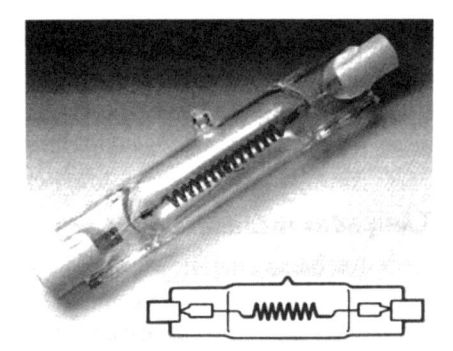

Figura 4.6 — Funcionamento da lâmpada refletora halógena

Figura 4.5 — O "ciclo do iodo"

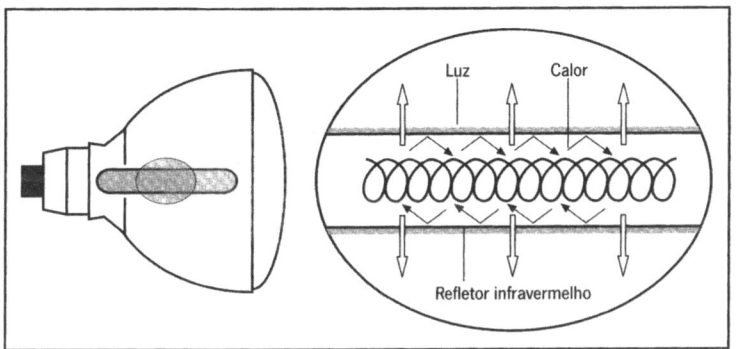

Figura 4.7— Lâmpadas incandescentes halógenas

Para que o ciclo do iodo ocorra, a temperatura do bulbo deve estar acima de 260°C, obrigando a utiIização de bulbos de quartzo, o que encarece a produção e exige que a lâmpada funcione em posições predeterminadas (Fig. 4.6).

Acabam de ser introduzidas no mercado novos modelos de lâmpadas halógenas refletoras (tipo PAR, Fig. 4.7)) cujos bulbos internos são recobertos com uma camada transparente à luz e refletora ao calor. Com essa construção, parte do calor que seria irradiado é redirecionado para o filamento, de forma que menor energia é necessária para operar a lâmpada. Assim se conseguiu aumentar em mais de 25% a eficiência luminosa dessas lâmpadas, quando comparadas com as halógenas tradicionais.

São recomendados os seguintes cuidados na instalação das lâmpadas halógenas:

* não tocar o bulbo de quartzo com as mãos para evitar engordurá-lo; caso necessário, limpar as manchas com álcool;

* nas lâmpadas de maior potência, protegê-las individualmente por fusíveis, pois, devido a suas reduzidas dimensões, no fim de sua vida poderão ocorrer arcos elétricos internos ao bulbo;

* verificar a correta ventilação das bases e soquetes, pois temperaturas elevadas poderão danificá-los ou romper a selagem do quartzo na entrada dos lides,

* só instalar a lâmpada na posição para a qual foi projetada.

4.7 — LÂMPADAS INCANDESCENTES PARA APLICAÇÕES ESPECÍFICAS

Os diversos tipos de lâmpadas para aplicações específicas possuem características diversificadas de projeto, de forma a melhor se adaptarem às suas finalidades.

4.7.1. — Lâmpadas incandescentes para aplicações na decoração

Apesar de sua baixa eficiência luminosa e vida relativamente curta, o que leva a maiores consumos de energia elétrica e à maior manutenção, as lâmpadas incandescentes são muito utilizadas na iluminação decorativa e arquitetônica, pois apresentam algumas características interessantes, quais sejam:

* Excelente reprodução de cores dos objetos iluminados.
* Temperatura de cor mais baixa realçando as cores quentes (e a maquilagem de artistas, p. ex.).
* Dimensões reduzidas, permitindo grande liberdade no projeto de luminárias.
* Podem ser ligadas e religadas, produzindo instantaneamente o fluxo luminoso útil.

As lâmpadas refletoras tipo PAR e as halógenas refletoras (Fig.4.7) são indicadas para ambientes residenciais, hotéis, vitrines , galerias e museus. Elas funcionam diretamente nas tensões de 120 V e 230 V, existindo também modelos para 12 V, que exigem transformador.

Quando necessitamos de unidades mais compactas, evitando ao máximo o calor da lâmpada diretamente sobre o motivo a iluminar, podemos utilizar as lâmpadas dotadas de refletor dicróico (Vide item 6.3.2 e Fig. 4.8).

Como possuem filamento para 12V, devem ser utilizadas conjuntamente com transformador redutor de tensão. São aplicadas na iluminação de vitrines, museus, exposições de pinturas e ambientes residenciais finos.

Já as lâmpadas halógenas, dotadas de refletores aluminizados, impedem a transferência do calor para trás, tendo aplicação comum em luminárias embutidas, com alturas limitadas de forros onde é pequena a possibilidade de dissipação de calor. Podem ser uma solução para os problemas críticos de temperatura que ocorrem em tetos rebaixados.

Quando se deseja fachos de luz de maior intensidade ou fachos mais fechados (de 4º a 24º), a solução pode estar no uso de lâmpadas com refletor de alumínio *multifacetado* tipo *spot*. Elas permitem a criação de espaços personalizados, destacando ou acentuando objetos a médias e longas distâncias. São indicadas para bares, restaurantes, shopping centers,

Figura 4.8 — Lâmpada refletora dicróica

galerias etc. Possuem temperatura de cor de 3.100K, índice de reprodução de cores de 100% e vida de 2.000h.

Também podemos utilizar lâmpadas halógenas tipo *palito* (Fig. 4.6), que trabalham em tensões de 120 V e 220 V nas luminárias para uso indireto, colunas, arandelas e pequenos projetores retangulares de facho assimétrico. São soluções úteis na iluminação difusa de lojas, auditórios, áreas internas e paisagismo.

4.7.2 — Lâmpadas para aparelhos domésticos

São geralmente submetidas a condições muito severas. Assim, as lâmpadas para máquinas de costura possuem grande número de suportes de filamento com disposição especial, para suportarem as intensas vibrações que ocorrem enquanto está acesa. Algumas lâmpadas para refrigeradores são construídas com bulbos menores, devido ao problema de espaço interno, só servindo para funcionamento intermitente.

4.7.3 — Lâmpadas para painéis e sinalização

Nesse caso poderão ser necessárias as seguintes características: dimensões reduzidas, vida longa, resistência a vibrações, formas especiais, bases especiais e bulbos coloridos.

4.7.4 — Lâmpadas infravermelhas

São especialmente projetadas para a obtenção de energia radiante infravermelha (vide item 1.2). Nesse caso, para que se obtenha a maior porcentagem de radiação infravermelha, o filamento deve trabalhar em temperaturas da ordem de 2.500 K, conseguindo-se assim uma longa vida média (5.000 h) das lâmpadas.

Os comprimentos de onda gerados acima de 5000 nm são absorvidos pelo vidro do bulbo; portanto a energia disponível está próxima do espectro visível, e difere da obtida por outros radiadores abertos que geram radiações infravermelhas de muito maior comprimento de onda. Essas radiações, infravermelhas, de menor comprimento de onda, não aquecem o ar, incidindo diretamente nas superfícies a serem tratadas. Já as radiações caloríficas geradas por outros radiadores abertos são absorvidas pelo ar, aquecendo o ambiente.

Uma grande vantagem dessas lâmpadas é, pois, a capacidade da radiação ser absorvida pelas superfícies a serem tratadas, aquecendo-as com rapidez, praticamente sem aquecer o ambiente. Existem modelos para uso médico e doméstico, nos quais o bulbo de vidro vermelho é tratado internamente de modo a diminuir sua luminância e orientar o fluxo radiante na direção desejada. Os modelos para aquecimento e secagem industrial (Figura 1.2) são executados em bulbos espelhados claros ou sob a forma tubular em tubos de quartzo.

4.7.5 — Lâmpadas miniaturas e para veículos

Nessa classificação se incluem, normalmente, as lâmpadas para automóveis, aviões, painéis e lanternas de mão que funcionam em baixa tensão. Uma das dificuldades encontradas em seu projeto é a variação da tensão de sua alimentação. Nos automóveis essa tensão pode variar bastante (±15%) com o estado de carga da bateria (com a conseqüente variação de sua resistência interna) e com a rotação do motor. Numa lanterna de mão as variações poderão ser ainda maiores, de acordo com o tipo de pilha e seu estado de carga.

As lâmpadas para lanterna, devido ao alto custo da energia armazenada, deverão possuir eficiências luminosas elevadas, o que conduz a vidas relativamente curtas (7 a 15 h). Nesse caso, para que se obtenha alta intensidade no centro do facho luminoso, é preciso utilizar filamentos concentrados e focalizados com bastante precisão.

As lâmpadas para automóveis são fabricadas em grande número de modelos, de acordo com sua função, tensão elétrica e potência. Temos lâmpadas para os faróis principais, faróis de milha e de neblina, iluminação interna e do painel, lanternas dianteiras e traseiras, iluminação da placa, pisca-pisca, freios, etc. Nesse caso é muito importante sua resistência a vibrações. Devido a esse problema, são empregadas normalmente as bases tipo baioneta ou as especiais tipo "pré-focalizadas". Várias lâmpadas para automóveis possuem dois filamentos, que são utilizados em funções diferentes. Nesse caso, sua base deverá possuir dois contatos centrais, sendo o lateral comum às duas aplicações.

4.7.6 — Faróis de automóveis

Quanto à sua função, eles podem ser classificados em faróis principais, de milha e de neblina. Os dois últimos não são de uso obrigatório, podendo, contudo, ser úteis quando o veiculo percorre rodovias.

Os faróis de milha são projetados para iluminar à grande distância. Seu facho luminoso é aproximadamente simétrico, fechado e proporcionando altas intensidades luminosas na direção de seu eixo geométrico. Por isso, seu refletor é um parabolóide de revolução, estando a fonte luminosa localizada no foco deste parabolóide. Devem ser de cor branca.

Os faróis de neblina são acesos quando, sob neblina densa, não se consegue boa visibilidade com os faróis principais. Seu facho luminoso é mais aberto no sentido horizontal, para que possa iluminar os acostamentos da estrada. Devem ser colocados na menor altura possível (com respeito à superfície do terreno), para evitar-se a perda da eficiência da iluminação depois do trecho em que o facho de luz do farol corta o cone de visão do motorista.

Os faróis de neblina podem ser brancos ou amarelos. Não existe justificativa técnica para a crença de que a luz amarela seja melhor nessa aplicação. Os comprimentos de onda de qualquer radiação visível são extremamente pequenos quando comparados com as dimensões e separação das partículas d'água em suspensão na neblina. Dessa forma, a capacidade de penetração de todos os comprimentos de onda visíveis é praticamente a mesma. A luz amarela, talvez se destaque mais na neblina, realçando a presença do veículo que viaja em sentido contrário. Se o automóvel não estiver equipado com esses faróis, é aconselhável, em caso de neblina, a utilização do facho baixo dos faróis principais.

Os faróis principais dos automóveis possuem dois filamentos. Um deles proporciona um facho de luz simétrico semelhante ao do farol de milha. É o facho alto ou farol alto. O segundo filamento é protegido por um escudo frontal. Essa construção, aliada ao desenho dos prismas do refrator, proporciona ao facho baixo uma distribuição luminosa totalmente assimétrica. Graças a essa distribuição, ele ilumina especialmente o acostamento direito da estrada, evitando o ofuscamento do motorista que vem em sentido contrário. Dessa forma, o farol de milha e o facho alto só deverão estar acesos quando não houver veículos em sentido contrário a menos de 300 m. O facho baixo é o que deve ser utilizado nas cidades, nos cruzamentos com veículos que trafegam em direção contrária e quando nos aproximamos por trás de outro veículo, antes da ultrapassagem (para evitar o ofuscamento do motorista do carro que está na frente, causado pela reflexão da luz no espelho retrovisor).

Qualquer um dos faróis estudados anteriormente pode ser construído com refletores, refratores e lâmpadas independentes ou, eventualmente, como unidades herméticas seladas.

Figura 4.9 — Lâmpadas halógenas para faróis de automóveis (foto do autor)

Conseguiu-se melhorar bastante a eficiência dos faróis com a utilização, em seu interior, das lâmpadas halógenas (Item 4.6), que possuem, como vimos, maior eficiência luminosa, luz mais clara, vida longa e baixo enegrecimento de bulbo (Fig. 4.9).

Estudos foram feitos para aplicação das lâmpadas de descarga elétrica nos faróis de automóveis. Graças a sua elevada eficiência luminosa, dimensões reduzidas e cor da luz, as lâmpadas de arco curto, de pequena potência, melhoram a iluminação, proporcionando maior segurança no tráfego. Um problema encontrado foi desenvolver dispositivos de comando confiáveis e econômicos para a obtenção de tempos de acendimento e reacendimento rápidos. Os resultados já obtidos resultaram em faróis com o dobro da visibilidade dos convencionais com lâmpadas halógenas (ver Item 5.9).

4.7.7 — Lâmpadas incandescentes para fotografia e projeção

Entre os requisitos mais importantes a que essas fontes de luz devem satisfazer, temos: filamento de dimensões reduzidas, em geral monoplanar (para que possam ser facilmente focalizados no sistema ótico dos equipamentos), alta eficiência luminosa (para que não sobrecarreguem o sistema elétrico de alimentação), pouca depreciação de seu fluxo luminoso durante sua vida e elevada temperatura de cor do fluxo luminoso produzido (para que se consiga perfeita reprodução das cores na fotografia, no cinema e na televisão). Para que se consiga a última das três condições, o filamento deve trabalhar por volta de 3.200 -3.400 K, pois essa é a temperatura de cor para a qual são especificados os filmes coloridos tipo *artificial light*, obtendo-se então uma correta reprodução das cores.

Os filmes coloridos são produzidos em dois tipos, com emulsões tipo *daylight* (para temperaturas de cor de aproximadamente 6.000 K) e *artificial light* (para temperaturas de cor de aproximadamente 3.400 K). Os filmes *daylight* são indicados para fotografia à luz diurna e com lâmpadas de gás xênon [*flash* eletrônico (veja o Cap. 5)], que possuem elevadas temperaturas de cor. Já os filmes *artificial light* deverão ser empregados em cenas iluminadas com fontes de luz artificial incandescente, tipo *photoflood* ou *colortran.*

Caso utilizemos um filme *daylight* com iluminação artificial de 3.400 K, obteremos como resultado uma fotografia com excesso de vermelho e amarelo e falta de azul. Se, porventura, utilizarmos filmes *artificial light* com iluminação natural ou *flash* eletrônico, obteremos como resultado um excesso de cores frias.

Pode-se também corrigir a resposta às cores dos filmes, utilizando filtros coloridos adequados em frente à objetiva da câmara. Um filtro azul especial permitirá a utilização de filmes *daylight* com iluminação cuja temperatura de cor é de 3.400 K. Já com um filtro amarelo especial defronte à objetiva, poderemos empregar o filme *artificial light* com iluminação natural ou *flash* eletrônico.

Os filmes preto e branco não são tão exigentes quanto às temperaturas de cor das fontes de luz. Com a variação do tipo de iluminação, serão conseguidas variações nas densidades de preto e branco do fotograma obtido.

Com as elevadas temperaturas de trabalho dos filamentos, essas lâmpadas terão aumentada sua eficiência luminosa, mas sua vida será bastante curta. Esse fato não assume aspectos graves porque, normalmente, as lâmpadas são ligadas por pouco tempo, sendo o custo das mesmas relativamente baixo quando comparado com os salários, gastos em filmes, custos dos equipamentos e sua amortização, e dos demais elementos utilizados nos trabalhos de fotografia. Quando a lâmpada é utilizada para filmagens, fotografia e televisão coloridas, o aspecto mais importante é, como vimos, a correta reprodução das cores. Já nas lâmpadas utilizadas para projeção (projetores de transparências, retroprojetor, etc.), os aspectos mais importantes são a alta eficiência luminosa, reduzidas dimensões, vida mais longa e maior manutenção do fluxo luminoso durante sua vida (características típicas das lâmpadas halógenas).

Devido a suas reduzidas dimensões, o bulbo externo das lâmpadas de projeção se aquece demasiadamente. Por esse motivo as lâmpadas devem trabalhar unicamente na posição para a qual foram projetadas e, muitas vezes, com ventilação forçada. Especial cuidado deve ser tomado na localização do filamento, dentro do sistema ótico do equipamento, para que a imagem do mesmo, refletida pelo refletor traseiro, não coincida com o filamento, o que viria a aumentar sua temperatura e diminuir sua vida. Várias dessas lâmpadas já possuem refletores incorporados a seu bulbo, simplificando bastante os sistemas óticos dos equipamentos e aumentando a eficiência global (Fig. 4.10).

Como nas demais lâmpadas incandescentes de maior potência, a corrente instantânea de partida é elevada, provocando grandes esforços térmicos e mecânicos no filamento. Vários fabricantes de equipamentos contornam essa situação indesejável, ligando a lâmpada em tensão reduzida, e só depois de alguns segundos a alimentam na sua tensão nominal.

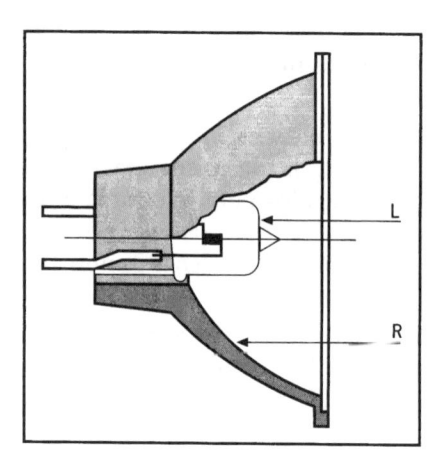

Figura 4.10 — Lâmpada (L) halógena, com refletor (R) incorporado

4.8 — TABELAS DE CARACTERÍSTICAS DE LÂMPADAS INCANDESCENTES

Tabela 4.2 — Lâmpadas Incandescentes   *(Cortesia Osram)*

A: Lâmpadas para Iluminação Geral (Fig.4.1)

Potência (W)	Fluxo luminoso (lm)	Diâmetro do bulbo (mm)	Comprimento total (mm)
25	230	60	105
40	430	60	105
60	730	60	105
75	960	60	105
100	1.380	60	105
150	2.220	64	114
200	3.150	64	114
300	5.000	90	183

Funcionamento: em qualquer posição.
Base: E27.   Bulbo: claro.
Tensões: 120V e 220V.   Vida: 1.000 h.

B: Lâmpadas Halógenas tipo "palito" (Fig. 4.6)

Potência (W)	Fluxo (lm)*	Comprimento (mm)*
100	1.600	75
150	2.200	114
300	5.000	114
500	9.500	114
1.000	22.000	186
1.500	33.000	251

Tensões: 120V e 220V.
*Nas lâmpadas para 220V.
Diâmetro: 12mm.   Base: R7s.
Temp. cor: 3.000K.   Vida: 2.000 h.
Índice de reprodução de cor: 100%
Posição funcionamento: Até 500W qualquer
                        Acima: horizontal.

C: Lâmpadas Halógenas dicróicas (Fig. 4.8)

Potência (W)	Abertura facho	Intensidade luminosa
20	10°	4.000 cd
20	38°	550 cd
50	10°	9.000 cd
50	38°	1.600 cd

Temperatura de cor: 3100K.
Índice reprodução de cor: 100%
Tensão: 12V.   Vida: 2.000 h.
Posição funcionamento: Qualquer.
Dimensões: Comprimento: 45mm.
Diâmetro: 51mm.

Nota: Podemos variar seu fluxo luminoso através de controladores (*dimmers*) (vide 7.10)

BIBLIOGRAFIA

ABNT — *Lâmpadas elétricas incandescentes*. Diversas normas sobre o assunto.

ABTN— NBR-5033 - *Rosca Edison* - Especificação.

Fonte, Amilcar — *Lâmpadas incandescentes halógenas*. Eletrobrasil, Junho 1991

G.E. — *Lamp Bulletin*. 1956

H.C. Silva — *A lâmpada incandescente e suas aplicações*. General Electric S.A., 1961

I.E.S. — *Lighting handbook*. 8ª edição, 1993

M. La Toisson — *Les lampes à incandescence*. Eyrolles, Paris, 1951

Riech e Verbeek — *Artificial light and photography*. Philips Technical Library.1952

Thorn Lighting — *A predictive theory of power balance in incandescent lamps*, London, 1982

Wilfrid Matheson — *Incandescent Lamps*. Sylvania GTE. USA

CAPÍTULO 5

LÂMPADAS DE DESCARGA ELÉTRICA

Nessas lâmpadas o fluxo luminoso é gerado direta ou indiretamente pela passagem da corrente elétrica através de um gás, mistura de gases ou vapores. As primeiras lâmpadas de descarga, chamadas de arco voltaico,utilizadas na iluminação pública no início do século, hoje estão com sua aplicação limitada aos aparelhos de projeção de grande potência para aplicações especiais (teatro, iluminação aérea, etc.). Nelas a descarga elétrica se dá através do ar, sendo grande parte do fluxo luminoso produzido pela incandescência dos seus eletrodos de carvão.

5.1 — PARTES BÁSICAS

5.1.1 — Meio interno

As modernas lâmpadas de descarga são constituídas por um tubo contendo gases ou vapores, através dos quais se estabelece um arco elétrico. Os gases mais utilizados são o argônio, o neônio, o xenônio, o hélio ou o criptônio e os vapores de mercúrio e sódio com alguns aditivos.

A pressão do gás ou vapor dentro do bulbo pode variar desde fração de atmosfera até dezenas de atmosferas. Daí podermos classificar as lâmpadas como de baixa, média e alta pressão. As lâmpadas de neônio (anúncios de gás neônio) e as fluorescentes são lâmpadas de baixa pressão. As lâmpadas de vapor de mercúrio, vapor de sódio, iodeto metálico e gás xenônio são de alta pressão.

5.1.2 — Eletrodos

Vários metais são utilizados na construção dos eletrodos: níquel, tungstênio, nióbio, que podem ser recobertos com substância de elevado poder emissor de elétrons, geralmente óxidos de bário ou estrôncio. Em certas lâmpadas, os eletrodos são mantidos em baixa temperatura (lâmpadas de cátodo frio), em outras, eles são aquecidos até a incandescência (lâmpadas de cátodo quente). Nesse último caso, podemos ter cátodo com e sem preaquecimento.

Os cátodos com preaquecimento são constituídos de filamentos de tungstênio, recobertos com óxidos emissores, pelos quais se faz circular uma intensidade de corrente elétrica destinada a aquecê-los, enquanto a descarga elétrica se inicia (exemplo: lâmpadas fluorescentes convencionais). Iniciada a descarga plena na lâmpada, o preaquecimento pode ser retirado, mantendo-se os eletrodos na temperatura ótima pela própria descarga elétrica.

Os cátodos sem preaquecimento são mantidos na temperatura de funcionamento, também pela própria descarga elétrica. Contudo, como não existe preaquecimento, essas lâmpadas exigem elevadas diferenças de potencial entre seus eletrodos, para que se provoque a ionização do meio interno e a descarga se inicie.

5.1.3 — Bulbo

Nas lâmpadas de baixa pressão, em que os bulbos funcionam em reduzidas temperaturas, estes são normalmente construídos de vidro. Já as lâmpadas de alta pressão, funcionando em elevadas temperaturas, exigem bulbos de quartzo e, em casos especiais, de cerâmica translúcida.

Quando se desejam altas temperaturas e pressões internas no tubo de arco, é comum a utilização de dois bulbos concêntricos entre os quais existe vácuo ou gás a baixa pressão, que funciona como isolamento térmico entre ambos. Nesse caso, o bulbo interno trabalhará em temperatura bastante superior ao externo.

5.2 — PRODUÇÃO DE RADIAÇÕES PELA DESCARGA ELÉTRICA

Para o estudo da produção de radiações pela descarga elétrica, utilizaremos, para efeito de simplicidade, embora já não seja modernamente aceito, a configuração do átomo de Bohr. Segundo o modelo de Bohr, os elétrons de um átomo revolvem em órbitas especificadas, sem a emissão de energia radiante. Um elétron pode "saltar" de uma órbita interna (de menor nível energético) para uma externa (de maior nível energético), desde que receba energia, isto é, seja excitado. Esse estado de excitação, entretanto, é instável e o elétron volta à sua órbita original (de menor nível energético), emitindo um *fóton* cuja energia é igual a diferença de energia $(E_1 - E_2)$ entre os dois estados e cuja freqüência (f) é dada por

$$f h = E_1 - E_2 , \tag{5.1}$$

onde h é a constante de Planck $(h = 6{,}63 \times 10^{-34} \text{ Js})$.

Note-se que o estado normal de um átomo é aquele em que a energia é mínima, com os elétrons revolvendo na órbita de menor raio. Para os raios das diferentes órbitas, Bohr deu a expressão:

$$r = n^2 r_0 , \tag{5.2}$$

onde r_0 é o raio da primeira órbita $(0{,}53 \times 10^{-10}\text{m})$ e n é o número quântico da órbita.

Caso um elétron excitado salte da órbita $n = 2$ para $n = 1$, a energia radiante (fóton) será emitida em uma freqüência diferente da que seria obtida caso o salto fosse da órbita $n = 3$ para a $n = 2$. Portanto a radiação produzida pela descarga elétrica não possui um espectro continuo, mas as freqüências obtidas serão proporcionais às diferenças de níveis energéticos possíveis para um dado gás ou vapor, nas suas condições de pressão e temperatura.

Por ocasião da descarga elétrica numa lâmpada, os elétrons livres emitidos por um eletrodo (cátodo) se dirigem ao outro eletrodo (ânodo). No caminho, eles poderão colidir com um átomo do gás ou vapor contido no bulbo, de modo a retirar-lhe um elétron da órbita interna, passando-o para órbita mais externa (excitando o átomo) e seu subseqüente retorno à órbita primitiva com a emissão, como vimos, de um fóton (energia radiante).

O elétron livre poderá, também, na colisão com o átomo do gás ou vapor, retirar um elétron de sua órbita periférica. Nesse caso, o elétron libertado se encaminhará, juntamente com o seu libertador, para o ânodo. Esse fenômeno não produzirá energia radiante, mas será o responsável pela atmosfera condutora (plasma), que mantém a corrente elétrica no interior do bulbo.

Nas lâmpadas sem revestimentos fluorescentes, o fluxo luminoso provém diretamente da descarga elétrica nos gases ou vapores. Já nas lâmpadas com revestimentos fluorescentes, a maior parte do fluxo visível provém do revestimento fluorescente, que é excitado pelas radiações ultravioletas (λ= 253,7nm) produzidas pela descarga elétrica no vapor de mercúrio.

Essas substâncias (fósfors) agem como conversores de freqüência. Quando sobre elas incide uma energia radiante de determinado comprimento de onda, elas a absorvem e a reemitem em parte, porém num diferente comprimento de onda. São substâncias cristalinas contendo traços de impurezas (ativadores), tais como tungstatos, boratos e silicatos de cálcio, magnésio, zinco, berílio e cádmio (a composição química varia de acordo com a cor da luz que se deseja obter).

5.3 — A DESCARGA ELÉTRICA: SUA IONIZAÇÃO E SUA ESTABILIZAÇÃO

Para que a descarga elétrica se inicie, é necessário que a diferença de potencial entre os eletrodos seja superior a um certo valor crítico. Esse valor pode ser reduzido pelo aquecimento dos eletrodos. Uma vez iniciada a descarga, ela poderá ser mantida, com estabilidade, com tensões menores que as de ignição, podendo-se também eliminar o aquecimento dos eletrodos, que se manterão na temperatura ideal pela própria descarga elétrica que existe entre eles. Do exposto, conclui-se que as lâmpadas de cátodo frio e outras que não possuem preaquecimento exigem, sempre, tensões elevadas para a partida e para o funcionamento em regime permanente.

As lâmpadas de descarga necessitam, pois, de equipamento auxiliar (reatores, transformadores, ignitores), seja para produzir os pulsos de tensão necessários à partida, para estabilizar o valor da intensidade de corrente na descarga em regime permanente, seja para adaptar as características elétricas da lâmpada aos valores nominais da fonte de alimentação (Fig. 5.1).

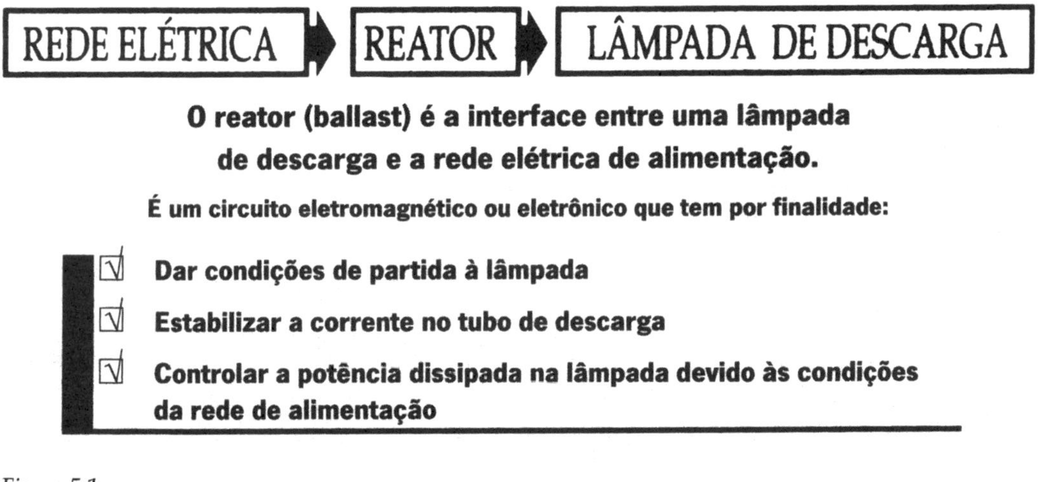

REDE ELÉTRICA ▶ REATOR ▶ LÂMPADA DE DESCARGA

O reator (ballast) é a interface entre uma lâmpada de descarga e a rede elétrica de alimentação.

É um circuito eletromagnético ou eletrônico que tem por finalidade:

- ☑ **Dar condições de partida à lâmpada**
- ☑ **Estabilizar a corrente no tubo de descarga**
- ☑ **Controlar a potência dissipada na lâmpada devido às condições da rede de alimentação**

Figura 5.1

A função do ignitor é superpor um ou mais pulsos de alta tensão sobre a tensão da lâmpada, para que a sua descarga elétrica se inicie. Iniciada a descarga o ignitor se desliga automaticamente. Existem 3 tipos de construção básica para os ignitores:

• Ignitor de 3 pontos que utiliza o próprio reator como transformador amplificador dos pulsos produzidos pelo ignitor (Fig. 5.2). É o modelo de uso mais corrente em nosso meio para lâmpadas de vapor de sódio de alta pressão, servindo também para lâmpadas de iodeto metálico de alguns fabricantes. Sua tensão de pulso depende do reator utilizado e da posição da sua derivação (nomalizada pela ABNT em 7 a 9% das espiras do lado da lâmpada).

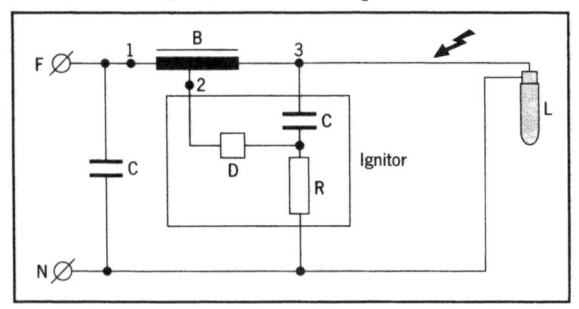

Figura 5.2 — Ignitor ABNT; C: capacitor; R: resistor; D: Sidac, B: reator; L: lâmpada.

• Ignitor com bobina de pulso em série com a lâmpada (Fig.5.3). É um ignitor mais complexo e caro, pois possui bobina interna de pulso. Sua tensão de pulso independe do reator utilizado, podendo chegar a 50kV na reignição instantânea de lâmpadas de iodeto metálico de elevadas potências.

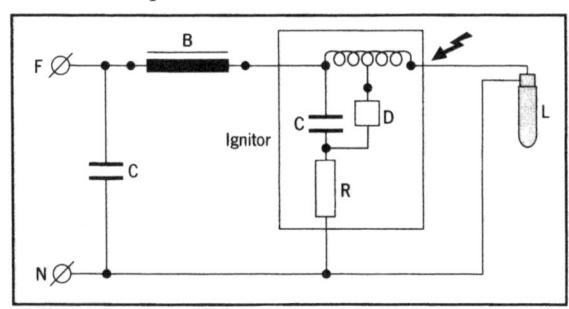

Figura 5.3 — Ignitor com bobina de pulso interna. C: Capacitor; R: resistor; D: Sidac; B: reator

• Ignitor em paralelo (Fig. 5.4). Gera pulsos de menor tensão (duas a quatro vezes a tensão de pico da rede) sendo utilizados unicamente em algumas lâmpadas de iodeto metálico e a vapor de sódio de baixa pressão.

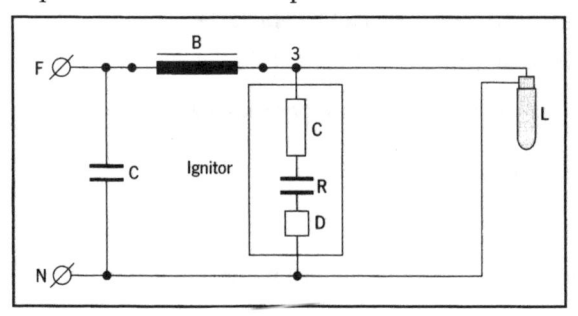

Figura 5.4 — Ignitor em paralelo. C: Capacitor; R: resistor; D: Sidac; L: lâmpada; B: reator

As características elétricas da descarga em um gás diferem fundamentalmente das de uma resistência ôhmica. Na última, temos uma característica positiva, isto é, a intensidade da corrente diminui com o decréscimo da tensão aplicada. Já a descarga, na maioria dos gases, possui uma característica negativa, isto é, a corrente tende a decrescer quando a tensão fica superior à necessária para conservar a descarga. Daí a necessidade de colocarmos em série com o tubo de arco uma impedância limitadora (que poderá ser um circuito predominantemente resistivo, indutivo, capacitivo ou um circuito eletrônico).

5.3.1 — Estabilização por circuito resistivo

Essa estabilização é empregada em instalações em que se deseja redução do custo inicial e, também, em alguns circuitos de corrente contínua (Fig. 5. 5).

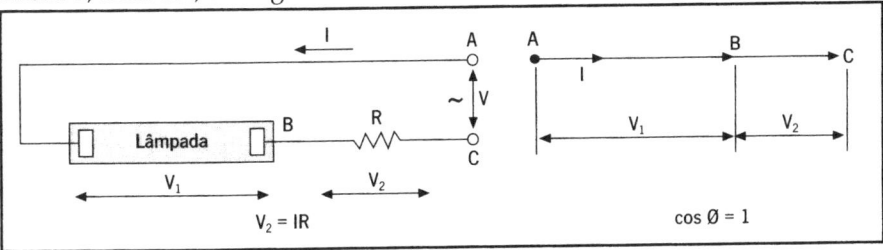

Figura 5.5 — Estabilização da descarga por circuito resistivo

Nesse caso, temos a combinação de uma característica positiva (do resistor) com a característica negativa da lâmpada, resultando em um equilíbrio.

Normalmente o resistor é um filamento incandescente que, emitindo radiações, colabora no fluxo luminoso final (lâmpadas de luz mista). A lâmpada, estabilizada por um circuito resistivo, terá fator de potência unitário, mas sua eficiência luminosa global será diminuída devido à baixa eficiência do filamento incandescente como fonte de luz.

Suponhamos, no caso mais favorável, que a tensão terminal (V_1) no tubo de descarga, seja independente de I. Todas as variações de tensão da fonte de alimentação repercutiriam unicamente sobre R. Por exemplo, se estabilizamos, para uma fonte de 220 V, um tubo de 110 V através de uma lâmpada incandescente (R) de 110 V, uma variação de +10 % na tensão da rede (22 V) corresponderia a uma elevação de 20% na tensão da lâmpada incandescente estabilizadora, que passaria a funcionar com $V_2 = 132$ V, tendo sua vida drasticamente encurtada. Esse efeito, na prática, ainda é mais sensível, pois, na realidade, a descarga elétrica possui uma resistência negativa (V_1 decresce com o aumento de I).

5.3.2 — Estabilização por circuito indutivo

Atualmente é mais empregada a estabilização por circuito indutivo (reatores ou transformadores), conforme a Fig. 5.6. Nesse caso, a tensão nas extremidades da lâmpada está em quadratura com a tensão no reator (pois supomos sua resistência interna desprezível).

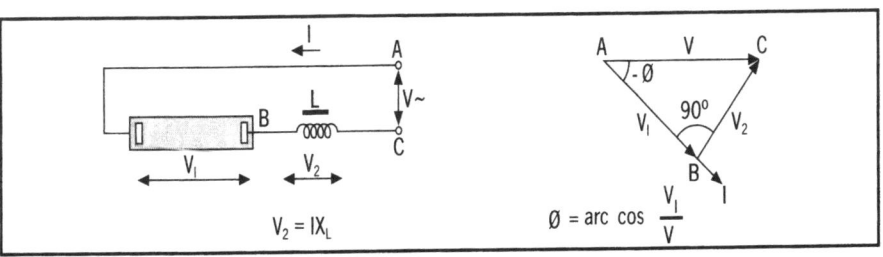

Figura 5.6 — Estabilização da descarga elétrica por circuito indutivo

O fator de potência é baixo, estando a corrente no circuito atrasada da tensão aplicada.

5.3.3 — Estabilização por circuito capacitivo

A estabilização por capacitância é a indicada na Fig. 5.7. Nesse caso, o fator de potência é também baixo, estando a corrente (I) adiantada da tensão aplicada. É um circuito que se torna econômico para funcionamento em freqüências mais elevadas.

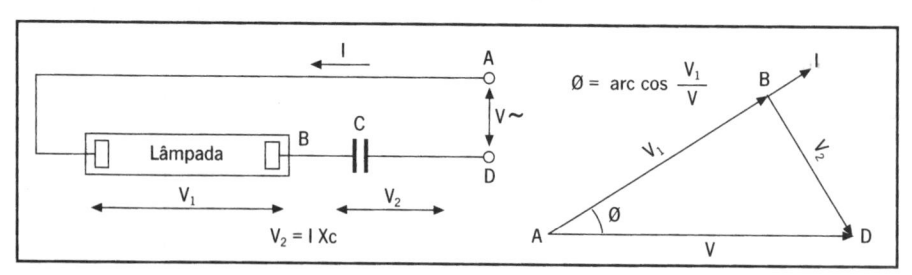

Figura 5.7 — Estabilização da descarga elétrica por circuito capacitivo

As lâmpadas alimentadas por qualquer um dos três circuitos anteriores possuem efeito estroboscópico. Sabe-se que o fluxo luminoso emitido a cada instante é proporcional à corrente instantânea.

Suponhamos a corrente senoidal i que flui num circuito (Fig. 5.8). A radiação produzida não possui polaridade, e sua freqüência será o dobro daquela da fonte de alimentação. A linha tracejada representa, portanto, o fluxo luminoso produzido por uma lâmpada sem recobrimento fluorescente. Os sais fluorescentes possuem uma certa inércia e, portanto, para as lâmpadas que os utilizam, a curva de variação de fluxo luminoso é a representada pela curva ϕ.

Vemos, pois, que o fluxo luminoso de uma lâmpada de descarga varia com freqüência dupla, sendo a variação mais pronunciada nas lâmpadas que não utilizam recobrimentos fluorescentes.

5.3.4 — Estabilização por meio de reatores duplos

No caso de lâmpadas fluorescentes, indica-se a estabilização da descarga através de reatores cujo circuito simplificado encontra-se na Fig.5.9. Nos estudos anteriores, vimos que a corrente I_1 (lâmpada estabilizada por indutância) estará atrasada da tensão de

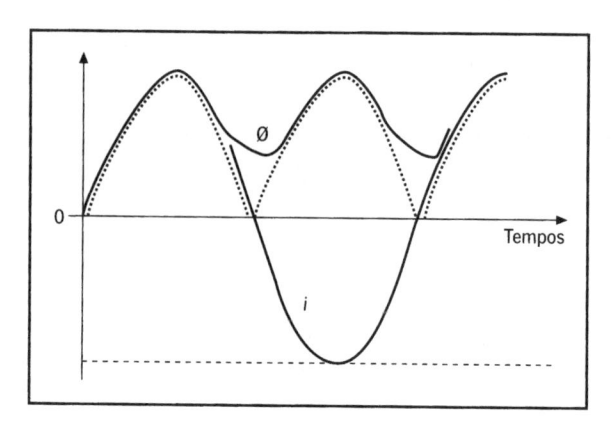

Figura 5.8 — Efeito estroboscópico nas lâmpadas de descarga elétrica

alimentação e que a corrente I_2, que percorre um circuito estabilizado por L_2C, predominantemente capacitivo, estará adiantada da tensão de rede. Se associarmos os dois circuitos, é evidente que a corrente I estará praticamente em fase com a tensão (Fig. 5.10). Obtivemos assim um circuito "duplo", com elevado fator de potência. Como as correntes I_1 e I_2 estão defasadas, os momentos de extinção das duas lâmpadas não coincidem, conseguindo-se, dessa forma, uma anulação do efeito estroboscópico.

Consegue-se, também, corrigir o efeito estroboscópico efetuando-se a ligação de lâmpadas próximas nos sistemas trifásicos, entre o neutro e/ou fases diferentes do sistema. Nesse caso, as correntes nas lâmpadas próximas estariam defasadas 120°.

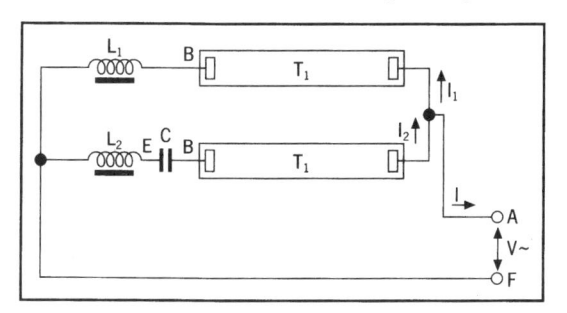

Figura 5.9 — Estabilização da descarga elétrica por reatores duplos

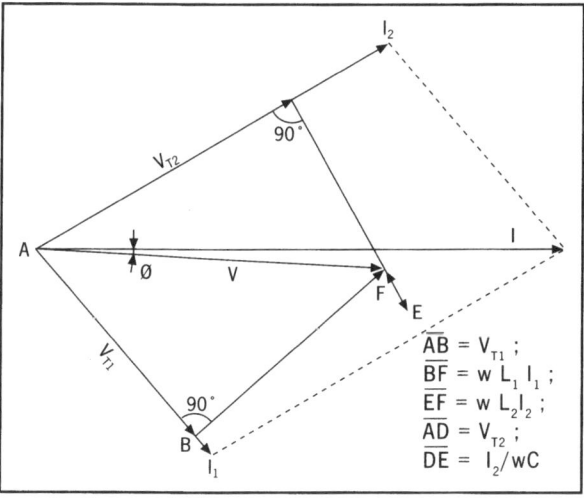

$$\overline{AB} = V_{T1} ;$$
$$\overline{BF} = w\,L_1\,I_1 ;$$
$$\overline{EF} = w\,L_2 I_2 ;$$
$$\overline{AD} = V_{T2} ;$$
$$\overline{DE} = I_2/wC$$

Figura 5.10 — Correção do fator de potência com a utilização de reatores duplos

5.3.5 — Outros processos de estabilização da descarga elétrica

Os desenvolvimentos dos dispositivos eletrônicos de estado sólido para potências elevadas, está abrindo um novo campo para o emprego dos mesmos na regulação das lâmpadas de descarga que, trabalhando em freqüencias elevadas, têm sua eficiência luminosa aumentada. Com sua utilização também temos redução no peso, no ruído e nas dimensões dos equipamentos, além de ser possível estabilizar variações na tensão de alimentação e minimizar o efeito estroboscópico.

5.3.6 — Cuidados na especificação e instalação de reatores para lâmpadas de descarga elétrica

a) Verificar o tipo de lâmpada que será empregado, sua potência e outras características elétricas essenciais.(fig. 5.11).

b)   Verificar a tensão e a freqüência nominais da rede elétrica e as tensões prováveis reais existentes no local durante as horas de funcionamento da iluminação.

c)   Verificar a necessidade de correção do fator de potência e do efeito estroboscópico da instalação.

d)   Os reatores e ignitores deverão, preferencialmente, estar próximos da lâmpada para evitar perdas nos transientes de tensão durante o processo de partida.

e)   O condutor pelo qual passa o surto de tensão de partida deverá ser ligado ao pino central do soquete da lâmpada. Seu isolamento deve ser compatível.

f)   Comprar equipamento auxiliar de boa procedência e executar a fiação elétrica de acordo com as instruções do fabricante, com o necessário cuidado, sem falsas economias no dimensionamento dos condutores e na qualidade dos fusíveis de proteção.

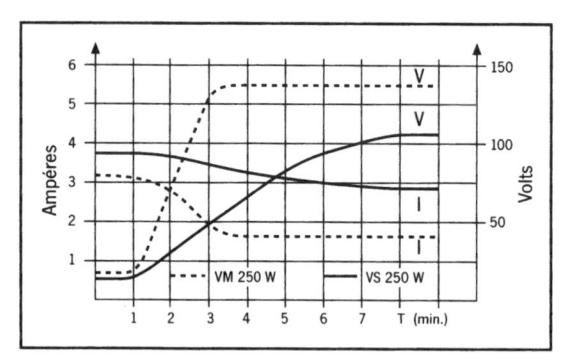

Figura 5.11 — Características de partida de lâmpadas de alta pressão

g)   Comprovar a correta ventilação do compartimento das luminárias onde se alojam os reatores. Montar os mesmos em contato direto com a superfície metálica das luminárias, de tal maneira que fiquem bem afastados entre si e das lâmpadas, a fim de evitar-se concentração de calor. Em casos extremos, os reatores deverão ser retirados e instalados em local mais ventilado.

h)   Não deixar no circuito lâmpadas e componentes de partida defeituosos ou desativados, pois a corrente que passará pelo circuito será elevada, produzindo seu super-aquecimento.

i)   Para instalações ao tempo, verificar se os equipamentos são adequados e protegidos contra umidade e chuva.

j)   Os reatores tradicionais, eletromagnéticos, produzem algum ruído, originário das vibrações de seu núcleo, pela ação do campo magnético de sua bobina (magnetoestrição). Essas vibrações poderão ser transmitidas às luminárias, sendo por elas amplificadas.

l)   Fazer ensaio dos reatores, lâmpadas, ignitores e acessórios de acordo com as normas técnicas da ABNT.

5.4 — VIDA E CORRENTE DE PARTIDA DAS LÂMPADAS DE DESCARGA ELÉTRICA

É uma boa idéia diminuir o número de vezes que se acendem e se apagam, em um dia, as lâmpadas de descarga elétrica. Quando reduzimos o número de partidas, estamos aumentando a vida das lâmpadas. Isso se deve ao fato de existir maior desgaste do mate-

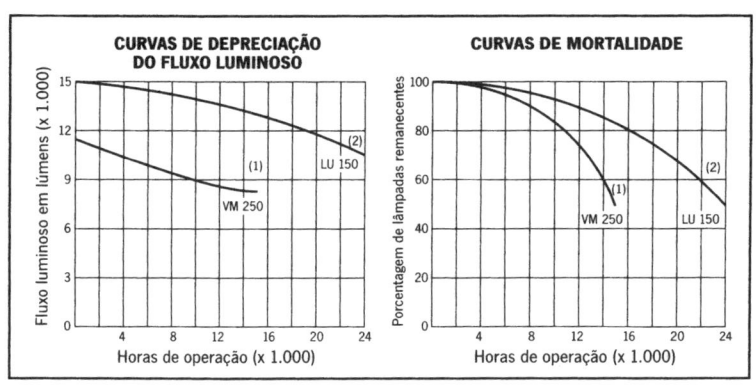

Figura 5.12 — Curvas de depreciação e mortalidade de lâmpadas (cortesia G.E.) VM = vapor de mercúrio. LU = vapor de sódio.

rial ativo dos eletrodos no momento da ignição e também, nesses momentos, a lâmpada ficar sujeita a maiores variações de tensão elétrica, temperatura e pressões internas.

Normalmente especifica-se a "vida média" válida para um lote de lâmpadas, funcionando em períodos contínuos de 3 h, quando 50% do lote está "morto". Considera-se como "morta" a lâmpada que não mais se acende. Fluxo luminoso nominal é o fluxo pro-duzido pela lâmpada depois de ter sido "sazonada", isto é, tenha funcionado aproxi-madamente 1% de sua vida provável. O conceito de vida é bastante variável, conforme os fabricantes e usuários (Fig. 5.12).

5.4.1 — Reposição coletiva das lâmpadas

Nas grandes instalações, quase todas as lâmpadas são acesas e apagadas ao mesmo tempo. Em tais casos, deveriam se queimar aproximadamente ao mesmo tempo e, portanto, seriam trocadas em uma só grande operação. Na prática, contudo, elas vão se queimando segundo suas curvas de mortalidade, já estudadas anteriormente.

Quando se troca individualmente cada lâmpada, o operário repete em épocas e locais alternados a operação de reposição. Nas grandes instalações, torna-se mais econômico repor todo um grupo de lâmpadas ao mesmo tempo, ou seja, executar a reposição coletiva. Na execução desse plano, escolhemos um ponto, digamos, 85% da vida nominal, e todas as lâmpadas são repostas em uma mesma operação.

Outro processo de reposição em grupo é o seguinte: em lugar de substituir todas as lâmpadas quando atingirem 85% de sua vida nominal, levamos em consideração as substituições de lâmpadas que se queimem prematuramente e, então, executamos a reposição coletiva quando essas substituições tenham atingido 20% das unidades instaladas.

Com a utilização da manutenção coletiva, o emprego de pessoal bem treinado e com equipamentos especialmente projetados para a tarefa, consegue-se uma grande economia nos custos de reposição. Devemos combinar a reposição coletiva com a limpeza e manutenção periódica das luminárias.

5.4.2 — Corrente de partida das lâmpadas de descarga elétrica

Praticamente todas as lâmpadas de descarga elétrica, e em especial as de alta pressão, possuem uma corrente de partida de 30 a 80% maior que a de funcionamento estável. Por esse motivo, na ocasião do dimensionamento dos fusíveis, disjuntores, contatores e dos circuitos elétricos que as alimentam, essa corrente maior de partida e seu tempo de duração devem ser levados em consideração. Recomenda-se sempre a proteção desses circuitos através de fusíveis ou disjuntores *retardados*. Consultar os catálogos dos fabricantes de lâmpadas para quantificar essas características.

5.5 — LÂMPADAS DE VAPOR DE MERCÚRIO

5.5.1 — Descrição e funcionamento

A lâmpada de vapor de mercúrio (Figs. 5.13 e 5.14) consta de um tubo de descarga feito de quartzo, para suportar elevadas temperaturas, tendo em cada extremidade um eletrodo principal, constituído por uma espiral de tungstênio recoberta com material emissor de elétrons.

Junto a um dos eletrodos principais existe um eletrodo auxiliar, ou de partida, ligado em série com um resistor de partida, externo ao tubo de arco. O meio interno contém gás inerte (argônio), que facilita a formação da descarga inicial, e gotas de mercúrio, que serão vaporizadas durante o período de aquecimento da lâmpada.

Quando uma tensão elétrica, de valor adequado, é aplicada à lâmpada, cria-se um campo elétrico entre o eletrodo auxiliar e o principal, adjacente. Forma-se um arco elétrico entre eles, provocando o aquecimento dos óxidos emissores, a ionização do gás e a formação de vapor de mercúrio. Depois que o meio interno tornou-se ionizado, a impedância elétrica do circuito principal (entre os dois eletrodos principais) torna-se reduzida e, como a do circuito de partida é elevada (devido à presença do resistor), este torna-se praticamente inativo, passando a descarga elétrica a ocorrer entre os eletrodos principais. O período de ignição tem a duração de alguns segundos.

Lentamente, com o aquecimento do meio interno, a pressão dos vapores vai crescendo, com o conseqüente aumento do fluxo luminoso produzido. Só depois de alguns minutos é que a lâmpada se estabiliza na sua condição normal de operação.

A operação eficiente da lâmpada requer a manutenção de uma alta temperatura no tubo de descarga, o qual é, por essa razão, encerrado em outro bulbo de vidro, reduzindo-se assim as perdas de calor para o exterior. Entre os dois bulbos, introduz-se nitrogênio à pressão de meia atmosfera.

Se a lâmpada é apagada, o mercúrio não pode ser reionizado, até que a temperatura do arco seja diminuída suficientemente. Isso leva de 3 a 10 min, dependendo das condições

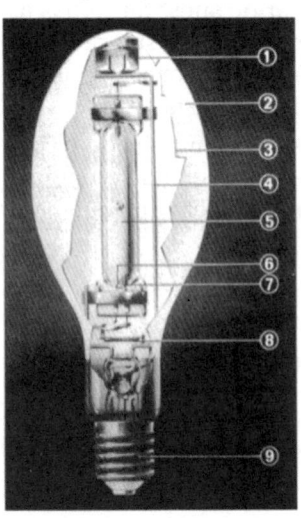

Figura 5.13 — Lâmpada de vapor de mercúrio. 1, Dispositivo de fixação do bulbo interno; 2, bulbo externo; 3, camada de fósfor; 4, lide para conexão elétrica do eletrodo superior; 5, bulbo de descarga; 6, eletrodo auxiliar de partida; 7, eletrodo principal; 8, resistor de partida; 9, rosca Edison. (cortesia Philips)

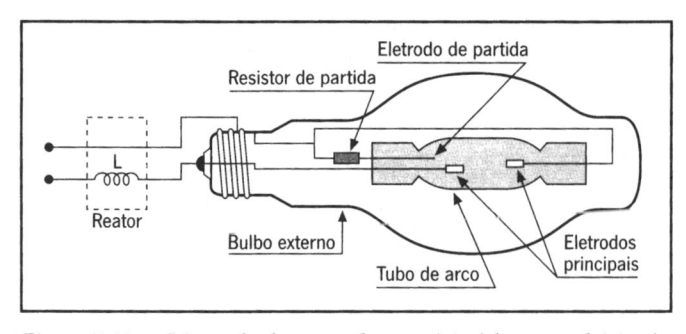

Figura 5.14 — Lâmpada de vapor de mercúrio (elementos básicos)

externas e da potência da lâmpada. A seguir o tubo reacende, repetindo-se o ciclo de aquecimento. Esse tipo de lâmpada deve, pois, ser empregado somente em locais onde a iluminação funcione várias horas consecutivamente.

As lâmpadas de vapor de mercúrio não são tão sensíveis quanto as incandescentes, às variações de tensão da rede elétrica. Para 1% de variação da tensão, a corrente e a potência variam 2%, e o fluxo luminoso 3%, aproximadamente. Entretanto, para quedas de tensão acima de 5% do valor nominal, a ignição da lâmpada poderá se tornar duvidosa.

5.5.2 — Correção de cor

Como a composição espectral do fluxo luminoso produzido por um tubo de mercúrio de alta pressão é precária (luz azulada, pobre em radiações vermelhas), essas lâmpadas distorcem as cores dos objetos iluminados. Para contornar essa deficiência, praticamente todas as lâmpadas de vapor de mercúrio possuem uma camada de fósforo para a correção de cor depositada na face interna do bulbo externo. Tal camada transforma as radiações ultravioletas próximas (luz-negra), produzidas na descarga, em luz vermelha, que melhorará a composição espectral final do fluxo luminoso produzido. São as chamadas lâmpadas de vapor de mercúrio de cor corrigida.

5.5.3 — Equipamento auxiliar

Como vimos, quando do estudo da estabilização de descarga elétrica nos tubos de descarga elétrica, as lâmpadas de vapor de mercúrio exigem um reator para sua estabilização e também para proporcionar a tensão elétrica necessária `a sua partida (Fig. 5.14). O desempenho correto da lâmpada depende fundamentalmente de seu equipamento auxiliar, que deve fornecer as características elétricas normais à lâmpada. Sendo os reatores circuitos nitidamente indutivos (Fig. 5.15), deve-se corrigir o fator de potência do conjunto por meio da instalação de um capacitor em paralelo com o circuito.

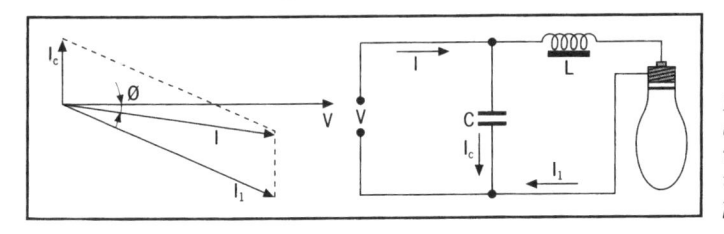

Figura 5.15 — Correção do fator de potência de uma lâmpada a vapor de mercúrio com a utilização de um capacitor em paralelo

5.5.4 — Vida e eficiência

A eficiência luminosa das lâmpadas de vapor de mercúrio é de aproximadamente 50 lm/W, sendo a vida média da ordem de 18.000 h.

5.6 — LÂMPADAS DE IODETO METÁLICO (MULTIVAPOR OU VAPORES METÁLICOS)

São lâmpadas semelhantes as de vapor de mercúrio, nas quais se introduzem, além do argônio e mercúrio, outros elementos, de forma que o arco elétrico se realize numa atmosfera mista de vários gases e vapores. Conseguem-se, assim, maiores eficiências luminosas (aproximadamente 95 lm/W) e melhor composição espectral do que nas lâmpadas tradicionais de vapor de mercúrio. Sua luz, extremamente branca (Índice de reprodução de cores de até 90% e temperatura de cor entre 4.000 e 6.000K) ilumina com intensidade, valorizando as cores dos ambientes onde é aplicada.

Seu tempo de aquecimento é de 5 a 10 minutos e o de nova partida a quente pode chegar a 30 minutos nas lâmpadas de grande potência. Por esse motivo, em projetos maiores, afim de que se evitem tumultos, deve-se prever iluminação de segurança adicional.

A tecnologia de fabricação dessas lâmpadas varia bastante com os diversos fabricantes e suas características ainda não foram normalizadas internacionalmente, motivo pelo qual devemos tomar o devido cuidado na correta especificação dos equipamentos auxiliares (reatores e ignitores) e na compra do material de reposição.

Temos basicamente três diferentes tecnologias de fabricação:

a) Tecnologia das 3 cores: com utilização de vapores de índio, sódio e tálio, responsáveis respectivamente pelas cores azul, vermelho e verde do espectro irradiado. São lâmpadas de menor vida e eficiência luminosa, mas com maior manutenção do seu fluxo luminoso.

b) Tecnologia do sódio e escândio, com presença de lítio e tálio. Possuem maior eficiência luminosa, boa estabilidade de côr e vida mais elevada.

c) Tecnologia das terras raras: com utilização do tálio, disprósio e hólmio. Esses modelos possuem boa eficiência luminosa e estabilidade de cor, além de um elevado índice de reprodução das cores.

Alguns modelos de menor potência possuem *starters*/ignitores internos ao bulbo. Nos modelos mais comuns o ignitor é uma peça independente (Fig. 5.16).

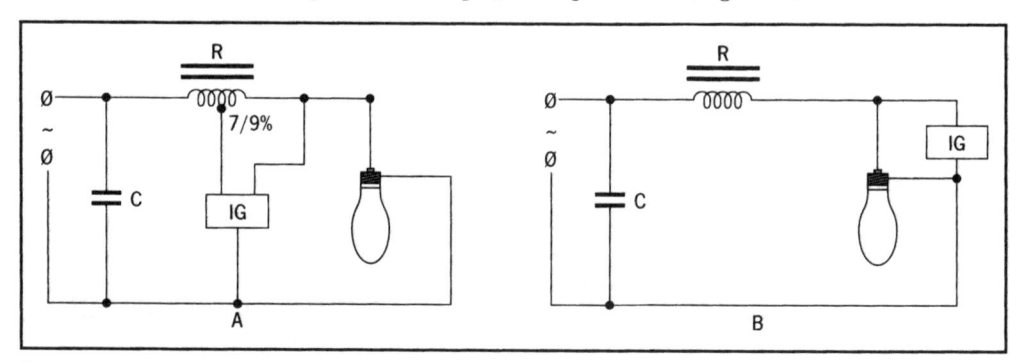

Figura 5.16 — Circuitos elétricos típicos de ligação das lâmpadas iodeto metálico. A= Circuito e equipamentos auxiliares idênticos aos utilizados pelas lâmpadas vapor de sódio de igual potência. B= Circuito que utiliza reatores e ignitores específicos.

Os modelos de baixa potência (até 150W) são indicados para iluminação interna de shopping centers, lojas, vitrinas, hoteis e jardins. As de maior potência iluminam avenidas, fachadas, monumentos, ginásios, estádios, sambódromos, grandes áreas abertas, estacionamentos e aeroportos.

5.7 — LÂMPADAS DE LUZ MISTA

Constam (Figs. 5.17 e 5.18) de um tubo de arco de vapor de mercúrio em série com um filamento incandescente de tungstênio que, além de produzir fluxo luminoso, funciona como elemento de estabilização da lâmpada. O fluxo luminoso produzido é composto, portanto, de radiações azuladas provindas do arco elétrico, de radiações amareladas do filamento incandescente e de radiações vermelhas da eventual camada de correção de cor.

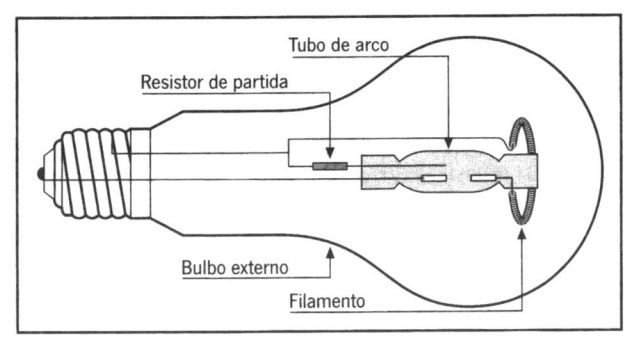

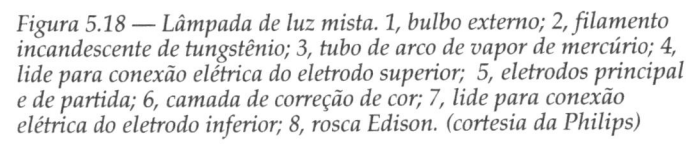

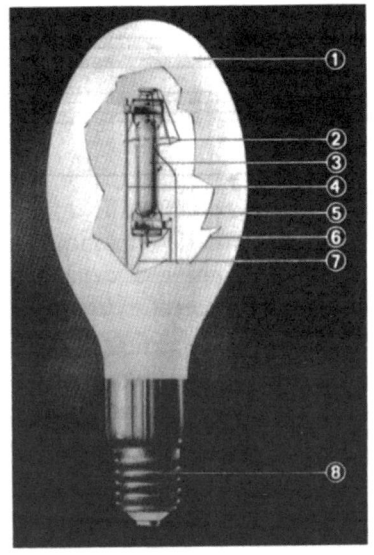

Figura 5.17 — Partes componentes de uma lâmpada de luz mista

Figura 5.18 — Lâmpada de luz mista. 1, bulbo externo; 2, filamento incandescente de tungstênio; 3, tubo de arco de vapor de mercúrio; 4, lide para conexão elétrica do eletrodo superior; 5, eletrodos principal e de partida; 6, camada de correção de cor; 7, lide para conexão elétrica do eletrodo inferior; 8, rosca Edison. (cortesia da Philips)

Uma vez que o filamento, além de produzir luz, limita a corrente de funcionamento do tubo de arco, as lâmpadas de luz mista dispensam o equipamento auxiliar (reator), podendo ser ligadas diretamente aos terminais da rede elétrica, na tensão para a qual foram projetadas. Essa tensão é normalmente 230 V, pois tensões menores não seriam suficientes para a ionização do tubo de arco. Sua eficiência luminosa é de 25 a 35 lm/W, metade das de vapor de mercúrio, devido à baixa eficiência do filamento. Sua vida também fica limitada a do filamento, estando por volta de 6.000 h.

As únicas vantagens que poderiam apresentar, quando comparadas com as de vapor de mercúrio, seriam um menor custo da instalação inicial, visto não exigirem reator, e um elevado fator de potência (cos φ=1). São uma alternativa precária para a substituição de lâmpadas incandescentes em pequenas instalações.

5.8 — LÂMPADAS DE VAPOR DE SÓDIO

5.8.1 — Lâmpadas de vapor de sódio de baixa pressão

A energia radiante emitida concentra-se, na maior parte, em duas linhas próximas de ressonância, com comprimentos de onda de 589,0 e 589,6 nm. Como esses comprimentos de onda são próximos daquele para o qual a vista humana apresenta um máximo de acuidade visual (Cap. 1), elas possuem grande eficiência luminosa.

A pressão do vapor dentro do tubo de arco desempenha um papel importante. Com pressão muito baixa haverá poucos átomos de sódio na descarga que se deseja excitar, ao passo que, para pressões demasiadamente elevadas, grande parte da radiação de ressonância do átomo de sódio se perde, por auto-absorção na própria descarga. A pressão ideal é de aproximadamente 0,67 Pa (pascal), e se obtém com uma temperatura de 260ºC no tubo de descarga.

Sua composição espectral, sendo quase monocromática (luz amarela), distorce as cores, impedindo seu uso em iluminação interior. Devido à sua alta eficiência luminosa, são aplicáveis na iluminação de ruas com pouco tráfego de pedestres, túneis e auto-estradas.

Constam (Fig. 5.19) de um tubo de descarga interno, dobrado em forma de U, que contém gás neônio e 0,5 % de argônio em baixa pressão, para facilitar a partida da lâmpada,

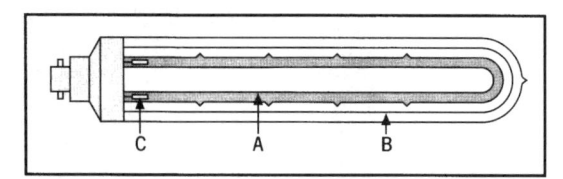

Figura 5.19 — Partes componentes de uma lâmpada de vapor de sódio de baixa pressão. A, tubo de descarga; B, camisa externa; C, eletrodos

e uma certa quantidade de sódio metálico, que será vaporizado durante o funcionamento. Nas extremidades encontram-se os eletrodos recobertos com óxidos emissores de elétrons. A fim de evitar-se a variação do fluxo luminoso com a temperatura ambiente, o tubo de descarga é encerrado dentro de uma camisa externa, na qual existe vácuo.

Durante a partida, a descarga elétrica inicia-se no gás neônio (provocando a produção de um pequeno fluxo luminoso de cor rosa), produzindo uma elevação de temperatura que, progressivamente, causa a vaporização do sódio metálico. Dentro de uns 15 min, a lâmpada adquire sua condição normal de funcionamento, produzindo um fluxo luminoso amarelo, característico da descarga no vapor de sódio.

A eficiência luminosa das lâmpadas de vapor de sódio de baixa pressão, do tipo tradicional, é da ordem de 100 lm/W e sua vida de 6.000 h. Como todas as lâmpadas de descarga elétrica exigem um reator, e como seu fator de potência é extremamente baixo, é necessário um capacitor para corrigi-lo.

Nos últimos anos, os fabricantes europeus de lâmpadas elétricas têm lançado no mercado novas linhas de lâmpadas de vapor de sódio com elevadas eficiências luminosas (180 lm/W para uma lâmpada de 180 W) e vida bem mais longa (18.000 h). Esse aumento de eficiência foi conseguido revestindo-se a face interior da camisa de vácuo com uma camada refletora infravermelha de óxido de índio que, refletindo a radiação infravermelha produzida na descarga (comprimento de onda de 5.000 nm), novamente sobre o bulbo interno, permite que sua temperatura ideal (~260°C) seja mantida com menores intensidades de corrente no arco elétrico. Por outro lado, a transmitância dessa camada à luz é elevada, absorvendo pouco do fluxo luminoso produzido na descarga.

Precauções especiais:

Para que se evite a acumulação local do sódio que se liquefaz parcialmente durante o funcionamento das lâmpadas, elas devem ser montadas nas posições definidas para as quais foram projetadas, geralmente em posições próximas à horizontal.

Como contêm sódio em seu interior, elemento que desenvolve calor ao entrar em contato com a umidade, essas lâmpadas devem ser tratadas com cuidado, para se evitar sua quebra. Todo o cuidado deve ser tomado ao se inutilizarem lâmpadas defeituosas, para evitar o perigo de incêndios.

5.8.2 — Lâmpadas de vapor de sódio de alta pressão

Nesse caso o tubo de arco trabalha em pressão mais elevada. A denominação "alta pressão" não tem um sentido estrito, mas sim relativo, em comparação com as lâmpadas de vapor de sódio de baixa pressão.

Quando se aumenta a pressão numa lâmpada vapor de sódio de baixa pressão, a eficiência luminosa diminui, pois temos uma auto-absorção da radiação de ressonância na parte exterior dos átomos de sódio. Caso se continue a aumentar a pressão interna, outras raias do espectro começam a ser produzidas. Na pressão de aproximadamente 0,267 bar, o espectro já se torna contínuo nas regiões do verde e do azul. Como continua a existir a auto-absorção da raia amarela, consegue-se uma cor mais agradável e uma melhor reprodução das cores. A luz produzida tem cor branca dourada, com indice de reprodução de cor 20.

Com o aumento da pressão, consegue-se, pois, um fluxo luminoso de espectro continuo de cor dourada, semelhante ao de um corpo negro cuja temperatura de cor seja de 2.300K, o que permite sua utilização em iluminação de exteriores e de interiores em que a fidelidade das cores não seja primordial.

Nas condições de operação, a temperatura do tubo de arco chega a aproximadamente 1.000° C, em atmosfera agressiva, não sendo mais possível a utilização do vidro duro e do quartzo na fabricação da ampola interna.

Com o desenvolvimento da tecnologia espacial, conseguiu-se a produção do óxido de alumínio sinterizado, material cerâmico com ponto de fusão de 2.050°C, translúcido (transmitância de 90 %), quimicamente à prova de vapor de sódio em elevadas temperaturas, que é utilizado na fabricação da ampola interna.

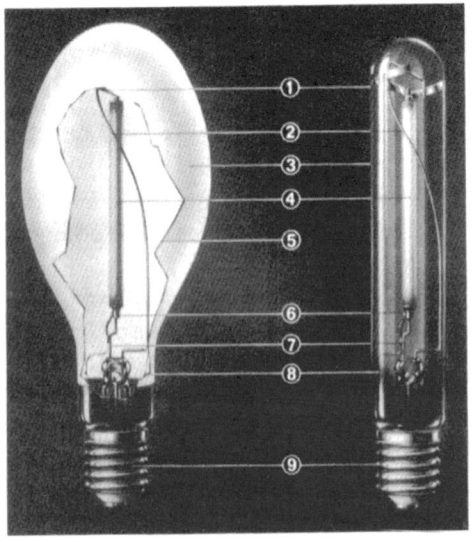

Figura 5.20 — Lâmpada de vapor de sódio de alta pressão. 1, apoio superior do tubo de descarga; 2 e 8, lide do eletrodo superior: 3, bulbo exterior de vidro duro: 4, tubo de descarga de óxido de alumínio sinterizado; 5, camada de correção de cor (só nas lâmpadas ovóides), 6, junta de dilatação do lide do eletrodo inferior; 7, lide do eletrodo inferior: 9, rosca Edison. (cortesia da Philips)

Compõem-se (Fig. 5.20) de um tubo de descarga de óxido de alumínio translúcido, dentro do qual temos os eletrodos de nióbio e o meio interno, constante de xenônio, mercúrio e sódio metálico. A função do gás é facilitar a partida da lâmpada.

O tubo de descarga é localizado dentro do bulbo externo, de vidro duro. O vácuo existente entre os dois bulbos visa diminuir a perda de calor para o exterior, aumentando a pressão no tubo de arco e a eficiência luminosa da lâmpada. A vida média dessas lâmpadas é da ordem de 24.000 h, sendo sua eficiência extremamente elevada (aproximadamente 130 lm/W para as lâmpadas de maior potência).

As lâmpadas vapor de sódio, como todas as demais lâmpadas de descarga elétrica, necessitam de um reator que limite a intensidade de corrente no tubo de arco e que forneça as tensões de ignição (juntamente com o ignitor) da ordem de 2 a 5kV. Elas apresentam duas particularidades que contrastam com as demais lâmpadas de descarga:

- Com o tempo de funcionamento a tensão no tubo de descarga sobe de valor (a razão de aproximadamente 1 a 2 V para cada 1.000 horas de operação) até que a tensão instantânea necessária ao seu reacendimento se aproxime do valor instantâneo da tensão da rede. Nesse momento não existirá mais estabilidade do arco elétrico interno e a lâmpada se apaga.

- Possuem uma tensão de arco elétrico positiva, isto é, a cada aumento de corrente no arco teremos o correspondente aumento na sua tensão e na sua potência.

As lâmpadas devem trabalhar de maneira estável, dentro de limites de potência e de tensão de arco que configuram um trapésio (Fig.5.21), que sua curva característica nominal passe próximo do seu ponto ótimo de operação e que cortem as linhas de tensão máxima e mínima durante toda variação de tensão que a lâmpada experimente durante sua vida.

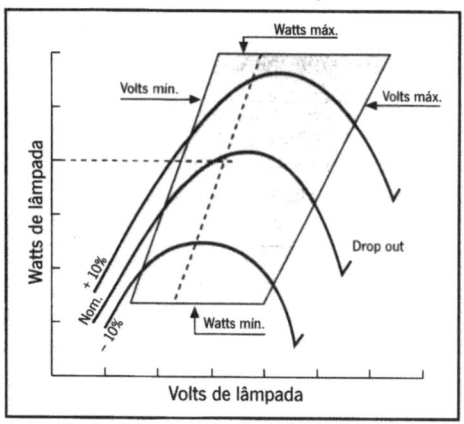

Figura 5.21 — Curvas de uma lâmpada vapor de sódio de alta pressão

O valor da potência máxima é definido pelos fabricantes para proporcionar uma vida com depreciação razoável e o da potência mínima como o menor valor justificável de potência a ser dissipada nessa lâmpada.

Suponhamos a lâmpada de 400W (Fig. 5.22) com tensão nominal de 100 V±5% (isto é, as tensões nominais de uma amostragem de lâmpadas poderiam variar entre 85V a 115V). Dissipando 400W, sua tensão nominal é de 100V (ponto 1). Com um aumento de 5% na tensão de alimentação a potência dissipada sobe 15% (ponto3). Caso a tensão de alimentação seja reduzida em 5% a potência é reduzida em 13% (ponto2). Variações maiores na tensão de alimentação, sugerem a necessidade do uso de reatores tipo estabilizador, para que a potência nas lâmpadas não sejam excessivas, reduzindo suas vidas.

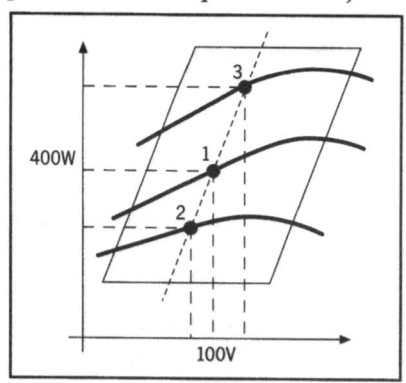

Figura 5.22 — Estabilidade de uma lâmpada Vapor de sódio

Os reatores (Fig. 5.2 e 5.16A) e fiação devem ser especificados, levando em conta o pulso de tensão necessário à partida das lâmpadas. Esse pulso pode ser amortecido pelas capacitâncias do circuito elétrico motivo pelo qual são recomendáveis ligações curtas e "polarizadas" entre reator e lâmpada (a ligação reator/lâmpada deve ser feita no terminal central da base da lâmpada).

A grande maioria dos modelos exige a utilização de um ignitor que provoca a elevação transiente da tensão necessária à partida. Alguns fabricantes oferecem modelos que, possuindo um calefator ao redor do tubo de arco, podem funcionar sem ignitor e com os mesmos reatores das lâmpadas de vapor de mercúrio, o que viria facilitar a modernização e o aumento de eficiência de instalações de mercúrio, já existentes. Tal solução de "emergência" não nos parece das melhores, visto que a eficiência e a vida das lâmpadas é bastante comprometida.

Existem no mercado lâmpadas de vapor de sódio de alta pressão que possuem dois tubos de arco idênticos montados em paralelo. Com isso consegue-se uma lâmpada com o dobro da vida (aproximadamente 50.000 horas), o que é bastante interessante para redução dos custos de manutenção em locais de difícil acesso e em iluminação pública. Quando se dá a ignição de um dos tubos de arco, sua tensão fica baixa impedindo a ignição do outro. Assim eles se sucedem no acendimento, duplicando a vida da lâmpada. Pela própria construção, nenhum dos dois tubos de arco está realmente no eixo longitudinal da lâmpada. Portanto, podemos ter problemas de focalização das mesmas nos sistemas óticos mais precisos das luminárias modernas.

Novo modelo de lâmpada de sódio, emitindo luz branca, decorrente da combinação do vapor de sódio e do gás xenônio no tubo de descarga, está no mercado. Emite luz brilhante como as halógenas, ou luz com aparência de cor das incandescentes. São controladas por reatores eletrônicos microprocessados e, através de chaveamento, podem ter sua temperatura de cor alterada de 2.600K para 3.000K. Essa flexibilidade de controle garante seu uso em áreas comerciais, vitrines, teatros, galerias e instalações especiais.

No projeto dos refletores das luminárias deve-se minimizar a incidência de radiações refletidas sobre a lâmpada, para que sua vida não seja reduzida (Vide 6.3.1).

5.9 — LÂMPADAS DE GÁS XENÔNIO

Nesse caso, o meio interno, onde se produz a descarga elétrica, é de gás xenônio, sendo que a cor da luz produzida coincide, praticamente, com a luz do dia. Consegue-se, pois, com a sua utilização, uma ótima reprodução das cores dos objetos iluminados. São utilizadas em projetores de facho estreito e aplicações específicas (modelos de arco curto). Apesar da ótima reprodução de cores que apresentam, essas lâmpadas têm campo de aplicação restrito às aplicações especiais, devido ao seu custo elevado e a sua média eficiência luminosa (aprox. 30 lm/W).

As lâmpadas utilizadas nos *flashes* eletrônicos para fotografia (Fig. 5.23) e nos estroboscópios, são também modelos de lâmpadas de gás xenônio. Nesse caso, a fonte de luz consta de um tubo cheio de mistura de xenônio e criptônio. O conjunto é encerrado em um envelope de vidro ou plástico, que usualmente já contém um refletor para orientação do fluxo luminoso.

Figura 5.23 — Flash eletrônico com lâmpada de gás xenônio (foto do autor)

O equipamento auxiliar consta de circuitos para carga de um capacitor em corrente contínua, que será descarregado, através da lâmpada no momento da fotografia, pela ação de um tiristor. A tensão necessária à lâmpada varia bastante com os diversos modelos, podendo atingir valores da ordem de 2,5 kV.

O *flash* eletrônico apresenta, entre outras vantagens, a grande durabilidade da lâmpada, a boa composição espectral do fluxo luminoso produzido (que possibilita a utilização de filmes tipo *daylight* sem a necessidade de filtros corretores na objetiva da câmara), a grande intensidade do relâmpago, sua curta duração (da ordem de 50 ms) e a virtual inexistência de retardo de tempo entre o disparo do obturador e a produção do fluxo luminoso útil.

Já são produzidos no mercado europeu de automóveis de luxo modelos que utilizam, para seus faróis principais, lâmpada centralizada de gás xenônio. O seu fluxo luminoso é transmitido aos diversos refletores dos faróis por fibra ótica.

5.10 — LÂMPADAS FLUORESCENTES

São lâmpadas de descarga a baixa pressão, podendo ter cátodos quentes (com ou sem preaquecimento) ou cátodos frios. Enquanto nas lâmpadas de vapor de mercúrio a temperatura e a pressão interna são reguladas de modo que a descarga elétrica produza diretamente a máxima emissão luminosa, nas lâmpadas fluorescentes procura-se obter o máximo de radiações ultravioleta (253,7nm), que serão transformadas em luz visível pela camada fluorescente que recobre internamente o bulbo. A pressão ótima do vapor de mercúrio para essa aplicação é de aproximadamente 0,666 Pa, que se obtém com uma temperatura de 40 °C no bulbo.

5.10.1 — Lâmpadas fluorescentes de cátodo quente com preaquecimento

Constam (Fig. 5.24) de um longo tubo de vidro, em cujas estremidades se localizam os eletrodos de tungstênio triplamente espiralados, recobertos com uma camada de óxidos emissores de elétrons. Quando em funcionamento, a temperatura dos filamentos atinge 950 °C, possibilitando a correta emissão eletrônica. A parte interna do tubo é recoberta pela camada fluorescente, de cuja natureza depende a composição espectral do fluxo luminoso produzido. O meio interno é uma atmosfera de gás argônio, existindo também pequena gota de mercúrio que será vaporizada no momento da partida.

Assim como em todas as lâmpadas de descarga elétrica, a intensidade da corrente no arco deverá ser estabilizada por um reator.

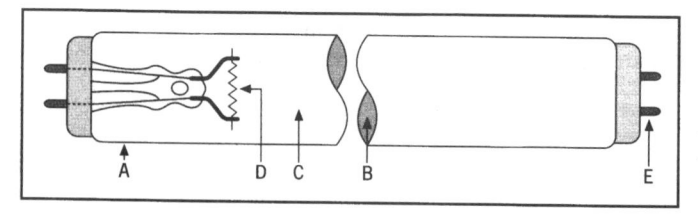

Figura 5.24 — Partes componentes de uma lâmpada fluorescente. A, tubo de vidro; B, camada fluorescente; C, meio interno; D, filamento de tungstênio recoberto com óxidos emissores de elétrons; E, terminais externos

5.10.1.1 — *Circuito "convencional" de funcionamento: lâmpada, reator e dispositivo de partida*

Fechando-se o (*x*) interruptor e apertando-se o dispositivo de partida (S) [contato normalmente aberto (*NA*)], a corrente elétrica fluirá através do circuito (em um semiciclo) *AFS FRB*, aquecendo os eletrodos que emitirão elétrons (Fig.5.25). Se abrirmos agora o botão S, produziremos uma variação de corrente elétrica que será responsável pela geração, na indutância do reator, de uma elevada força eletromotriz de auto-indução, que provocará a formação de um arco elétrico entre os eletrodos, acendendo a lâmpada. A partir desse instante, o reator continuará funcionando como um estabilizador da intensidade da corrente na lâmpada, aos valores desejados de projeto.

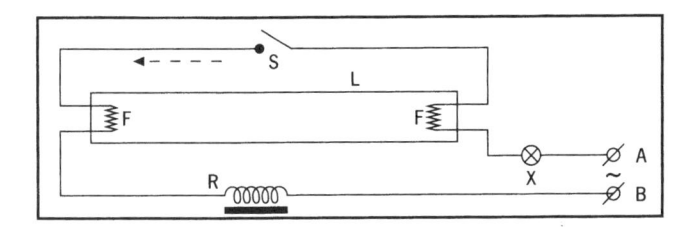

Figura 5.25 — Circuito básico de funcionamento de uma lâmpada fluorescente. A e B, terminais da rede elétrica: F, filamentos; L, lâmpada; R, reator fluorescente; S, starter; X, interruptor

Na prática utiliza-se um dispositivo de partida (S) de funcionamento automático, vulgarmente denominado *starter*. O tipo mais comum (Fig. 5.26) consiste num pequeno bulbo de vidro que encerra em seu interior gás argônio ou neônio e dois eletrodos, sendo um fixo e o outro uma lâmina bimetálica recurvada. O bulbo é encerrado em uma capa cilíndrica de proteção e ligado aos dois terminais de contato externo.

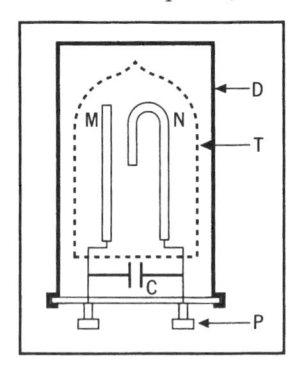

Figura 5.26 — Dispositivo de partida (starter) para lámpadas fluorescentes C. capacitor; D, capa cilíndrica de proteção; M, eletrodo fixo; N, lâmina bimetálica recurvada; P, terminais; T, bulbo de vidro

Fechando-se a chave geral X da Fig. 5.25, a tensão da rede elétrica é suficiente para produzir um arco elétrico entre os dois eletrodos (M e N) do *starter*. O calor gerado nessa descarga faz distender a lâmina bimetálica, que então estabelece o contato elétrico direto entre M e N, fechando o circuito, que fornece a corrente de preaquecimento dos cátodos (F) da lâmpada. Como agora não existe arco elétrico entre os eletrodos M e N do dispositivo de partida, a lâmina bimetálica se resfria, voltando à posição original, interrompendo a corrente no circuito de partida *(AXFSFRB)* e provocando o aparecimento, como vimos, da força eletromotriz de auto-indução na indutância do reator. Esse surto de tensão é suficiente para dar partida à lâmpada, o que é facilitado pela anterior emissão eletrônica dos eletrodos (F) durante o período de preaquecimento. Na operação normal, a corrente flui no circuito *AXFFRB*, não existindo, entre M e N, tensão suficiente para ionizar o *starter,* que ficará inativo. O capacitor (C) presente dentro do invólucro do dispositivo de partida tem a finalidade de diminuir a interferência da lâmpada sobre os aparelhos eletrônicos próximos.

5.10.1.2 — *Circuito "partida rápida" de funcionamento: lâmpada e reator especial*

As diferenças fundamentais desse circuito (Fig. 5.27), em relação ao anterior, estão no fato de não possuir *starter* e de necessitar de um reator de desenho especial. A adoção desse circuito exige que o reator funcione no período de partida (aproximadamente 2s) como um autotransformador que eleva a tensão da rede elétrica aos valores necessários para iniciar o arco elétrico no interior do bulbo. Além disso, fornece também aos cátodos da lâmpada sua corrente de preaquecimento.

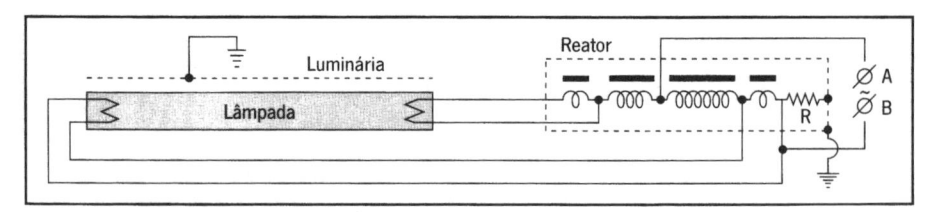

Figura 5.27 — Circuito de "partida rápida" para lâmpadas fluorescentes

No caso de circuitos de "partida rápida", são aconselhados alguns cuidados especiais na instalação, sem o que poderão existir problemas na partida das lâmpadas:

- utilizar sempre luminárias metálicas com os tubos distantes, no máximo, 2,5cm dos refletores;
- montar os reatores sobre as luminárias (ou em contato elétrico com as mesmas), aterrando o conjunto;
- verificar se na caixa do reator existe alguma indicação sobre sua "polarização". Nesse caso, seguir a indicação do fabricante sobre qual terminal do mesmo deve ser ligado ao neutro da rede elétrica.

5.10.2 — Lâmpadas fluorescentes de cátodo quente sem preaquecimento

Construtivamente diferem das lâmpadas de cátodo quente com preaquecimento unicamente pela construção dos cátodos (Fig. 5.28). Dispensam a utilizaçâo de dispositivos de partida *(starter)*, utilizando reatores especiais capazes de realizar uma elevada tensão transitória de partida, para dar início à emissão eletrônica sem preaquecimento. Como não existe circuito de preaquecimento, a partida é instantânea e sua base é uma conexão de um único pino.

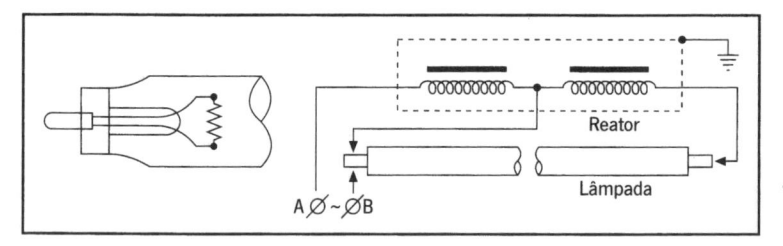

Figura 5.28 — Lâmpada fluorescente de cátodo quente sem preaquecimento

Como a f.em. de partida é elevada (aproximadamente três vezes a nominal da rede para uma lâmpada de 40 W), muitas vezes os tubos continuam trabalhando, mesmo depois de seus cátodos estarem com seu material emissor esgotado (fim da vida normal da lâmpada). Nesse caso, observa-se forte espiralamento do arco elétrico interno, *flashes* amarelados no tubo e enegrecimento de uma ou de ambas as extremidades. Tais lâmpadas deverão ser imediatamente substituídas. É aconselhável, por motivos de segurança, que o circuito elétrico de alimentação do reator e o soquete da lâmpada sejam dispostos de tal forma que, ao se retirar a lâmpada da luminária, o reator fique desenergizado.

5.10.3 — Lâmpadas fluorescentes de cátodo frio

Seu cátodo consiste em um cilindro de ferro (*C* na Fig. 5.29) de amplas dimensões, o que proporciona longa vida às lâmpadas. A temperatura de operação desse eletrodo está por volta de 150°C.

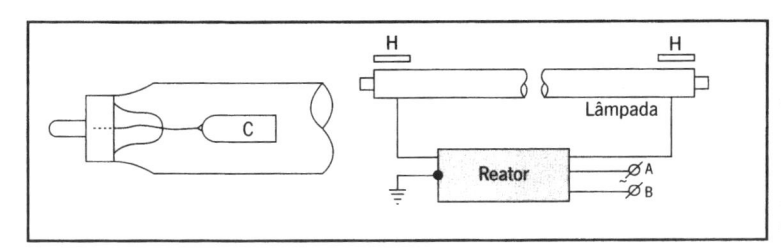

Figura 5.29 — Circuito básico de funcionamento de uma lâmpada fluorescente de cátodo frio C, cátodo; H, anteparo de cobertura para os cátodos.

Devido às maiores dimensões dos eletrodos, essas lâmpadas apresentam, em suas extremidades, um comprimento de bulbo não-produtor de luz que deve, por questões estéticas, ser recoberto com um anteparo (*H*). A tensão necessária à partida, que se dá por diferença de campo elétrico, é da ordem de cinco a sete vezes a de funcionamento, obrigando a utilização de reatores de alta indutância (baixo cos ϕ) e um ótimo isolamento dos componentes elétricos do circuito.

A emitância dessas lâmpadas é aproximadamente a metade das de cátodo quente, sendo seu comprimento, para a mesma potência, aproximadamente o dobro, o que obriga a utilização de luminárias maiores e mais caras.

Suas únicas vantagens são a vida longa (aproximadamente 25.000 h) e a partida instantânea, motivo pelo qual poderiam ser indicadas para aplicação em locais de difícil acesso e manutenção.

5.10.4 — Modernas lâmpadas fluorescentes

Durante vários anos, as lâmpadas fluorescentes de cátodo quente de 15, 20, 30, 40, 65 e 110W, nas tonalidades luz do dia e branca fria, diâmetros T10 (33mm) e T12 (38mm), eram praticamente as únicas utilizadas no Brasil.

A grande revolução das fluorescentes ao longo dos anos ficou por conta da redução do seu diâmetro para T8 (26mm) e T5 (16mm) (com a maior possibilidade de desenvolvimento ótico dos refletores de alumínio de alto brilho das luminárias) e do aperfeiçoamento dos sais fluorescentes (trifosfors de elevada eficiência na transformação do ultra violeta em luz).

Compactação, aumento na eficiência energética (chegando até 100 lm/W), melhoria do índice de reprodução das cores e possibilidade de uso intensivo de reatores eletrônicos de alta freqüência (de baixas perdas, sem ruído e efeito estroboscópico nulo): este é o futuro.

Toda essa evolução teve duas finalidades básicas (Fig.5.30 e Fig.5.31):

a)   produzir uma gama de lâmpadas de alta eficiência para substituir as fluorescentes tradicionais.

b)   produzir lâmpadas fluorescentes, de baixa potência (7 a 25W), para substituir as incandescentes de até 150W. Essas novas fluorescentes possuem bulbos T5 com diâmetro de 16mm dobrados várias vezes para torná-las "compactas". O "starter" está embutido em suas bases e várias delas possuem reatores eletrônicos incorporados possibilitando uma substituição direta das incandescentes. Como são fabricadas com "trifosfors" de diferentes temperaturas de cor (aprox. 5.000K, 4.000K e 2.800K) permitem

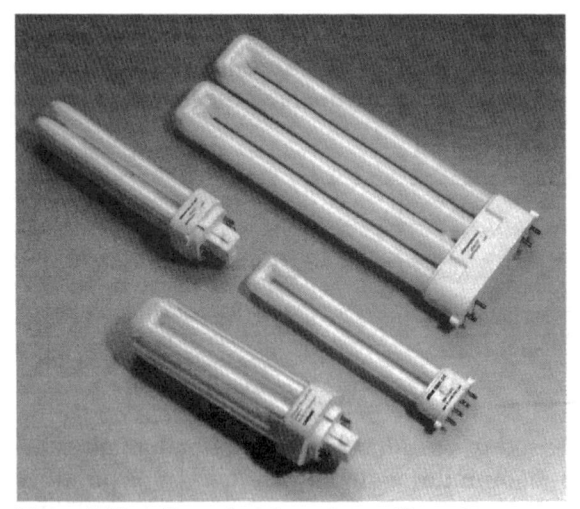

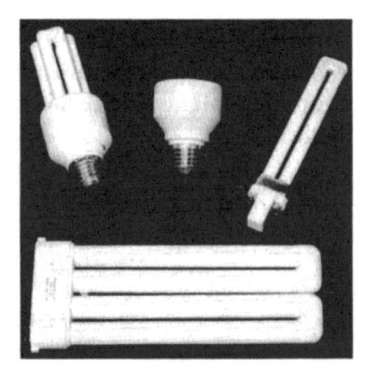

Figura 5.31 — Fluorescentes compactas: em cima à esquerda: lâmpada com reator eletrônico incorporado na base; em cima ao centro: reator eletrônico adaptavel à lâmpada da direita; em baixo: lâmpada de 36W de comprimento e diâmetro reduzidos (foto do autor)

Figura 5.30 — Exemplos de modernas lâmpadas fluorescentes

sua correta integração às cores dos ambientes a iluminar. Com sua utilização, além da grande economia de energia elétrica (da ordem de 50 a 70%), conseguimos minimizar a manutenção, pois sua vida é aproximadamente 10 vezes superior a das lâmpadas incandescentes de uso geral.

5.11 — LÂMPADAS ESPECIAIS

5.11.1 — Lâmpadas ultravioletas germicidas

São semelhantes às lâmpadas fluorescentes tradicionais de cátodo quente, diferindo destas apenas pelo fato de seu bulbo ser de quartzo (que possui alta transmitância ao ultravioleta) e não possuirem recobrimento interno fluorescente. Como a descarga no vapor de mercúrio em baixa pressão gera especialmente radiações ultravioletas, onde predomina o comprimento de onda de 253,7 nm, obtemos uma transformação de aproximadamente 60% da potência elétrica em radiação germicida, nesse comprimento de onda (vide Item 1.3). O espectro produzido, que praticamente não existe na radiação que nos chega do sol, devido à filtragem da atmosfera, é letal para as bactérias, sendo também utilizada para a ativação da fluorescência e fosforescência de diversos materiais.

Deve-se evitar a exposição direta a seus raios, que produzem conjuntivite ocular e queimaduras na pele. Como o vidro absorve as radiações ultravioletas de comprimento de onda menores que 300 nm, ele pode ser utilizado como filtro protetor. Sendo eletricamente idênticas às lâmpadas fluorescentes, elas utilizam o mesmo equipamento elétrico auxiliar das fluorescentes de igual potência.

5.11.2 — Lâmpadas de luz negra

Luz negra *(black light)* é o nome popular das radiações ultravioletas de maior comprimento de onda (320 a 400 nm). Essas radiações são úteis na excitação de fluorescência de substâncias minerais, pigmentos e tintas. Ao contrário das radiações germicidas, a luz negra não é perniciosa à visão, dentro de limites cabíveis de exposição (vide Item 1.3).

Como as radiações do ultravioleta próximo (luz negra) são geradas pela descarga elétrica no vapor de mercúrio em alta pressão (especialmente a linha espectral de 365 nm), as lâmpadas de luz negra são semelhantes às de vapor de mercúrio sem correção de cor, delas diferindo somente no vidro utilizado na confecção da ampola externa. Nesse caso, utiliza-se o bulbo externo de vidro com óxido de níquel (vidro de Wood), que, sendo transparente ao ultravioleta próximo, absorve em grande parte o fluxo luminoso produzido (que é indesejável nesse caso). Sendo eletricamente idênticas às lâmpadas de vapor de mercúrio, as lâmpadas de luz negra utilizam o mesmo equipamento auxiliar.

5.11.3 — Lâmpadas de gases neônio e argônio

Quando aplicamos aos eletrodos de um tubo contendo um gás inerte (neônio, argônio, hélio) em pressão conveniente, uma diferença de potencial suficiente, conseguimos a produção de luz junto ao eletrodo negativo. Se o tubo é alimentado com corrente alternada, ambos os eletrodos tornam-se luminosos.

Para tubos contendo gás neônio, obtemos um fluxo radiante em que predomina o vermelho-alaranjado e o infravermelho. Caso o meio interno seja predominantemente de gás argônio, obteremos luz azulada e boa porcentagem de radiações ultravioletas.

Devido ao fato de serem fontes de baixa potência, de muito baixa eficiência luminosa (aproximadamente 0,3 lm/W) e vida longa (atingindo, em alguns tipos, mais de 30.000 h), são utilizadas exclusivamente como lâmpadas-piloto, de sinalização e indicação de circuitos energizados. Nesses casos a descarga é estabilizada através de um resistor em série com o tubo de arco. Em vários modelos, o resistor é colocado dentro da própria base da lâmpada.

As lâmpadas de neônio são construídas também sob a forma de tubos alongados, tão vulgarizados nos anúncios luminosos. Nesse caso, os tubos finos de vidro (diâmetros de 12 a 15 mm) tomam as formas mais bizarras, de letras ou objetos, e possuem, nas extremidades, os eletrodos metálicos. Vários tubos podem ser ligados em série, formando figuras de grandes dimensões. Em vista de seu grande comprimento e da partida ser promovida pelo gradiente de potencial entre os eletrodos, necessitam de altas-tensões (em geral de 2 a 20 kV), que são obtidas de transformadores especiais de elevada reatância.

As diferentes cores que apresentam dependem do gás, da mistura de gases raros empregados ou, ainda, da combinação com a pintura e revestimentos fluorescentes do tubo de vidro. É condenado seu emprego em iluminação, devido a sua baixa eficiência luminosa e às altas tensões elétricas envolvidas no circuito.

5.11.4 — Lâmpadas ultravioletas para bronzeamento da pele (*sunlight lamps*)

Várias radiações ultravioletas ativam a pigmentação da pele (280 a 330 nm). Radiações de menor comprimento de onda produzem eritema e queimaduras superficiais, não penetrando profundamente no tecido e tendo, portanto, pouca atividade bronzeadora.

Essas lâmpadas produzem especialmente a raia espectral de 296,7nm, sendo empregadas para o bronzeamento artificial. A radiação é produzida pela descarga no vapor de mercúrio em alta pressão, sendo a intensidade da corrente no arco elétrico limitada por um filamento incandescente ligado em série com o tubo de arco (como nas lâmpadas de luz mista). Portanto não necessitam de equipamento auxiliar, sendo ligadas diretamente à rede elétrica de corrente alternada.

Devido à presença de radiações de menor comprimento de onda, é aconselhável a proteção dos olhos, com óculos ou vendas e o uso de óleos protetores de pele.

5.11.5 — Lâmpadas de arco voltaico

Antigamente, quando se necessitava de grande fluxo luminoso, fontes de alta emitância e de alta atividade actínia, tinha-se de lançar mão das lâmpadas de arco voltaico. Ela ainda é utilizada em *spot–lights* para teatro e aparelhos antigos para clicheria, heliografia, iluminação aérea, etc.

O fluxo luminoso é produzido pela descarga elétrica entre dois bastões de carvão, alimentados normalmente por uma fonte de corrente contínua. Para o início da descarga, curtocircuitamos os carvões e, quando lentamente os separamos, forma-se entre eles um arco elétrico luminescente, com grande produção de calor na cratera do eletrodo positivo. A radiação resulta, parte do próprio arco elétrico e parte da combustão dos carvões.

Nos modelos mais comuns, os eletrodos são de carvão puro, sendo quase todo o fluxo luminoso produzido pela sua combustão, resultando um espectro contínuo com um pico de radiações em 389 nm (ultravioleta). A temperatura de cor é de aproximadamente 3.700 K, e a eficiência luminosa da ordem de 10 lm/W.

Quando se deseja um arco de alta intensidade, adicionam-se aos eletrodos sais que aumentam sua condutividade elétrica e modificam a composição espectral do fluxo luminoso produzido, que incluirá as linhas espectrais dos sais adicionados. Nesse caso, a radiação provém especialmente do arco elétrico, conseguindo-se eficiências de 40 lm/W e temperaturas de cor de 5.000 K.

Entre as desvantagens que essas lâmpadas apresentam, podemos citar a pequena duração dos carvões, a formação de depósitos que prejudicam o rendimento ótico dos equipamentos e a dificuldade de estabilização do arco elétrico. Por esses motivos, a tendência atual é substituí-las por outras modernas lâmpadas de descarga de "arco curto."

5.11.6 — Lâmpadas eletroluminescentes

As lâmpadas eletroluminescentes podem ser encontradas em painéis, sinalizadores, teclados, mostradores de equipamentos, luz de emergência, cabines de aeronaves e outras aplicações semelhantes onde a vida longa e a confiabilidade sejam essenciais.

O fenômeno da eletroluminescência foi descoberto em 1936 pelo físico francês George Destriau. Ele observou que, quando se aplicava uma diferença de potencial alternativo entre dois eletrodos em forma de placa e separados por um cristal, havia produção de fluxo luminoso junto aos mesmos, devido à variação do campo elétrico. Essa lâmpada é, pois, basicamente um capacitor cujo dielétrico (no caso, um fósfor) torna-se luminescente ao ser alimentado com uma tensão alternada (Fig. 5.32).

A composição espectral do fluxo luminoso produzido está intimamente ligada à natureza do "fósforo" utilizado, sendo mais comuns as lâmpadas esverdeadas, laranjas e violetas. A eficiência muito baixa (aproximadamente 4 lm/W), a vida extremamente longa, a baixa luminância e o custo elevado têm limitado sua aplicação a casos específicos.

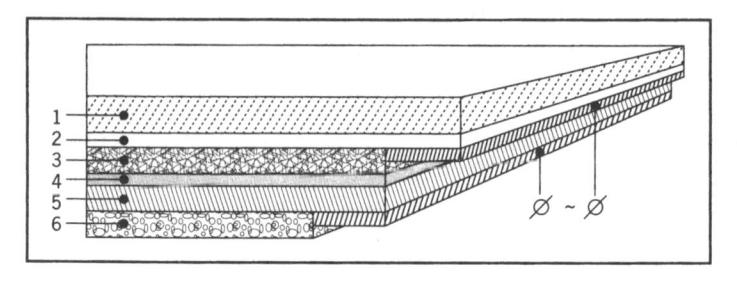

Figura 5.32 — Lâmpada eletroluminescente. 1: placa frontal transparente (vidro ou plástico); 2: cobertura condutora transparente (eletrodo frontal); 3: dielétrico eletroluminescente; 4: refletor; 5: eletrodo traseiro; 6: proteção traseira

Estão em produção industrial novas apresentações dessas lâmpadas: tratam-se das fitas, fios e cabos luminosos de pequena espessura funcionando em baixa tensão, que podem ser dobrados formando letras, formas bizarras etc. Para aumento de sua eficiência luminosa são alimentadas por inversores miniatura e interfaces microprocessadas. Sua aplicação maior deverá ser nas áreas de sinalização, segurança e decoração.

5.11.7 — Lâmpadas de indução

Foram lançadas experimentalmente, na Europa, no início da década de 90, estando agora em produção industrial. A radiação é gerada pela excitação do meio, gás de mercúrio em baixa pressão existente dentro do bulbo, por indução eletromagnética provinda de um gerador especial de rádio freqüência (*reator* eletrônico). Existem modelos para 55, 85 e 165W que podem trabalhar em redes de 127 ou 220V (Fig.5.33). Possuem acendimento instantâneo, vida longa (da ordem de 60.000 horas), elevada eficiência luminosa ($\cong 80$ lm/W) e elevado índice de reprodução de cores. Diferentemente das outras lâmpadas de descarga, o número de acendimentos não tem influência sobre sua vida útil. Os níveis de interferência das radiações eletromagnéticas são inferiores aos admissíveis nas normas internacionais.

Seu campo de aplicação é a iluminação interna de locais de difícil acesso, como grandes edifícios públicos, shopping centers, túneis e aplicações especiais.

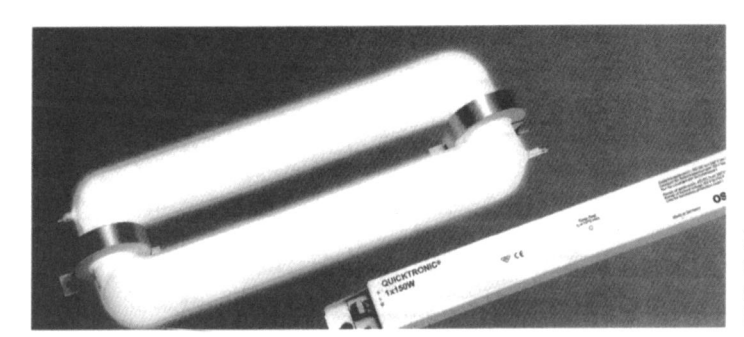

Figura 5.33 — Lâmpada de indução com seu gerador de rádiofreqüência (cortesia Osram)

5.12 — TABELAS DE CARACTERÍSTICAS DE LÂMPADAS DE DESCARGA

Tabela 5.1 – Lâmpadas fluorescentes compactas   *(Cortesia Osram)*

A: Fluorescentes compactas eletrônicas Dulux EL (Fig.5.34)

Potência (W)	Tensão (V)	Fluxo luminoso ϕ (lm)	Diâmetro d (mm)	Comprimento c (mm)
15	120	900	52	147
15	220	900	52	140
20	120	1200	52	160
20	220	1200	52	154
23	120	1500	58	176
23	220	1500	58	174

Vida: 10.000 h.
Base: E27. Reator eletrônico incorporado na base.
Temperaturas de cor disponíveis: 21/4.000K e 41/2.700K.
Índice de reprodução de cor: 85%.
Não podem ser "dimmerizadas".
Posição de funcionamento: qualquer.

B: Fluorescentes compactas Dulux S (Fig.5.35)

Potência (W)	Fluxo luminoso ϕ (lm)	Largura d (mm)	Comprimento c (mm)	Base
5	250	34	108	G23
7	400	34	137	G23
9	600	34	167	G23
11	900	34	237	G23
13	900	34	193	GX23

Vida: 10.000 h. Reator externo.
Temperaturas de cor disponíveis: 21/4.000K e 41/2.700K.
Índice de reprodução de cor: 85%.
Não podem ser "dimmerizadas".
Posição de funcionamento: qualquer.

C: Fluorescentes compactas Dulux D (dupla) e T (tripla) (Fig.5.36 e 5.37)

Potência (W)	Tipo	Fluxo luminoso ϕ(lm)	Largura d(mm)	Comprimento c(mm)	Base
9	D	600	34	110	G23-2
18	D	1.200	34	153	G24 d-2
26	D	1.800	34	172	G24 d-3
18	T	1.200	49	123	GX24 d-2
26	T	1.800	49	138	GX24 d-3

Vida: 10.000 h. Reator externo.
Temperaturas de cor disponíveis: 21/4.000K e 41/2.700K.
Índice de reprodução de cor: 85%.
Não podem ser "dimmerizadas".
Posição de funcionamento: qualquer.

D: Fluorescentes Compactas Dulux T/E (tripla) (Fig.5.38). Usa reatores eletrônicos externos

Potência (W)	Fluxo luminoso φ (lm)	Largura d (mm)	Comprimento c (mm)	Base
32	2.400	49	147	GX24 q-3

Vida: 10000 h.
Temperaturas de cor disponíveis: 21/4000K e 41/2700K.
Índice de reprodução de cor: 85%.
Não podem ser "dimmerizadas".
Posição de funcionamento: qualquer.

E: Fluorescentes Compactas Dulux L (longa) e F (flat) para substituir as fluorescentes convencionais (Fig.5.39 e 5.40). Usa reatores eletromagnéticos externos com starter ou eletrônicos

Potência (W)	Tipo	Fluxo luminoso φ(lm)	Largura d(mm)	Comprimento c(mm)	Base
36	L	2.900	44	411	2 G 11
55	L	4.800	44	533	2 G 11
36	F	2.800	90	217	2 G 10

Vida: 10.000 h.
Temperaturas de cor disponíveis: 21/4.000K e 31/3.700K.
Índice de reprodução de cor: 85%.
Não podem ser "dimmerizadas".
Posição de funcionamento: qualquer.

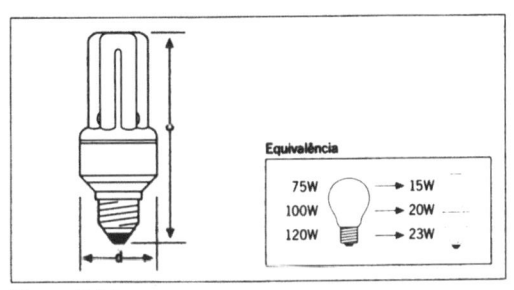

Figura 5.34

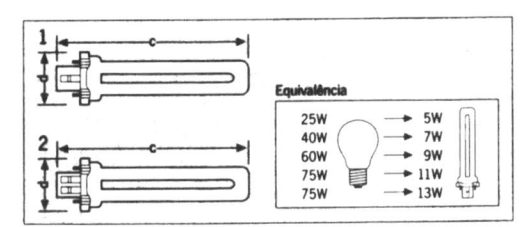

Figura 5.35

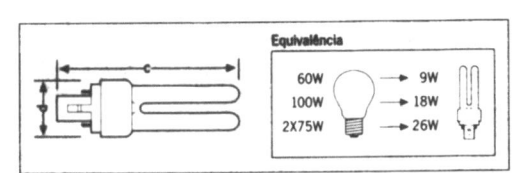

Figura 5.36

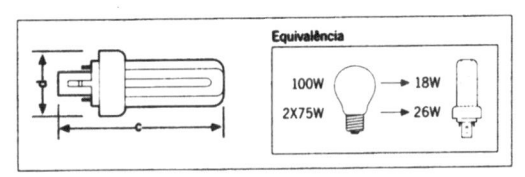

Figura 5.37

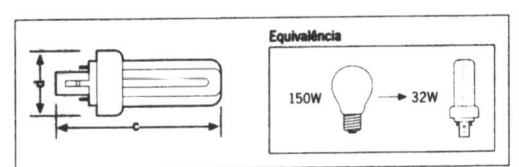

Figura 5.38

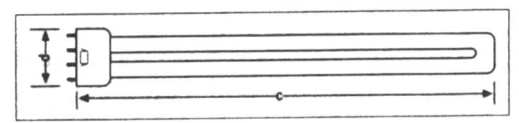

Figura 5.39

Figura 5.40

Tabela 5.2 — Lâmpadas fluorescentes Tubulares

A: Fluorescentes tubulares comuns

Potência (W)	Bulbo	Fluxo luminoso ϕ (lm)	Diâmetro (mm)	Comprimento (mm)	Base
15	T8	840	26	438	G 13
20	T10	1.060	33	590	G 13
30	T8	2.000	26	895	G 13
40	T10	2.700	33	1.200	G 13
110 H.O.	T12	8.300	38	2.400	R17D

Temperaturas de cor: 6.100K (luz dia) e 5.250K (luz dia especial).
Índice de reprodução de cor: 78% e 72% respectivamente.
Funcionam c/ reator magnético com *starter*, partida rápida, ou eletrônicos.
Posição de funcionamento: qualquer.
Vida: 7.500 h. Eficiência luminosa: Aprox.70 lm/W.

B: Fluorescentes tubulares "Energy saver"
Posição de funcionamento: qualquer.
Vida: 7.500 h. Podem ser "dimmerizadas".
Bulbos T8 de 26 mm de diâmetro.

B1: Para reatores "partida rápida" ou eletrônicos (externos)

Potência (W)	IRC	Fluxo luminoso ϕ (lm)	Temp.cor (K)	Comprimento (mm)	Base
16	85	1.200	4.000	590	G 13
32	85	2.700	4.000	1.200	G 13
32	85	3.050	3.000	1.200	G 13

Eficiências luminosas de 75 a 95 lm/W.

B2: Para reatores com *starter* ou eletrônicos (externos)

Potência (W)	IRC	Fluxo luminoso ϕ (lm)	Temp.cor (K)	Comprimento (mm)	Base
18	85	1.350	4.000	590	G 13
36	85	3.350	4.000	1.200	G 13
58	85	5.200	4.000	1.500	G 13

Eficiências luminosas de 85 a 93 lm/W.

B3: Fluorescentes tubulares "Energy saver" FH T5 (externos)

Potência (W)	IRC	Fluxo luminoso ϕ (lm)	Temp.cor (K)	Comprimento (mm)	Base
14	85	1.350	4.000	549	G5
21	85	2.100	4.000	849	G5
28	85	2.900	4.000	1.149	G5
35	85	3.650	4.000	1.449	G5

Posição de funcionamento: qualquer. Bulbos T5 de 16 mm de diâmetro.
Somente para reatores eletrônicos de qualidade. Vida de 16.000 h.
Podem ser "dimmerizadas". Eficiências luminosas de 95 a 104 lm/W.

Tabela 5.3 — Lâmpadas vapor de mercúrio (Fig.5.41)

Potência (W)	Fluxo luminoso ϕ (lm)	Temp.cor (K)	Diâmetro d (mm)	Compr. c (mm)	Base
80	3.800	4.100	70	156	E27
125	6.300	4.000	75	170	E27
250	13.000	3.900	90	226	E40
400	22.000	3.800	120	290	E40

Bulbo ovoide c/ camada de correção de cor. Vida média: 24.000 h.
Posição funcionamento: qualquer. Índice de reprodução de cor:40%.

Tabela 5.4 — Lâmpadas de luz mista (Fig.5.41)

Potência (W)	Fluxo luminoso ϕ (lm)	Temp.cor (K)	Diâmetro d (mm)	Compr. c (mm)	Base
160	3.100	3.600	75	177	E27
250	5.600	3.800	90	226	E27
250	5.600	3.800	90	226	E40
500	14.000	4100	120	275	E40

Tensão da lâmpada: 220V.   Vida: 6.000 h
Posição funcionamento: qualquer,c/ exceção de 160W (Vertical±30⁰)
Índice de reprodução de cor: 60%.

Tabela 5.5 — Lâmpadas vapor de sódio (Fig.5.41 e 5.42)

Potência (W)	Fluxo luminoso ϕ (lm)	Bulbo	Diâmetro d (mm)	Compr. c (mm)	Base
70	5.600	Elíptico	70	156	E27
100	9.500	Elíptico	75	186	E40
150	14.000	Elíptico	90	226	E40
250	25.000	Elíptico	90	226	E40
400	47.000	Elíptico	120	290	E40
100	10.000	Tubular	46	211	E40
250	27.000	Tubular	46	257	E40
400	48.000	Tubular	46	285	E40
1000	130.000	Tubular	65	390	E40

Vida: 24.000 h (com exceção de 70W com vida de 16.000 h).
Posição de funcionamento: qualquer.
Índice de reprodução de cor: 20%.

Tabela 5.6 — Lâmpadas de iodeto metálico (Fig.5.43, 5.41, 5.44 e 5.45)

Potência (W)	Fluxo luminoso ϕ (lm)	Bulbo	Diâmetro d (mm)	Compr. c (mm)	Vida (h)	Base
70	5200	Elíptico claro	54	141	15000	E27
150	11400	Elíptico claro	54	139	15000	E27
250	19000	Elíptico sílica	90	226	10000	E40
400	31000	Elíptico sílica	120	290	10000	E40
250	20000	Tubular clara	46	225	10000	E40
400	32000	Tubular clara	46	285	10000	E40
1000	80000	Tubular clara	76	340	6000	E40
2000	200000	Tubular clara	100	430	6000	E40

Posição funcionamento: qualquer, exceção p/1000/2000W (Horiz.± 60⁰)

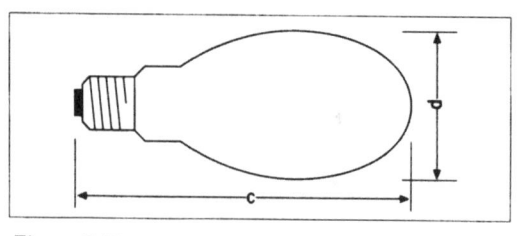

Figura 5.41

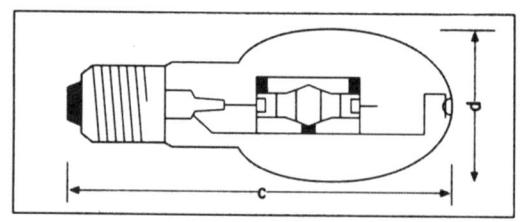

Figura 5.42

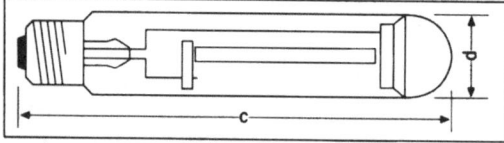

Figura 5.43

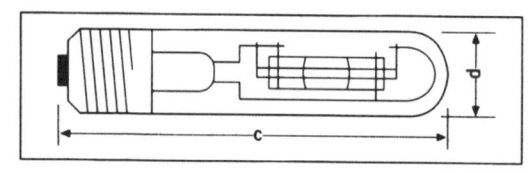

Figura 5.44

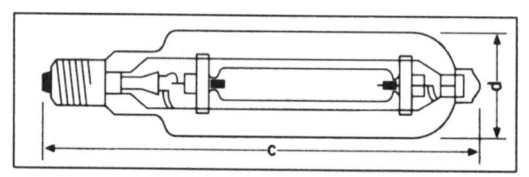

Figura 5.45

BIBLIOGRAFIA

ABNT — *Normas diversas para lâmpadas de descarga elétrica.*

ABNT — *Normas de reatores para lâmpadas de descarga.* NBR13593 e 13594. 1996.

ABNT — *NBR-5114 - Reatores para lâmpadas fluorescentes tubulares*

ABNT — *NBR IEC - 662- Vapor de sódio a alta pressão*

ABNT — *NBR IEC-928/929 - Reatores eletrônicos para lâmpadas fluorescentes tubulares*

Ervaldo Garcia Junior — *Luminotécnica.* Editora Érica Ltda.São Paulo.1996.

I.E.S. — *Electronic ballast design for gas discharge lighting.* PB-91.1995

I.E.S. — *Lighting handbook.* 8.ª edição, 1993

J. Lecorguillier — *Les tubes a décharge lumineuse et leurs appareillages.* Eyrolles, Paris, 1953

J. W. Van Schaik — *Nuevas fuentes de luz y sus aplicaciones.* Philips, Holanda, 1969

M. La Toisson — *Manual de alumbrado.* Ed. Paraninfo, Madrid, 1968

Meyer e Nienhuis — *Discharge Lamps.* Philips Technical Library. Holanda.1988

Sylvania, (GTE) — *Designers Handbook* - Light Sources. Danvers, 1980

Travessa A. — *Método de medição das caracteríslicas de ignitores p/lâmpadas sódio.* GE.1981

Thorn Lighting — *Technical Pocket Book,* London. 1996.

T.K.Mc Gowan — High pressure Sodium. ten years later, L. Design & Application - jan.1976.

W.E. Elembaas — *Light Sources,* Erane, Russak Co, 1972

W. Bommel — *Fifty years low-pressure sodium lighting,* I.E.S. Conference, Atlanta, 1982

W. Morton, Gaines Young — *Compact fluorescent lamp,* I.E.S. Conference, Atlanta, 1982

CAPÍTULO 5

APARELHOS DE ILUMINAÇÃO

Os aparelhos de iluminação, ou seja, as luminárias, são os equipamentos que recebem a fonte de luz (lâmpada) e modificam a distribuição espacial do fluxo luminoso produzido pela mesma. Suas partes principais são:

- o receptáculo para a fonte luminosa;
- os dispositivos para modificar a distribuição espacial do fluxo luminoso emitido pela fonte luminosa (refletores, refratores, difusores, colméias, etc.).
- a carcaça, órgãos acessórios e de complementação.

6.1 — RECEPTÁCULO PARA A FONTE LUMINOSA

Trata-se do elemento de fixação, que funciona como contato elétrico entre o circuito de alimentação externo e a lâmpada. Os mais comuns são os soquetes tipo rosca E 27 e E 40. Podemos também encontrar soquetes tipo baioneta, de pinos, tipo flange, cartucho, etc. A forma do dispositivo de fixação dependerá, exclusivamente, do tipo de lâmpada a ser empregada na luminária.

Normalmente as partes isolantes são construídas de porcelana vitrificada, sendo admissíveis, excepcionalmente no caso de fontes de reduzida potência, a utilização de material plástico. As partes condutoras deverão ser de latão, e as que possuem efeito de mola, de bronze fosforoso. No caso da utilização de lâmpadas de descarga elétrica, cujo processo de partida seja por sobretensões elevadas, especial cuidado deve-se tomar no isolamento elétrico do receptáculo.

Além da resistência à temperatura de funcionamento, deve-se verificar a estabilidade da fixação lâmpada/receptáculo quando a luminária estiver sujeita a intensas vibrações mecânicas, o que obrigará a utilização de soquetes tipo antivibratório.

6.2 — DISPOSITIVOS PARA MODIFICAÇÃO ESPACIAL DO FLUXO LUMINOSO EMITIDO PELA FONTE

São os sistemas que se destinam a orientar o fluxo luminoso da lâmpada na direção desejada. Poderão ser utilizados refletores, refratores, difusores, prismas, lentes e colméias.

6.3 — REFLETORES

Refletor é o dispositivo que serve para modificar a distribuição espacial do fluxo luminoso de uma fonte, utilizando essencialmente o fenômeno da reflexão especular. Os perfis de refletores mais utilizados são os circulares, os parabólicos, os elípticos e os de formas especiais normalmente assimétricos. Cada um deles possui sua aplicação específica, conforme a Fig. 6. 1.

Na Fig. 6.2 temos uma combinação de um refletor circular com um parabólico; na Fig. 6.3, uma luminária dotada de refletor elíptico; na Fig. 6.4 a combinação de um refletor plano com o circular; na Fig. 6.5, a combinação do refletor elíptico com o circular e, finalmente, na Fig. 6.6 um refletor assimétrico para luminária de iluminação pública.

Eles podem ser construídos de vidro ou plásticos espelhados, alumínio polido, chapa de aço esmaltada ou pintada de branco. O vidro espelhado, apesar de sua alta refletância, é pouco utilizado devido à fragilidade, ao peso elevado e ao custo. O alumínio polido é uma ótima opção, pois alia às vantagens da alta refletância (Tab.7.4) uma razoável resistência mecânica, peso reduzido e custo relativamente baixo. O polimento da chapa de alumínio poderá ser por processo mecânico (escova rotativa), químico ou eletroquímico. Esses dois últimos processos, apesar de exigirem maior tecnologia na produção, são os mais indicados, pois proporcionam superfícies de maior refletância. Depois de polido, o refletor de alumínio deve ser anodizado, em sua cor natural, o que provocará a formação sobre o mesmo de uma camada protetora transparente extremamente dura. Contudo a anodização do alumínio provoca dois inconvenientes: baixa sua refletância e diminui sua resistência ao calor. Quanto

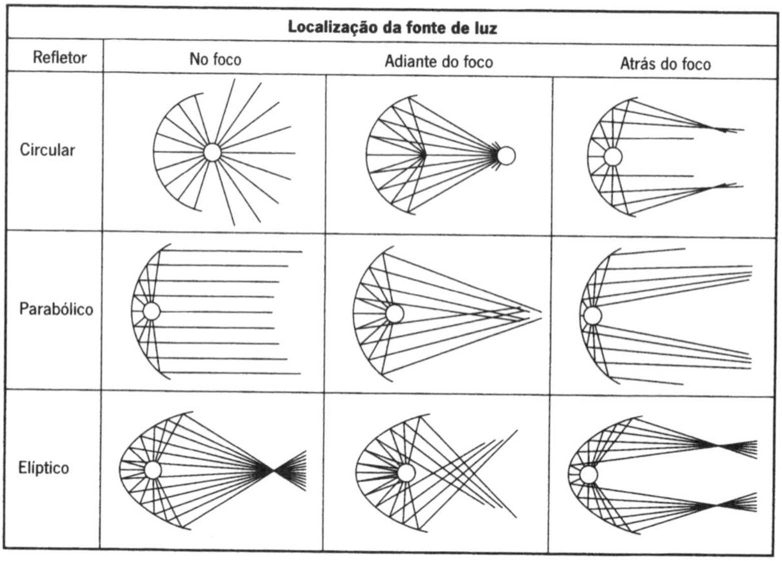

Localização da fonte de luz			
Refletor	No foco	Adiante do foco	Atrás do foco
Circular			
Parabólico			
Elíptico			

Figura 6.1 — Aplicações específicas dos perfis básicos dos refletores

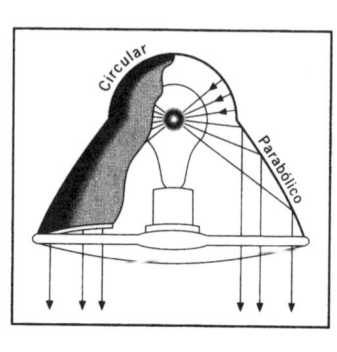

Figura 6.2
Luminária dotada de um refletor circular e um parabólico

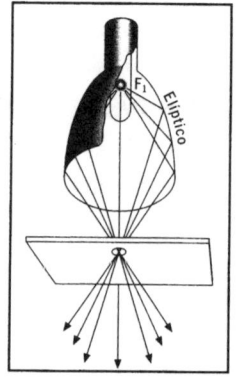

Figura 6.3
Aparelho de iluminação com refletor elíptico

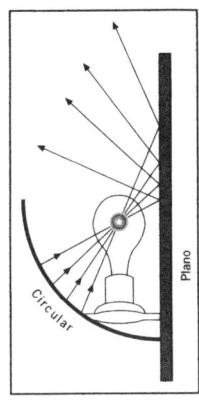
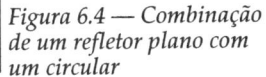

Figura 6.4 — Combinação de um refletor plano com um circular

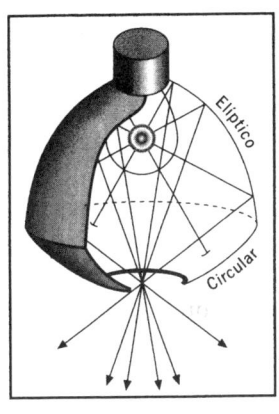

Figura 6.5 — Luminária dotada de refletores elíptico e circular

maior a espessura da camada de anodização, maior a perda de refletância e menor sua resistência à temperatura. Considera-se razoável uma espessura de 5 μm, o que corresponderá a uma perda de aproximadamente 3% na sua refletância e uma resistência à temperatura da ordem de 140°C. (Fig. 66). Muitos dos refletores atuais de elevado rendimento são construídos usando chapas pré-fabricadas de alumínio de alto brilho, fornecidas por firmas especializadas (Figs. 6.9 B e 9.11).

Outro processo de acabamento e proteção dos refletores é a cobertura vitrificada. Refere-se ao recobrimento superficial, através de uma película de sílica (espessura 20 μm) transparente, flexível, extremamente lisa, dos refletores de alumínio utilizados em aparelhos de iluminação, tendo em vista sua proteção contra agentes agressivos ambientais.

Com sua utilização o refletor de alumínio vitrificado terá:

1 — Boa resistência aos agentes agressivos.

2 — Maior facilidade de limpeza das peças e menor adesão de contaminantes, visto a superfície final ser extremamente lisa e não ser atacada pelos materiais de limpeza convencionais.

Os refletores de chapa esmaltada a fogo são indicados para luminárias de facho aberto, com distribuição ampla do fluxo luminoso e montadas em locais onde existam agentes agressivos. São extremamente resistentes à maioria dos agentes químicos, sendo contudo sua pintura extremamente frágil ao impacto.

Os refletores de chapa pintada são os mais baratos. Possuem uma refletância difusa e são utilizados especialmente na iluminação fluorescente (Fig. 6.9 C), instalados em locais onde não existam agentes extremamente agressivos.

Figura 6.6 — Sistema de tratamento químico de refletores de alumínio. Corresponde a um conjunto de 14 tanques dispostos em linha. Um conjunto de peças a serem tratadas é disposto em um rack que é mergulhado, através do movimento de um pórtico e de um guincho motorizados, nos diversos tanques do sistema (foto do autor).

6.3.1 — Projeto do perfil dos refletores

O projeto inicial do perfil dos refletores baseia-se nos princípios e leis da Ótica Geométrica. No caso em que a superfície fotométrica desejada seja de revolução, o projeto é relativamente simples; torna-se contudo extremamente complexo, no caso de luminárias assimétricas.

Deve-se levar em conta, no desenho do perfil, as dimensões da fonte luminosa, e verificar se a área externa da luminária é suficiente para dissipar a potência elétrica transformada em calor na lâmpada e nos equipamentos auxiliares anexos à luminária. O perfil do refletor deve ser estudado de tal forma que o fluxo luminoso e o calor refletidos evitem a lâmpada, para não serem reabsorvidos pelo bulbo. Isso é especialmente importante nas lâmpadas de vapor de sódio, que poderiam ter aumento excessivo na sua tensão elétrica de arco com a conseqüente diminuição de sua vida útil (Tabela 6.1).

11Tabela 6.1 — Influência da luminária sobre as lâmpadas vapor de sódio

Potência da lâmpada (W)	Máxima elevação admissível de tensão elétrica na lâmpada (V)
70	2
150	5
250	10
400	12

No caso de projetores, o refletor é normalmente um parabolóide de revolução, estando a fonte luminosa localizada em seu foco. Com isso, consegue-se um fluxo luminoso refletido dentro de um ângulo sólido de pequena abertura. Variações nessa abertura de facho são conseguidas deslocando-se a fonte luminosa sobre o eixo de revolução da parábola geratriz.

6.3.2 — O refletor de luz fria (dicróico)

O fenômeno da interferência luminosa produz-se quando um raio luminoso se reflete contra as duas superfícies de uma delgada camada transparente (Fig. 6.7). Como o raio refletido c percorreu maior distância que o raio b, entre ambos existirá uma diferença de fase ϕ.

Se a diferença de fase corresponde a um número par de meios comprimentos de onda de radiação ($\lambda/2$), as amplitudes da onda tendem a amplificar-se e, portanto, cresce a intensidade da luz refletida. Caso a diferença de fase corresponda a um número ímpar de $\lambda/2$, as amplitudes se atenuarão mutuamente, diminuindo a intensidade da luz refletida.

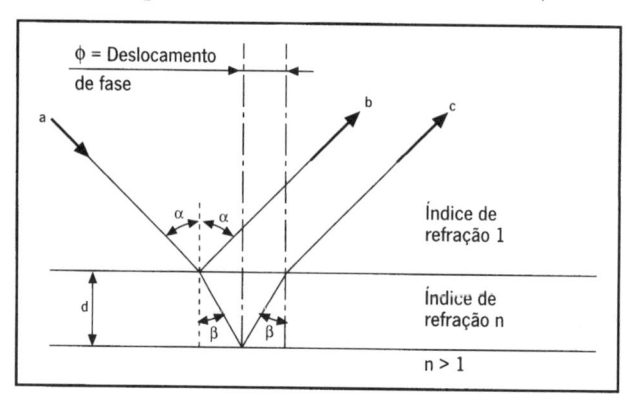

Figura 6.7 — Principio básico do "refletor de luz fria" (dicróico)

Além da diferença de fase, existe também um deslocamento de fase na superfície limitante, quando a reflexão se produz em uma substância de maior índice de refração. Caso a radiação incida verticalmente, a diferença de fase será de π radianos.

Para uma radiação incidente de faixa larga, onde estão presentes diversos comprimentos de onda, haverá valores de λ que sofrerão reflexão máxima e outros reflexão mínima. Caso várias camadas sejam superpostas (várias camadas delgadas de elevado índice de refração, separadas por camadas de baixo índice de refração), o fenômeno se tornará cumulativo. Consegue-se assim uma superfície ótica de elevada refletância para determinados valores de λ, e de elevada transmitância para os demais comprimentos de onda.

Utilizando-se camadas alternadas de sulfeto de zinco e fluoreto de magnésio, consegue-se um espelho refletor de luz visível com elevada transmitância ao calor (radiações de maior comprimento de onda). Tal espelho é utilizado em lâmpadas incandescentes especiais, onde a elevada radiação térmica seja um inconveniente (vide 4.7.1, Fig.4.8 e tabela 4.2C).

As lâmpadas fabricadas segundo esse princípio possuem refletores incorporados, produzindo um facho de luz refletida com 80 % menos de calor. Existem modelos aplicáveis em projetores de transparências e *spot lights* para aplicações específicas.

6.4 — REFRATORES E LENTES

São os dispositivos que modificam a distribuição do fluxo luminoso de uma fonte utilizando o fenômeno da transmitância. Em muitas luminárias esses dispositivos têm como finalidade principal a vedação da luminária, protegendo os órgãos internos contra poeira, chuva, poluição e impactos. É o caso das luminárias que utilizam vidro plano frontal temperado à prova de choques térmicos e mecânicos. Nesse caso, não existe modificação espacial do fluxo luminoso provindo do conjunto lâmpada-refletor.

Os prismas simples raramente são empregados. Nos aparelhos de iluminação podemos encontrá-los como placas compostas de várias unidades, formando um refrator (Fig.9.15).

Quando o número de prismas tende para infinito, temos uma lente. As luminárias comuns raramente empregam lentes devido a seu custo elevado. Elas são mais encontradas em projetores de facho estreito; *spot lights* para teatro, cinema e televisão; aparelhos de projeção, etc. Em muitas aplicações, utilizamos, por medida de economia, as lentes tipo *Fresnel* (Fig. 6.8).

Figura 6.8 — Aparelho para iluminação usado em teatro, cinema ou televisão, dotado de lente tipo Fresnel, com abertura de facho variável. (foto do autor).

Os refratores e lentes devem ser fabricados em vidro duro temperado, tipo borossilicato ou plásticos especiais, para suportarem os impactos mecânicos e esforços térmicos a que estarão submetidos. Deve-se verificar sua resistência às radiações ultravioletas (geradas pelas próprias lâmpadas ou provindas do exterior), que provocam amarelamento e trincas no material (Tab.6.2). Os refratores e lentes de vidro funcionam também como eficientes filtros protegendo o ambiente das radiações ultravioletas emitidas por alguns modelos de lâmpadas halógenas e de iodeto metálico.

Tabela 6.2 — Características de materiais usados em luminárias

A: Materiais para lentes, refratores e difusores

Material	Transmitância média (%)*	Resistência ao				Peso
		Envelhecimento	Impacto	Temperatura (ºC)	Choque térmico	
*Vidro	88	Ótima	Fraca	230	Fraca	Elevado
*Acrílico	92	Muito Boa**	Regular	70/100	Boa	Baixo
*Policabonato	87	Boa**	Elevada	135	Boa	Baixo

* Valores aproximados para uma lâmina de 3 mm de espessura.
** Com estabilização quanto ao ultravioieta proveniente da lâmpada ou do exterior.

B: Plásticos de engenharia

Material	Uso	Características
*PVC — cloreto polivinílico	Tampas, bases, componentes	Grande resistência mecânica e ao impacto. Resiste bem ao calor, temperatura e agentes atmosféricos quando estabilizado (anti UV). É auto – extinguível.
*Acrílico-Metacrilato de metila	Refratores e difusores	Transmitância luminosa muito elevada. Muito boa resistência aos agentes atmosféricos e maresia (c/ anti-UV).
*Policarbonato	Refratores,peças acessórios etc.	Muito elevada resistência mecânica. Elevada transmitância (luz), resistência ao calor e à chama. Auto – extinguível. Boa resistência a agentes atmosféricos (com anti UV).

6.5 — DIFUSORES E COLMÉIAS

Os difusores são elementos translúcidos, foscos ou leitosos, colocados em frente à fonte

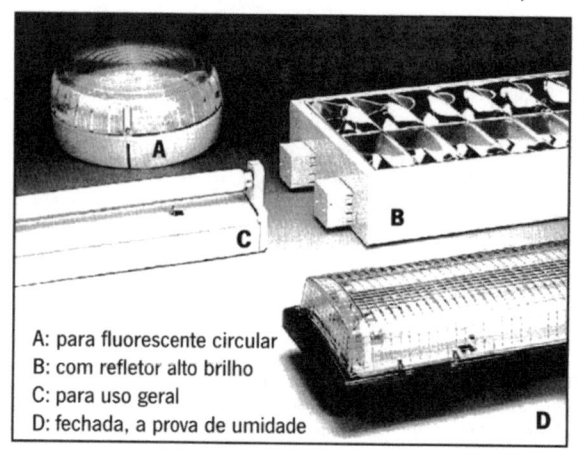

A: para fluorescente circular
B: com refletor alto brilho
C: para uso geral
D: fechada, a prova de umidade

Figura 6.9 — Quatro modelos de luminárias fluorescentes. Acima à esquerda: para lâmpada circular; acima à direita: com refletor de alto brilho; em baixo à esquerda: para uso geral; em baixo à direita: modelo à prova de umidade

Figura 6.10 — Luminária embutida, para lâmpadas dicróicas, com defletores para limitação de ofuscamento

de luz com a finalidade de diminuir sua luminância, reduzindo as possibilidades de ofuscamento. É o caso das placas de vidro fosco ou bacias de plástico acrílico ou policarbonato das luminárias fluorescentes. Podem também ser utilizados para conseguir-se um aumento da abertura de facho de uma luminária.

As colméias (grades) funcionam como refletores especulares (Fig.6.9B), como difusores, como defletores ou como absorvedores de fluxo luminoso disperso, quando se desejam luminárias com maior controle do facho luminoso ou em locais onde existam problemas de ofuscamento (Fig. 6.10).

6.6 — CARCAÇA, ÓRGÃOS DE FIXAÇÃO E DE COMPLEMENTAÇÃO

As estruturas básicas das luminárias podem ser construídas de diversos materiais. Nas luminárias fluorescentes, de projeto simplificado, a carcaça é o próprio refletor, de chapa de aço, com acabamento em tinta esmaltada branca (Fig. 6.9C). A espessura da chapa deverá ser compatível com a rigidez mecânica do aparelho. A pintura deve ser de boa qualidade, com fosfatização prévia, para melhor aderência e estabilidade.

Nas luminárias para uso ao tempo ou para funcionar em ambientes úmidos, dá-se preferência às carcaças de alumínio sob a forma de chapas e fundição ou plásticos de engenharia (Tabela 6.2B) devidamente estabilizados contra as radiações (Fig. 6.9D). Existem fortes restrições ecológicas à construção de estruturas de luminárias com poliéster reforçado com fibra de vidro (*fiber glass*) devido a dificuldade de sua futura reciclagem e sua baixa

Tabela 6.3 — Comparação alumínio × plástico reforçado nas luminárias

Nº	Característica	Plástico reforçado	Alumínio
1	Investimento no ferramental	Baixo	Médio
2	Poluição na fabricação	Alta	Média
3	Resistência a agentes químicos	Alta	Média
4	Condutibilidade térmica	Baixa	Alta
5	Peso da peça pronta	Baixo	Médio
6	Temperatura interna no trabalho	Alta	Baixa
7	Resistência às radiações UV	Baixa	Alta
8	Vida em ambientes normais	Média	Alta
9	O material é reciclável	Não	Sim
10	Aplicações típicas	Indústria naval	Aeronáutica
		Moveleira	Automóveis
		Piscinas	Construção civil

durabilidade quando expostas diretamente `as radiações externas (vide Tabela 6.3).

No caso de luminárias herméticas, à prova d'água e vapores, especial cuidado deve ser tomado em relação às juntas e gaxetas de vedação, no que tange à resistência às intempéries, à temperatura e ao envelhecimento. No caso das gaxetas dos sistemas de acesso às lâmpadas, é aconselhável a utilização de borracha de silicone.

As peças acessórias, parafusos, suportes, etc., poderão ser de alumínio, aço (protegido por galvanização eletrolítica seguida de bicromatização ou melhor, nas peças de maiores dimensões, galvanização a fusão), aço inox ou latão estanhado (em produtos a serem utilizados na orla marítima).

Deve-se evitar numa mesma luminária a utilização de materiais metálicos diferentes em contato íntimo, visto haver a possibilidade de corrosão eletroquímica quando a mesma é utilizada em ambientes úmidos, agressivos ou na área marítima.

6.7 — MANUTENÇÃO DO FLUXO LUMINOSO

A iluminância obtida sobre o plano de trabalho vai normalmente sendo diminuída com a vida da instalação. Essa depreciação do fluxo luminoso emitido pela luminária é devido entre outros fatores a:

- Depreciação da reflectância e transmitância da luminária.
- Penetração de poeira e outros agentes contaminantes no sistema ótico.
- Diminuição do fluxo luminoso das lâmpadas durante sua vida.
- Acúmulo de contaminantes sobre a parte externa da lente frontal.

  Para que se consiga uma melhor manutenção do fluxo luminoso das luminárias devemos:

- Nas luminárias abertas permitir uma aeração suficiente para que as correntes de convexão do ar arrastem consigo as partículas de poeira, mantendo o refletor mais limpo (Fig.6.11).

- Nas luminárias fechadas utilizar filtros nos pontos de aeração que permitam a *respiração* da luminária sem a entrada de contaminantes no sistema ótico. Para tal finalidade são aconselhados os filtros de carvão ativado (Item 6.8), bem mais eficientes que os de feltro ou de metal sinterizado.

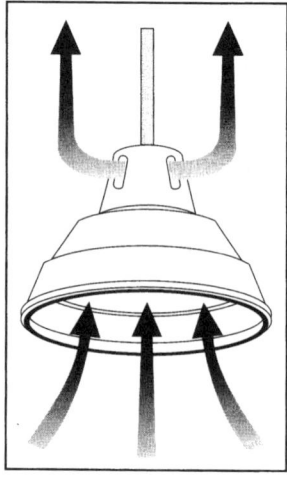

Figura 6.11 — Aeração de uma luminária aberta

6.8 — LUMINÁRIA COM FILTRO

Toda vez que uma luminária hermética é ligada, o ar dentro do conjunto ótico irá expandir-se, dirigindo-se para o exterior. Quando a luminária é desligada, o ar retorna à luminária, trazendo partículas de contaminação do ar e de gases agressivos.

Existem quatro tipos de filtros para minimizar esse problema: filtros de feltro de dracon, fibra de vidro, metal sinterizado poroso e carvão ativado.

Qualquer um deles pode impedir a entrada de partículas sólidas no conjunto ótico das luminárias. No entanto, a filtragem de elementos moleculares gasosos só é efetivamente obtida com filtros de carvão ativado. Estes gases são adsorvidos pelo carvão ativado, reduzindo sua concentração quando o ar é aspirado para dentro do conjunto ótico (Fig.6.12).

Uma luminária hermética típica, bem projetada fotometricamente, porém não filtrada, acumula contaminantes dentro do conjunto ótico que poderiam depreciar a emissão de luz, à razão de 4 a 5% ao ano, aproximadamente.

Testes realizados em laboratório indicam que uma luminária bem projetada, que incorpore um filtro de adsorsão de carvão ativado, tem uma depreciação no seu rendimento, devido a contaminantes internos, de 1 % ao ano em média.

O efeito do filtro, no rendimento do sistema de iluminação, pode ser melhor visualizado através da Fig. 6.13. A depreciação do fluxo luminoso da lâmpada é estimada em 6 % ao

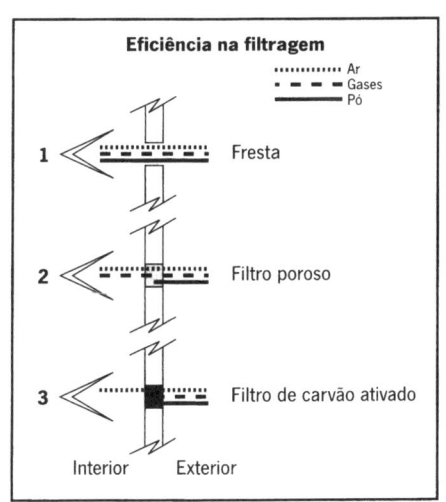

Figura 6.12 — Comparação da eficiência na filtragem (de 3 luminárias diferentes) com o uso de filtro de carvão ativado. À esquerda temos a parte interna da luminária. As setas indicam o sentido da circulação do ar contaminado vindo do exterior, quando a luminária é desligada.

Figura 6.13 — Fluxo luminoso produzido, durante 20 anos, por 3 luminárias diferentes, com lâmpadas vapor de sódio, substituídas de 4 em 4 anos. A= Fluxo luminoso médio emitido por uma luminária ideal durante 20 anos: 100% · B= Fluxo emitido por uma luminária fechada, tradicional, durante 20 anos: 64% C= Fluxo luminoso emitido por uma moderna luminária fechada, com filtro de carvão ativado, durante 20 anos: 83%

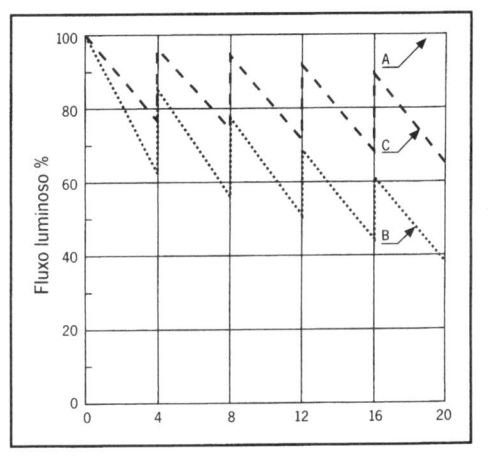

ano, aproximadamente. A depreciação do conjunto ótico é de 5% ao ano para luminárias sem filtro contra 1% para uma luminária com filtro de carvão ativado. A emissão total de luz da luminária, para cada ano de uso, será o produto dos fatores de depreciação dos lúmens emitidos pela lâmpada e pelo conjunto ótico.

Ao fim de cada período de 4 anos, tempo aproximado para troca de lâmpadas de descarga de alta pressão que funcionem 11 horas diárias, uma nova lâmpada é colocada e a luminária é limpa interna e externamente, aumentando-se assim a eficiência combinada do conjunto lâmpada/luminária, mas sem nunca chegar ao valor original.

Como vemos pela figura, num período de 20 anos ganhamos 30% em fluxo luminoso médio útil, usando uma luminária com filtro de carvão ativado.

6.9 — GRAUS DE PROTEÇÃO

6.9.1 — Graus de proteção contra agentes exteriores

Os equipamentos elétricos, e portanto as luminárias, devem ser construídos para suportar determinadas condições de trabalho em termos de penetração de corpos estranhos, vedação a insetos, poeiras, água e resistência a determinados impactos e danos mecânicos. Essas características, que dependem da utilização das luminárias, são definidas pelo seu *Grau de proteção IP (ingress protection)*. Consta de 3 numerais, variando de 0 a 9, que definem em ordem consecutiva os graus de proteção das diversas partes do equipamento em relação à penetração de corpos, a líquidos e sua resistência ao impacto (Tabela 6.4).

Tabela 6.4 — Graus de proteção: IPXXX * IEC 529

X	1º numeral (sólidos)	2º numeral (líquidos)	3.º numeral (mecânicos)
0	Não protegido	Não protegido	Não protegido
1	Acima de 50 mm	Água vertical	Choque 0,15kg — desde 0,15m
2	Acima de 12,5 mm	Chuva de 15⁰	
3	Acima de 2,5 mm	Chuva de 60⁰	Choque 0,25kg — desde 0,20m
4	Acima de 1,0 mm	Projeção de chuva	
5	Protegido ao pó	Jatos d'água	Choque 0,50kg — desde 0,40m
6	Estanque ao pó	Ondas do mar	
7		Imersão n'água	Choque 1,50kg — desde 0,40m
8		Submersão n'água __ m	
9			Choque 5,00kg — desde 0,40m

*Notas: É usual trabalhar só com os dois primeiros numerais (penetração de sólidos e líquidos)
             Verificar nas normas os detalhes dos critérios de avaliação dos resultados dos testes.

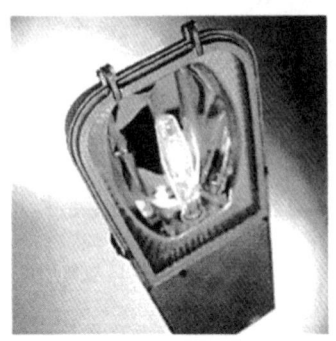

Figura 6.14 — Luminária PE 252 SRB para iluminação pública. Graus de proteção: IP 65 no conjunto ótico e IP 44 na caixa de equipamento (foto do autor).

No caso de luminárias que possuam mais de um compartimento (bloco ótico e caixa do equipamento auxiliar separados) deveremos definir os graus de proteção independentemente para cada bloco (Fig.6.14 e Tab. 6.5).

Tabela 6.5 — Exemplos de graus de proteção

Aplicação da Luminária (Uso)	Grau de proteção sugerido (*IP*)	
	Conjunto ótico	Caixa equipamento
* Industrial (lum. aberta)	01	51
* Industrial (lum. fechada)	51	51
* Pública (lum.aberta)	03	33
* Pública (lum. fechada)	54	33
* Plataformas (petróleo)	66	66
* Naval (uso exterior)	66	66

Nota: Nesta tabela, por motivos de simplificação, só foram indicados IP para penetração de sólidos e líquidos.

Todo cuidado deve ser tomado na correta especificação de luminárias para trabalho em ambientes contaminados com gases, vapores, pós, poeiras e grãos explosivos (Fig. 6.15). Nesses casos é conveniente consultar as companhias de seguro. Os locais *Classe I, Divisão* I devem usar luminárias à prova de explosão (Fig.6.16 e 7.14).

ILUMINAÇÃO A PROVA DE GASES E VAPORES
NFPA: National Fire Protection Association
NEC: National Electrical Code

	CLASSE I	CLASSE II	CLASSE III
CLASSE	Gases e vapores explosivos e inflamáveis	Pós e poeiras explosivos, Inflamáveis, condutoras	Grãos explosivos
	DIVISÃO I		**DIVISÃO II**
DIVISÃO	São os locais sempre perigosos		São os locais perigosos ocasionalmente
GRUPOS	A B C D	E F G	

A = acetileno
B = hidrogênio
C = Etileno, ciclopropano
D = Hexano, propano, gasolina, benzeno, acetona, butano

E = poeira de metais (Al, Mg, etc.)
F = coque, carvão e similares
G = farinhas, amido e similares

Figura 6.15

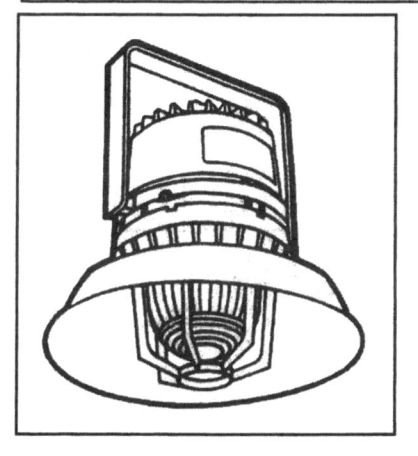

Figura 6.16 — Luminária blindada

6.9.2 — Classe de proteção elétrica

Os equipamentos energizados devem assegurar a proteção dos indivíduos contra os choques e acidentes elétricos. Por esse motivo eles podem ser construídos segundo 4 classes de proteção de seu isolamento elétrico (Tab. 6.6).

Tabela 6.6 — Classes de proteção contra contatos elétricos

Classe	Características:
0	A proteção recai exclusivamente sobre o isolamento principal. Não possui borne para aterramento.
I	A proteção recai exclusivamente sobre o isolamento principal. Possui borne para aterramento bem identificado.
II	Possui duplo isolamento ou isolamento elétrico reforçado. Não incorporam bornes de aterramento. É uma opção à Classe I em locais de aterramento precário.
III	Neste caso, por segurança, as luminárias são alimentadas em tensões bem reduzidas (abaixo de 50V).

6.10 — MANUTENÇÃO DAS LUMINÁRIAS

A manutenção das luminárias corresponde a importante parcela dos gastos de um sistema elétrico. Em muitos casos, além dos custos diretos de manutenção, temos os indiretos pela redução do nível de produção. Na iluminação pública, por exemplo, o custo da mão-de-obra de troca de uma lâmpada corresponde ao preço de diversas lâmpadas. Em muitos galpões indústriais o acesso às luminárias é proporcionado pelas pontes rolantes que, fazendo parte do processo de produção, não estão normalmente disponíveis. Daí ser aconselhada a troca rápida, total da luminária, sendo sua manutenção executada posteriormente no laboratório (Figs. 6.17, 6.18 e 6.19)

Figura 6.17 — Manutenção de luminárias com uso de suspensão antivibratória com gancho e tomada

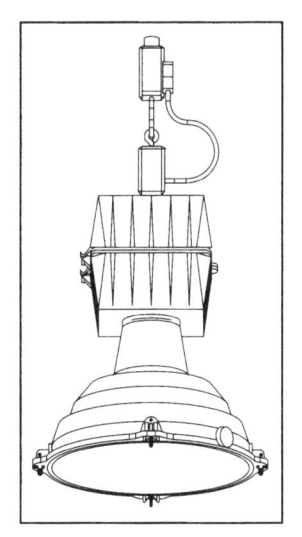

Figura 6.18 — Luminária industrial IFIB252 para lâmpadas vapor de sódio ou iodeto metálico de 250W com caixa de equipamento auxiliar e suspensão antivibratória (cortesia Tecnowatt)

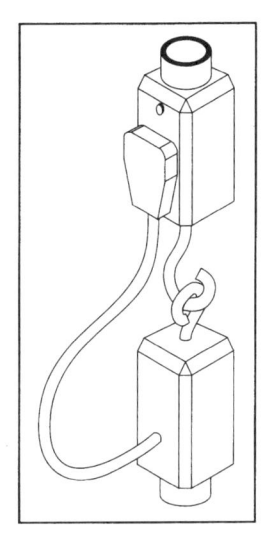

Figura 6.19 — Suspensão antivibratória com tomada de 3 pinos (2 fases+aterramento)

BIBLIOGRAFIA

ABNT/IEC 598 Parte1 — *Luminárias requisitos gerais e ensaios*.1997

ABNT/IEC 598 Parte2.3 — *Luminárias p/ iluminação pública. Requisitos*.1996

ANSI — C 136.31-19 — *Luminaires Vibration.*

ABNT — *NBR 9243 — Alumínio e suas ligas - tratamento de superfície.*

ABNT — *NBR IEC 598 Parte 2.5 - Projetores*

IEC — *Manual d'éclairage.* Diffusion Gamma, Bélgica, 1969

G.E. — *Floodlighting manual. Catálogo* 6175

G.E. — *Product Application Guide.* GE Lighting System, Hendersonvile. N.C., 1985

I.E.S. — *Design of light control.* Publicação LM17

I.E.S. — *Guide to design of light control.* Illuminating Engineering Society, New York, 1970

I.E.S. — *Lighting handbook.* 8ª edição, 1993

J. Frier, M. Frier — *Industrial Lighting Systems,* McGraw Hill Book, 1980

Philips - *Manual de Iluminación. 5.ª edição.* Buenos Aires. 1995

Rausch Sérgio M. — *Atmosferas explosivas: Os equipamentos e a instalação,* Revista Eletricidade Moderna, nov.1987

Sylvania (GTE) — *Designers Handbook,* Danvers, 1980

W.B.Elmer — *The optical design of reflectors,* John Wiley Sons, New York, 1980.

CAPÍTULO 7

ILUMINAÇÃO DE INTERIORES

Iluminação de interiores é a instalação executada para iluminar artificialmente locais fechados, tais como residências, lojas, escritórios, galpões industriais, etc. A iluminação de espaços abertos, campos esportivos, fachadas e monumentos, devido a suas particularidades, será estudada no Capítulo 8. Da mesma forma, a iluminação de ruas, avenidas e túneis, denominada iluminação pública, fará parte de um capítulo especial. Os conceitos básicos, contudo, são comuns, motivo pelo qual este capítulo e os dois seguintes deverão ser estudados em conjunto.

Nos projetos devemos procurar:

- Boas condições de visibilidade
- Boa reprodução das cores
- Economia de energia elétrica
- Facilidade e menores custos de manutenção
- Preço inicial compatível
- Utilizar iluminação local de reforço
- Combinar iluminação natural com a artificial

7.1 — CONDIÇÕES A REALIZAR EM UM PROJETO DE ILUMINAÇÃO

Na execução de um projeto de iluminação deveremos ter em mente os fatores destacados a seguir.

a) Obter um nível de iluminância no local, de acordo com a utilização do ambiente. Para isso existem normas técnicas brasileiras e internacionais que orientarão o projetista.

Esses valores são orientativos, pois variam bastante com as normas técnicas regionais. Também a idade média dos ocupantes de um recinto influenciará a determinação de seu nível de iluminância. Conforme pesquisas realizadas (Weston e Fortuin), verifica-se que, se um homem de quarenta anos realiza uma tarefa de leitura com 200 lux, uma criança só necessita de 30 % desse nivel, um jovem de 20 anos de 50 %, e um homem de 60 anos de 500% de seu valor básico.

O nível recomendado varia, também, com a duração do trabalho sob iluminação artificial, devendo ser mais elevado para as longas jornadas. Deve-se lembrar também que nossos olhos não distinguem, na realidade, níveis de iluminância, mas sim luminâncias. O papel branco deste livro tem maior luminância que suas letras, mas ambos estão sob um mesmo nível de iluminância. Essa diferença de luminâncias, que permite a visão das letras por meio de contraste, deve-se à diferença entre as refletâncias espectrais do papel e das letras. Portanto o fenômeno da visão é muito mais preciso quando estudado sob a forma de luminâncias. Contudo, na prática, ainda se dá preferência ao conceito de nível de iluminância, pois sua medida pode ser executada com maior facilidade e segurança (com luxímetros), ao passo que a medição de luminâncias exige maior técnica, equipamentos mais caros e complexos (luminancímetros), resultando muitas vezes em erros grosseiros nos resultados (veja o Cap. 3).

Tabela 7.1 — Alguns exemplos de Níveis de Iluminância recomendados (resumo da Norma Brasileira NBR 5413 da ABNT)

Local a iluminar		Iluminância (lux)
* Bancos:	atendimento, contabilidade, guichês, gerência	300/500/750
	Saguão, recepção, cantinas	100/150/200
* Escolas:	Salas de aula e de trabalhos manuais	200/300/500
	Salas de desenho	300/500/750
* Garagens:	Oficinas	150/150/300
	Bancadas, hangares, manutenção de motores	300/500/750
* Hoteis:	Corredores,escadas, geral, restaurantes	100/150/200
	Recepção, lanchonete	150/200/300
* Teatros:	Auditórios, salas de espera, platéia	100/150/200
	Tribuna	300/500/750

Notas: Valores da iluminância média no plano de trabalho ou a 0,75m do piso.
O valor mais elevado é para trabalhos visuais críticos, de alta produtividade e precisão; o valor mais baixo é para tarefas ocasionais em baixas velocidades.

b) Procurar obter uma distribuição razoavelmente uniforme das iluminâncias nos planos iluminados. O valor do fator de uniformidade (relação entre a menor e a maior iluminância obtidas no local) mínimo necessário dependerá da utilização a ser feita do local iluminado. Nas aplicações gerais de iluminação interior, o fator de uniformidade deverá ser superior a 0,33. Se existe combinação de iluminação local (para um pequeno trecho do ambiente) com a geral, o fator de uniformidade entre ambas deve ser superior a 0,2.

c) Evitar o deslumbramento das pessoas que se utilizam do local. O deslumbramento é a impressão de mal-estar que o olho humano experimenta quando recebe fluxo luminoso de uma fonte de alta luminância. Sua conseqüência imediata é a perturbação da capacidade visual do indivíduo, sendo capaz de dificultar e mesmo impedir a função visual perfeita. É uma conseqüência direta das diferenças de luminância. Para que seja evitado, devemos evitar fontes de luz de grande potência no ângulo de visão das pessoas. Isso é conseguido elevando-se a altura das luminárias ou colocando-se colméias e grades antiofuscantes nas mesmas. Deve-se, também, limitar as diferenças de iluminância entre diversas partes do campo visual humano aos seguintes valores:

entre tarefa visual e superfície de trabalho, 3:1
entre tarefa visual e espaço circundante, 10:1
entre fonte de luz e fundo, 20:1
máxima diferença no campo visual, 40:1

d) Obter uma correta reprodução das cores dos objetos e ambientes iluminados. Como já vimos anteriormente (Cap. 1), a impressão da cor de um objeto depende da composição espectral da luz que o ilumina, de suas refletâncias espectrais e do sentido da visão humana. Portanto a cor não é exatamente uma propriedade fixa e permanente em um objeto, mas o que se enxerga como cor é o fluxo luminoso refletido pelo mesmo. Um objeto verde só será verde, para um observador, se o fluxo luminoso incidente contiver radiações verdes que possam ser refletidas pelo mesmo em direção a este observador.

O sentido da visão se adapta à cor da luz e tem a tendência de considerá-la como branca ainda que isso seja uma anomalia. Depois de algum tempo em um quarto iluminado com luz azul, nós enxergaremos uma luz branca provinda de uma janela, como alaranjada e a própria luz do quarto como branca.

Portanto, todo cuidado deve ser tomado na escolha criteriosa das fontes de luz para que o ambiente não fique com suas cores deformadas e a decoração prejudicada pela iluminação artificial.

Quando desejamos uma correta reprodução das cores, devemos utilizar fontes de luz de elevado *índice de reprodução de cores* (Vide itens 2.10 e 2.11). A Tabela 7.2 nos indica os *índices de reprodução de cores* mínimos recomendados para diversas aplicações da iluminação.

Tabela 7.2 — Índices mínimos de reprodução de cores

Reprodução de cor desejada	Índice	Temperatura de cor (K)	Exemplos de recintos
* Excelente	90	6000 a 7500	Indústrias têxtil, de tintas e gráfica
		4000	Museus, indústria gráfica, galerias
* Boa	80	4000	Escritórios, *malls*, lojas
		3000	Salas de reunião, residências
* Razoável	60	—	Corredores, escadas, trabalho mais pesado
* Muito baixa	—	—	Iluminação pública, indústrias de fundição/laminação, depósitos de sucata, cais de porto, áreas abertas, canteiro de obras.

e) Escolher com critério os aparelhos de iluminação e o tipo de lâmpada a ser empregado para que se verifiquem as condições anteriores de uma forma econômica, e que essas condições não se degradem sensivelmente com o tempo.

f) Lembrar que a iluminação é parte de um projeto global, devendo se harmonizar com o mesmo. Ela define, em muitos casos, as características de um ambiente: se ele é alegre ou circunspecto, frio ou quente, comercial ou íntimo. Deverá também acentuar suas qualidades, valorizando-as ao máximo. Nas residências, restaurantes, butiques e salas de espera, tem função especificamente decorativa, ao passo que, nos escritórios, fábricas, escolas e locais de trabalho, procura-se o máximo de funcionalidade.

Em suma, ao se projetar a iluminação de um ambiente, não se deve levar em conta unicamente os aspectos quantitativos, mas também os qualitativos, de modo a criar uma iluminação que responda a todos os requisitos que o usuário exige do espaço iluminado.

7.2 — CLASSIFICAÇÃO DOS SISTEMAS DE ILUMINAÇÃO

As luminárias para iluminação interior são classificadas pela Comissão Internacional de Iluminação em cinco tipos, conforme a distribuição espacial do fluxo luminoso por elas emitido, acima e abaixo de um plano horizontal passando pelo seu centro (Fig. 7.1).

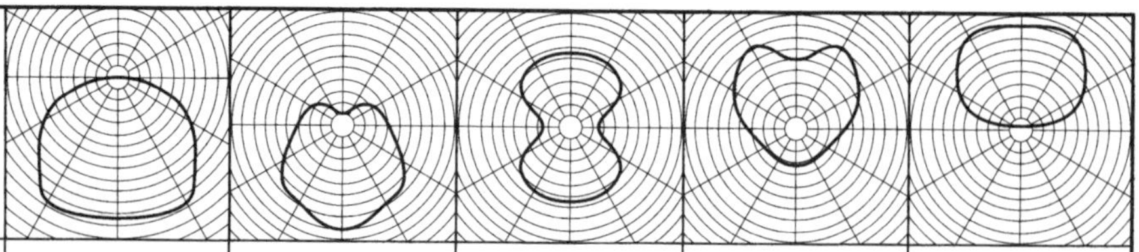

Diversos sistemas de iluminação	Curva fotométrica					
	Classificação	Direta	Semi-direta	Mista	Semi-indireta	Indireta
	Distribuição do fluxo luminoso (%) — Para o semi-espaço superior	0 – 10	10 – 40	40 – 60	60 – 90	90 – 100
	Para o semi-espaço inferior	100 – 90	90 – 60	60 – 40	40 – 10	10 – 0

Figura 7.1 — Classificação das luminárias para iluminação interior

Como vemos, na iluminação direta, o fluxo luminoso proveniente das luminárias é especialmente orientado para o campo de trabalho. É o sistema que proporciona melhor rendimento da iluminação, mas é também o mais sensível à ocorrência de deslumbramento e de um baixo fator de uniformidade.

Na iluminação indireta, o fluxo luminoso emitido pela luminária só atingirá o plano de trabalho depois de refletido pelo teto ou paredes do ambiente. É o sistema que possui menor rendimento, mas que, em certas condições, poderá apresentar efeitos decorativos. Nesse caso, o teto e as paredes adjacentes deverão possuir alta refletância.

Os sistemas semidireto e misto reúnem um bom rendimento, boa apresentação e resultados normalmente mais favoráveis na iluminação comercial.

7.3 — LOCALIZAÇÃO DAS LUMINÁRIAS

A quantidade de luminárias a serem empregadas será determinada pela distância máxima permitida entre as mesmas, o que é função de sua curva fotométrica, da altura de montagem em relação ao plano de trabalho e do fator de uniformidade a ser obtido. Normalmente o plano de trabalho, quando indefinido na aplicação específica do local, é tomado como sendo a 0,80 m do piso. A distância entre uma luminária e a parede adjacente deverá ser igual ou menor à metade da distância entre duas luminárias (Fig. 7.2).

Para a correta localização das fontes de luz, devemos ter em mãos as plantas arquitetônicas de concreto armado, das tesouras (no caso de galpões industriais) e de detalhes do local a ser iluminado. Sempre que possível, a disposição das luminárias deverá ser simétrica, pois facilitará a obtenção de um bom fator de uniformidade.

Por motivos econômicos, é sempre preferível a utilização do menor número possível de luminárias de maior potência, desde que as distâncias entre as mesmas não ultrapassem um máximo permissível. Na Fig. 7.2, temos vários exemplos de disposições de luminárias em iluminação de interiores. Nesses casos, as linhas tracejadas indicam o vigamento do concreto armado.

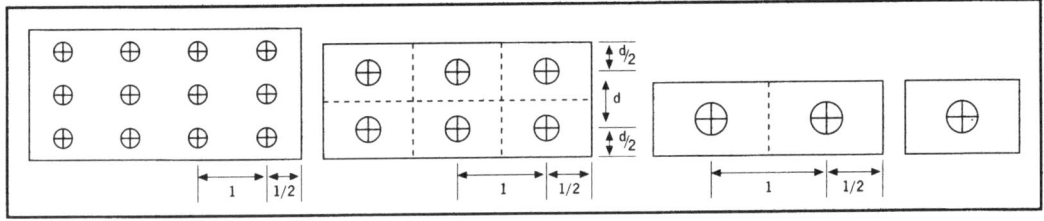

Figura 7.2 — Disposições típicas de montagem para luminárias de iluminação interior

Além das disposições sugeridas podemos encontrar luminárias formando:

- *linhas longitudinais* — que contribuem para uma sensação de maior profundidade do ambiente;
- *linhas transversais* — dão a sensação de maior largura ao local;
- *linhas irregulares* — sistema utilizado quando vigas e colunas impedem as soluções tradicionais;
- *teto luminoso* — nesse caso, todo o teto do ambiente é revestido com material translúcido ou com colméias. O próprio teto se transforma em uma única luminária, e temos uma fonte de baixa luminância e um ótimo fator de uniformidade. São complexas sua execução e manutenção e seu custo elevado;
- *sancas, sanefas e cornijas* (Fig. 7.3) — são sistemas de iluminação indireta, de baixo rendimento, que poderão ser utilizados para realçar determinados locais, paredes e cortinas.

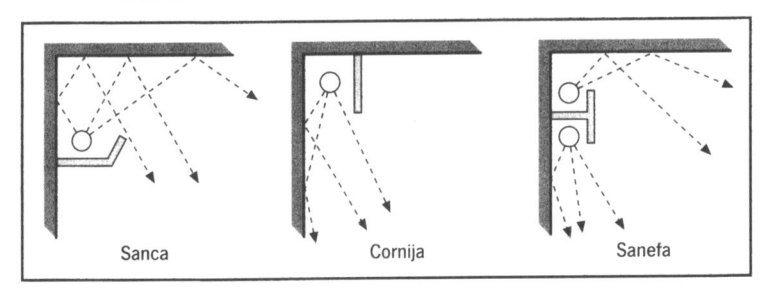

Figura 7.3 — Luminárias utilizadas na iluminação indireta

7.4 — ILUMINAÇÃO RESIDENCIAL

Numa residência, o projeto deve levar em conta especialmente o fator decoração do ambiente. As soluções são, pois, essencialmente pessoais, dependendo do arquiteto, do proprietário ou de sua esposa.

Nas salas de estar, dormitórios, corredores e quartos de banho, os níveis de iluminância não precisam ser elevados, devendo o projetista prender-se bastante à harmonia da iluminação com a arquitetura e a decoração (Figs. 7.4, 7.5 e 7.6). Para essas finalidades, está bastante difundida a utilização de luminárias de iluminação direta, que orientam o fluxo luminoso para a região a iluminar.

É sempre interessante, por questões de flexibilidade, colocarem-se vários focos de luz no ambiente, para se obter uma iluminação específica para cada atividade que se realize no local (Fig. 7.7). Já na iluminação de cozinhas (Vide Fig.6.9A), salas de estudo ou de costura (Fig.6.9B) é necessário que se proceda a uma análise mais rigorosa, visto a natureza dos trabalhos que se realizam nesses locais (Tabela 7.3).

Figura 7.4 — *Luminária de iluminação direta, decorativa, para iluminação residencial*

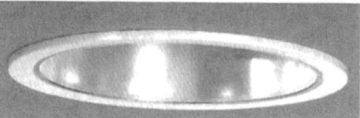

Figura 7.5 — *Luminária para embutir no teto com 2 lâmpadas fluorescentes compactas*

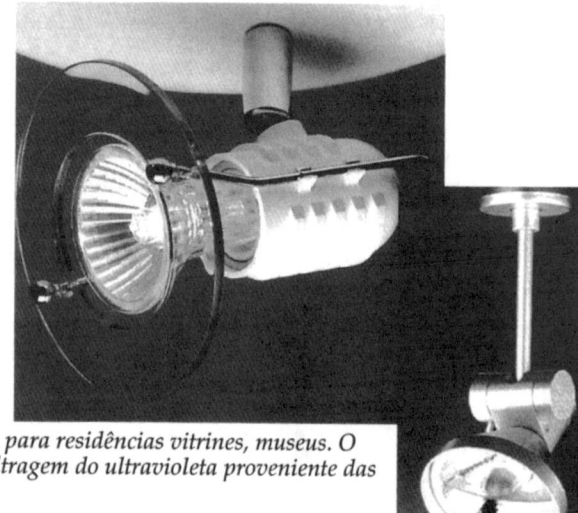

Figura 7.6 — *Luminárias de iluminação direta para residências vitrines, museus. O modelo à esquerda possui vidro frontal para filtragem do ultravioleta proveniente das lâmpadas halógenas.*

Figura 7.7 — *Iluminação residencial. No teto, luminária para iluminação geral do ambiente e, dos lados do sofá, luminárias com fluorescentes compactas (foto do autor)*

Tabela 7.3 — Iluminação residencial

Níveis de iluminância recomendadas
Salas de estar, dormitórios, quartos de banho (geral): 150 lux Cozinhas (fogão, mesa, pia), espelhos (penteadeira, banheiro): 250 - 500 lux Mínimo recomendado para ambientes não destinados ao trabalho: 100 lux

Entre as lâmpadas mais aconselhadas para iluminação residencial, temos as incandescentes, devido ao menor custo inicial da instalação, melhor reprodução das cores, maior facilidade na escolha de luminárias (grande quantidade de opções) e maior versatilidade no caso de modificações no projeto de decoração (vide item 4.7.1). As incandescentes halógenas são interessantes na iluminação das partes sociais das residências mais sofisticadas e as fluorescentes compactas (Fig.7.5) são opção às incandescentes, onde se procura economia de energia elétrica e de manutenção. Nos locais de trabalho constante (cozinhas, salas de estudo, etc.), pode-se optar pela iluminação fluorescente convencional, devido a sua maior eficiência luminosa e a maior vida das lâmpadas.

7.5 — ILUMINAÇÃO COMERCIAL E ADMINISTRATIVA

Sob esse título, englobamos a iluminação de escritórios, lojas, bancos, escolas, repartições públicas, etc. É o campo ideal para a utilização da iluminação fluorescente (Fig. 7.8).

Nesses locais, devido ao fato de as instalações funcionarem várias horas por dia, é muito importante a alta eficiência das lâmpadas fluorescentes, o que corresponde a grande economia na energia elétrica consumida. Por outro lado, sendo fontes de baixa luminância, permitem mais fácil controle do deslumbramento. Em locais onde se instalará ar condicionado, é inaceitável a utilização de lâmpadas incandescentes, devido `a sua grande produção de calor. As luminárias deverão ser simples, funcionais, de alto rendimento (refletores de alumínio de alto brilho), fácil limpeza e manutenção (Fig.6.9B). As lâmpadas deverão ser montadas nas luminárias através de suportes antivibratórios, que impeçam o movimento dos tubos com as possíveis trepidações do local. Os reatores, provavelmente eletrônicos, deverão ser montados em contato direto com a parte metálica da luminária, que deverá possuir boa ventilação. Nos escritórios, escolas e locais silenciosos, deve-se verificar com cuidado o nível de ruído dos reatores que poderá prejudicar o rendimento do trabalho.

Na iluminação geral de lojas, dá-se também preferência às lâmpadas fluorescentes montadas em aparelhos mais decorativos. Nos locais onde sejam importantes os fatores *nível de iluminância e correta reprodução de cores,* deve-se dar preferência às lâmpadas com tecnologia trifósforo. Na iluminação de vitrines, poderão, em muitos casos, ser utilizadas com sucesso as lâmpadas incandescentes halógenas, de alto efeito decorativo para realçar

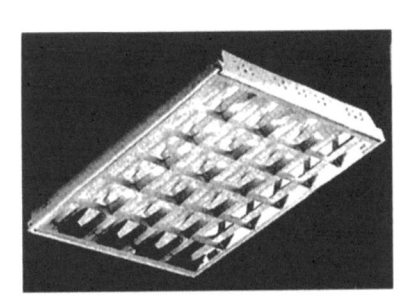

Figura 7.8 — Luminária fluorescente, para iluminação comercial

determinado produto (Fig. 7.6). Não esquecer a grande opção que temos na iluminação de lojas e vitrines com as lâmpadas de iodeto metálico de baixa potência (70 a 150W).

7.6 — ILUMINAÇÃO DE FÁBRIC AS

A iluminação de fábricas exige um estudo cuidadoso das diversas soluções possíveis, de forma a se escolher a mais econômica. Instalação econômica não quer dizer, necessariamente, a de menor custo inicial, pois aos custos de instalação deverão ser somados os de manutenção, reposição e energia elétrica consumida.

Nas indústrias cujos galpões sejam de altura pequena (3 a 4 m), caso típico de indústrias de montagem eletrônica, seções de controle de qualidade, micromecânica de precisão, etc., as lâmpadas fluorescentes são as mais indicadas (Fig. 7.9). No caso de indústrias com galpões de alturas maiores (iluminação acima de 5m do plano de trabalho), as lâmpadas de vapor de sódio ou iodeto metálico poderão ser indicadas (Figs. 7.10 e 7.11). Em casos de grandes alturas de montagem e onde não se dê importância ao fator reprodução de cores, deverá ser estudada a utilização das lâmpadas de vapor de sódio de alta pressão, para economia de energia elétrica e de manutenção.

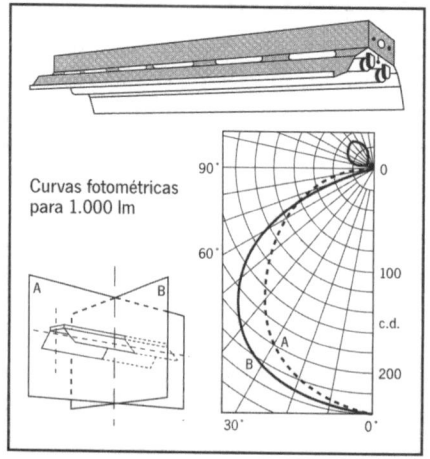

Figura 7.9 — Luminária fluorescente para iluminação industrial

Figura 7.10 — Iluminação de um galpão industrial com lâmpadas de vapor de sódio de 400 W (foto do autor).

Figura 7.11 — Galpão industrial iluminado com lâmpadas de iodeto metálico para melhor reprodução de cores

Figura 7.12 Luminária industrial fechada IFIB 251 com filtro de carvão ativado (cortesia Tecnowatt).

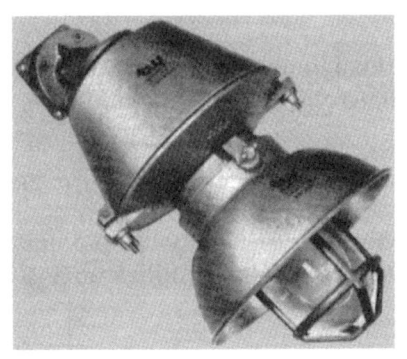

Figura 7.13 — Arandela à prova
de tempo e pó (foto do autor).

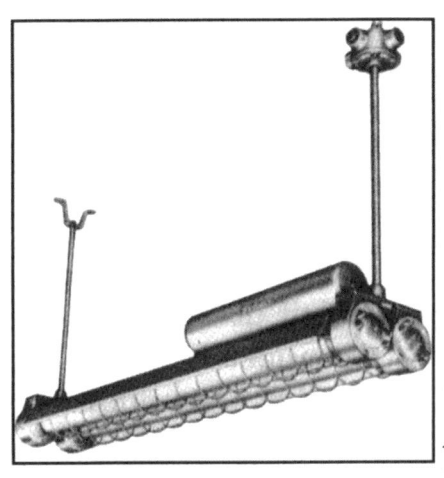

Figura 7.14
Luminária
fluorescente à
prova de explosão

Geralmente os galpões industriais são locais com maior nível de poeira e contaminantes, motivo pelo qual são preferíveis as luminárias fechadas e dotadas de filtro de carvão ativado (Fig. 7.12).

Nos casos de poeira excessiva e vapores são indicadas as luminárias herméticas (Fig. 7.13) ou as à prova de explosão para ambientes com gases, poeiras e vapores explosivos como os encontrados nos depósitos de carvão e na indústria petroquímica (vide 6.9.1 e Figs. 6.16 e 7.14).

7.7 — PROCESSOS DE CÁLCULO

Para o cálculo da iluminação, poderemos utilizar vários processos. Cada um deles se enquadra melhor em um determinado tipo de problema. Nos Caps. 8 e 9, estudaremos os especificamente utilizados na iluminação por projetores e na iluminação pública.

No caso da iluminação de interiores, utiliza-se normalmente o processo do fluxo luminoso (com utilização de tabelas). Quando seja necessária uma precisão maior podemos utilizar métodos de cálculo mais evoluídos, através das curvas de distribuição das intensidades luminosas das luminárias, como o visto no Item 8.3.2. Nesse caso de cálculo de iluminâncias de interiores, pelo *Método ponto por ponto,* as luminárias serão focalizadas na vertical para o ponto $x_0 = y_0 = 0$ (vide 8.3.2 e Fig. 10.3).

7.8 — MÉTODO DO FLUXO LUMINOSO

7.8.1 — Introdução

No cálculo da iluminação de interiores, emprega-se normalmente o *método do fluxo luminoso,* que nos fornece o valor do fluxo luminoso emitido pelas fontes, necessário para proporcionar determinado nível de iluminância média no plano útil de trabalho.

Consideremos a Fig. 7.15, que representa um corte de uma sala onde a superfície útil a ser iluminada é o plano da mesa, situado a 0,8 m do piso. A iluminância média (E) sobre a mesa será

$$E = \varphi_2 / S \; lux \tag{7.1}$$

onde φ_2 é o fluxo luminoso que incide sobre a superfície de trabalho considerada (mesa), em lm e S a área da superfície de trabalho (m^2).

As lâmpadas instaladas na luminária produzem um fluxo luminoso total φ. Somente parte desse fluxo sai realmente da luminária (ϕ_1). A relação η é o rendimento da luminária, tal que

$$\eta = \varphi_1 / \varphi \qquad (7.2)$$

A relação (Fig. 7.15) entre o fluxo luminoso (φ) produzido pelas lâmpadas e o que realmente atinge a superfície de trabalho (φ_2), é o que chamamos de fator de utilização (F_u), sendo

$$F_u = \frac{\text{fluxo luminoso que incide sobre o plano de trabalho } (\varphi_2)}{\text{fluxo luminoso total emitido pelas lâmpadas } (\varphi)} \qquad (7.3)$$

Substituindo em (7.1) os valores das Eqs. (7.2) e (7.3), teremos o valor da iluminância inicial sobre a superfície de trabalho.

$$E = \varphi_2 / S = F_u \, \varphi / S \qquad (7.4)$$

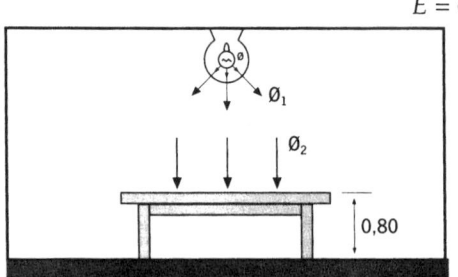

Figura 7.15

A iluminância real na superfície de trabalho é normalmente inferior a calculada por essa expressão, devido a vários fatores tais como: temperatura ambiente, que influenciará no fluxo luminoso produzido pelas lâmpadas de descarga; qualidade do equipamento auxiliar das lâmpadas, que poderá fornecer, às mesmas, condições não-ideais de funcionamento; depreciação da refletância da luminária com seu envelhecimento; envelhecimento das superfícies (paredes) do aposento com o acúmulo de poeira sobre as mesmas; lâmpadas queimadas; depreciação do fluxo luminoso das lâmpadas com a sua vida; acúmulo de pó sobre as luminárias, etc.

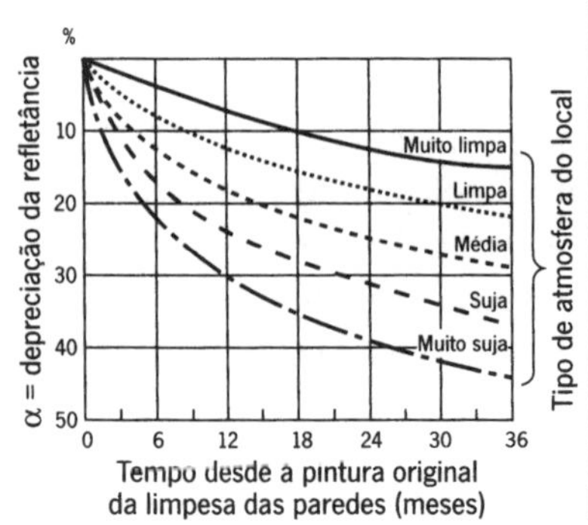

Depreciação da refletância (%)	Tipo de distribuição da luminária											
	Direta				Mista				Indireta			
$\alpha \to 10$	10	20	30	40	10	20	30	40	10	20	30	40
	Fator de depreciação das superfícies F_{ds}											
1–	,98	,96	,94	,92	,94	,87	,80	,76	,90	,80	,70	,60
2–	,98	,96	,94	,92	,94	,87	,80	,75	,90	,80	,69	,59
3–	,98	,95	,93	,90	,94	,86	,79	,74	,90	,79	,68	,58
4–	,97	,95	,92	,90	,94	,86	,79	,73	,89	,78	,67	,56
5–	,97	,94	,91	,89	,93	,86	,78	,72	,89	,78	,66	,55
6–	,97	,94	,91	,88	,93	,85	,78	,71	,89	,77	,66	,55
7–	,97	,94	,90	,87	,93	,84	,77	,70	,89	,76	,65	,53
8–	,96	,93	,89	,86	,93	,84	,76	,69	,88	,76	,64	,52
9–	,96	,92	,88	,85	,93	,84	,76	,68	,88	,75	,63	,51
10–	,96	,92	,87	,83	,93	,84	,75	,67	,88	,75	,62	,50

Índice da cavidade do recinto I_{CR} — Tipo de atmosfera do local

α = depreciação da refletância (%): 10, 20, 30, 40, 50 — Muito limpa, Limpa, Média, Suja, Muito suja

Tempo desde a pintura original da limpesa das paredes (meses): 0, 6, 12, 18, 24, 30, 36

Figura 7.16 — Fatores de depreciação devido à diminuição da refletância das paredes e do teto

Cada um desses itens é um fator de depreciação (inferior à unidade) que, multiplicados entre si, fornecem o *fator de perda de luz* (F_P) da instalação:

$$F_P = \frac{\text{fluxo luminoso médio recebido pela superfície de trabalho}}{\text{fluxo luminoso recebido pela superfície de trabalho quando a instalação é nova}} \qquad (7.5)$$

Dos itens precedentes, devemos levar em consideração os mais importantes em cada caso particular de instalação. O *fator de depreciação da superfície* (F_{ds}), devido à diminuição da refletância das paredes com o tempo, poderá ser calculado pela Fig. 7.16.

O fator de *depreciação da luminária com a poeira* (F_{dL}) poderá ser avaliado pela Fig. 7.17. Os demais fatores de depreciação que formam o *fator de perda de luz* (F_P), na maioria dos casos, podem ser considerados iguais à unidade. No caso dessa suposição, teremos

$$F_P = F_{ds} \times F_{dL} \qquad (7.6)$$

Levando em conta o *fator de perda de luz*, a fórmula (7.4) tomará a forma seguinte, que corresponde `a iluminância provável média sobre a superfície de trabalho depois de um tempo de uso da instalação:

$$E = F_u . F_P . \phi / S \qquad (7.7)$$

Ou

$$\varphi = (E.S) / (F_u .F_P) \qquad (7.8)$$

onde φ é o fluxo luminoso inicial emitido pelas lâmpadas da luminária (lm); E a iluminância média requerida (lux); S a área a ser iluminada por luminária (m²); F_u o *fator de utilização* da luminária; e F_P o *fator de perda de luz* da instalação.

O número de luminárias a ser utilizado no projeto será

$$\text{Número de luminárias} = \frac{\text{área do local a ser iluminado}}{\text{área a ser iluminada por luminária}} \qquad (7.9)$$

O fator de utilização (F_u) depende da curva de distribuição da luminária, das refletâncias do teto, paredes e piso do ambiente, da forma e dimensões do aposento, da posição de montagem da luminária, etc. Sua determinação correta é bastante difícil. Um processo moderno para determinação de F_u é o *Método das cavidades zonais*, que foi adotado a partir de 1964 pela *Illuminating Engineering Society*.

O método das cavidades zonais divide o recinto (Fig. 7.18) em três cavidades básicas:

1) cavidade do teto, que é a cavidade acima do plano das luminárias (C_T);

2) cavidade do recinto, que é a existente entre o plano das luminárias e o plano de trabalho (C_R);

3) cavidade do chão, que é a existente abaixo do plano de trabalho (C_C);

Para luminárias diretamente montadas no teto, a cavidade do teto será o próprio teto. Quando se deseja calcular a iluminância ao nível do chão, a cavidade do chão será o próprio piso.

Pelo método das cavidades zonais, consegue-se levar em conta, na determinação do coeficiente de utilização, vários fatores antes difíceis de serem ponderados, tais como comprimento dos pendentes de fixação das luminárias, obstruções no teto e no espaço abaixo do plano de trabalho, áreas parciais dos recintos, recintos de formas mais complexas, etc.

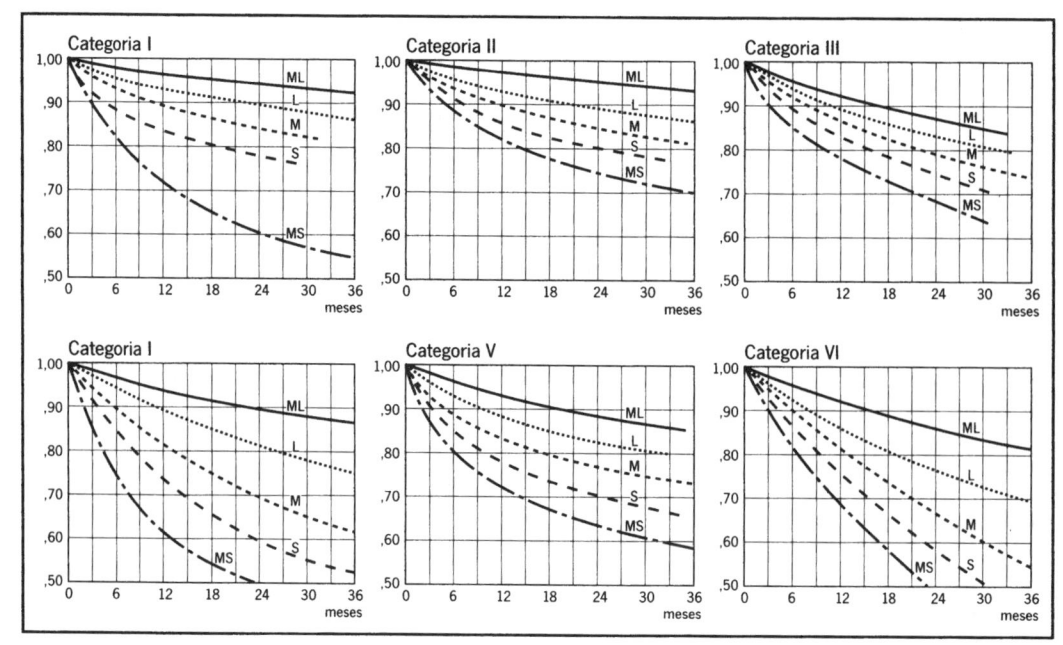

Figura 7.17 — Fator de depreciação da luminária com a poeira. Local: ML, muito limpo; L, limpo; M, médio: S, sujo; MS, muito sujo. Categorias: I, luminárias abertas na parte inferior e superior (lâmpadas nuas); II, luminárias abertas por baixo ou com colméias, sendo mais de 15% de seu fluxo luminoso emitido para cima, através de aberturas; III, luminárias abertas por baixo ou com colméia, com menos de 15% de seu fluxo luminoso emitido para cima, através de aberturas; IV, luminárias abertas ou com colméias por baixo e sem aberturas superiores; V. luminárias com fechamento inferior por lentes ou difusores e sem aberturas superiores; VI, luminárias de iluminação totalmente direta ou totalmente indireta

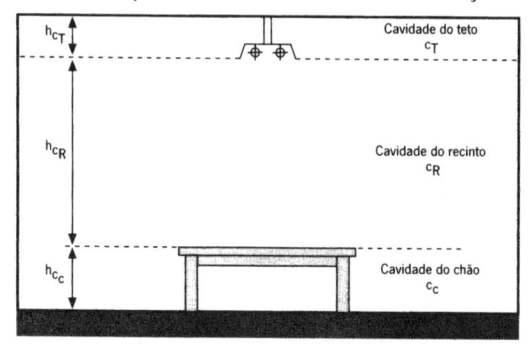

Figura 7.18 — Divisão de local a ser iluminado em três cavidades básicas

7.8.2 — Determinação do fator de utilização pelo método das cavidades zonais

Inicialmente se determinam os índices de cavidade pela fórmula

$$Ic = \text{índice de cavidade} = \frac{5h(L+D)}{LD} \qquad (7.10)$$

onde

$h = hc_T$ para o índice de cavidade do teto (I_{CT})

$h = hc_{R\cdot}$, para o índice de cavidade do recinto (I_{CR})

$h = hc_C$, para o índice de cavidade do chão (I_{CC})

L é o comprimento do recinto e D a largura do recinto. No caso de recintos com forma irregular, o índice da cavidade deverá ser calculado pela fórmula:

Ic = índice de cavidade =

$$= \frac{2,5 \times \text{perímetro da cavidade} \times \text{altura da cavidade}}{\text{área da base da cavidade}} \qquad (7.11)$$

A seguir, determinam-se as refletâncias das cavidades. A refletância da cavidade do teto (ρ_{CT}) é obtida da combinação das refletâncias do teto e das paredes (Fig. 7.19). Para luminárias embutidas ou montadas à superfície do teto ($\rho_{CT} = 0$), a refletância da cavidade do teto (ρ_{CT}) é a própria refletância do teto.

No caso de tetos não-horizontais, como é o caso de muitos galpões industriais, o valor de ρ_{CT} é determinado pela fórmula

$$\rho_{CT} = (\rho_{teto} \ A_a) \ / \ (A_S - \rho_{teto} \ A_S + \rho_{teto} \ A_a) \qquad (7.12)$$

onde A_a é a projeção horizontal do teto e A_s a área da superfície do teto.

A refletância da cavidade do chão (ρ_{CC}) será obtida pela combinação das refletâncias do chão e das paredes (Fig. 7.19). A partir dos valores da Tab. 7.4 entramos na Fig. 7.20, que, levando em conta os valores $\rho_{CT}, \rho_{paredes}, I_{CR}$ e o tipo de luminária empregada, fornece o valor do fator de utilização.

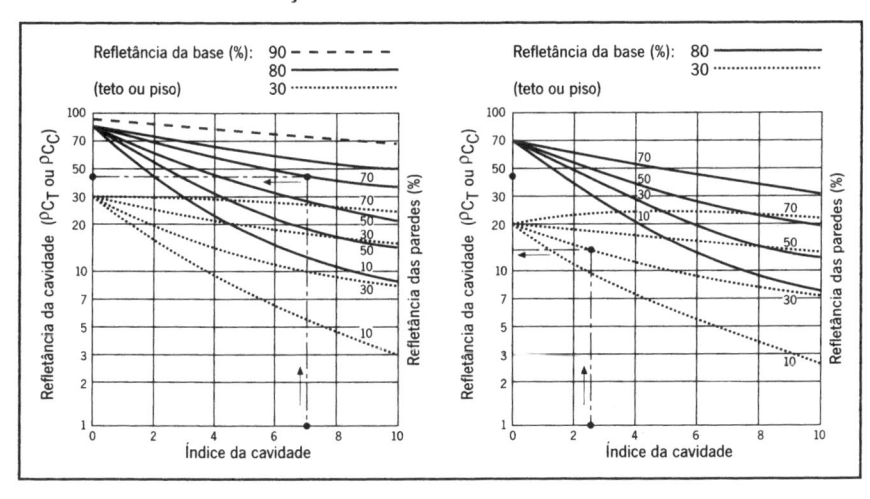

Figura 7.19
Refletâncias das cavidades do teto ou do piso

Tabela 7.4 — Refletâncias típicas (%) com luz branca

Cores	%	Materiais	%
Branco:	75—85	Espelho de vidro:	80—90
Creme claro:	70—75	Plástico metalizado:	75—85
Amarelo claro:	65—75	Alumínio polido:	65—85
Cinza claro:	55—75	Alumínio "Alzak":	80—85
Verde claro:	50—65	Alumínio "Reflectal":	93—98
Azul claro:	50—60	Branco sintético:	70—85
Cinza médio:	40—55	Concreto novo:	40—50
Verde médio:	40—50	Estuque novo (branco):	70—80
Azul médio:	35—50	Ferro esmaltado:	60—80
Vermelho:	10—20	Asfalto:	4—10

A Fig. 7.20 nos fornece os valores do *fator de utilização* para refletância da cavidade do chão de 20 %. Para outros valores de ρ_{CC}, é necessário fazer a correção de F_u através dos fatores indicados na Tab. 7.5.

Luminária típica	Dados básicos	ρ_{CT}	80			50			10		
		PP	50	20	10	50	30	10	50	30	10
		I_{CR}	Fator de utilização (Fμ) p/ ρ_{Cp} = 20%								
1  Pendente difusor com incandescente	Categoria V l/h < 1,5 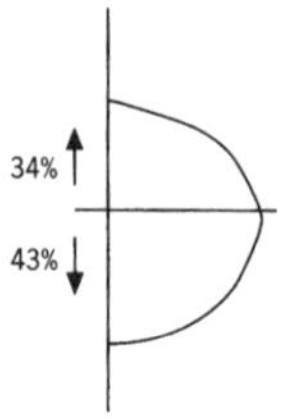 34% 43%	1	,70	,66	,62	,55	,52	,49	,38	,36	,34
		2	,60	,53	,47	,46	,42	,37	,30	,28	,25
		3	,51	,43	,38	,40	,35	,30	,26	,23	,21
		4	,45	,37	,32	,36	,30	,25	,23	,20	,17
		5	,39	,32	,26	,31	,25	,20	,20	,17	,14
		6	,36	,27	,22	,27	,22	,19	,17	,14	,12
		7	,31	,24	,19	,24	,19	,15	,16	,12	,10
		8	,28	,21	,17	,21	,16	,13	,14	,11	,08
		9	,25	,18	,14	,19	,14	,12	,14	,10	,07
		10	,21	,17	,12	,17	,12	,09	,12	,08	,07
2 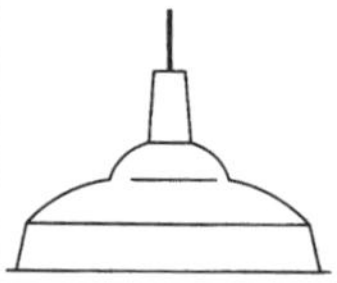 Refletor esmaltado com incandescente	Categoria IV l/h < 1,3 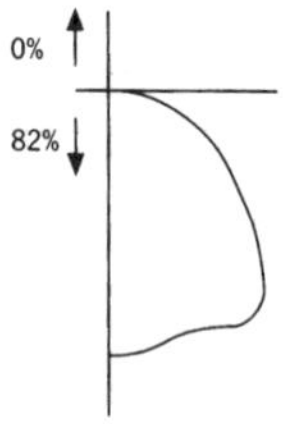 0% 82%	1	,87	,84	,81	,82	,79	,77	,76	,74	,72
		2	,77	,72	,67	,72	,67	,65	,67	,64	,62
		3	,68	,61,	56	,64	,59	,55	,60	,56	,53
		4	,60	,53	,48	,57	,51	,47	,53	,49	,45
		5	,52	,46	,40	,50	,44	,40	,47	,42	,39
		6	,47	,40	,34	,45	,38	,34	,43	,37	,34
		7	,42	,34	,29	,40	,33	,29	,37	,32	,28
		8	,37	,30	,25	,36	,29	,25	,34	,29	,25
		9	,34	,27	,22	,32	,26	,26	,30	,25	,21
		10	,30	,24	,19	,29	,23	,19	,28	,22	,19
3 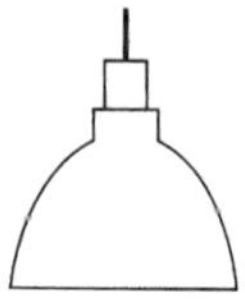 Refletor facho médio com lâmpada transparente	Categoria III l/h < 1,0 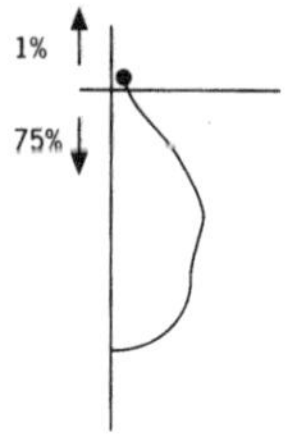 1% 75%	1	,83	,80	,78	,78	,76	,75	,72	,71	,70
		2	,76	,72	,69	,72,	,69	,67	,67	,65	,64
		3	,70	,65	,62	,66	,63	,60	,62	,60	,58
		4	,64	,59	,55	,61	,57	,54	,58	,55	,53
		5	,58	,53	,49	,56	,52	,49	,53	,50	,47
		6	,53	,48	,44	,51	,47	,44	,49	,46	,43
		7	,49	,43	,39	,47	,42	,39	,45	,41	,38
		8	,44	,39	,35	,43	,38	,35	,41	,37	,34
		9	,40	,35	,31	,39	,34	,31	,37	,34	,31
		10	,38	,32	,28	,36	,31	,38	,34	,30	,27
4  Refletor facho médio com lâmpada fôsca	Categoria III l/h < 1,0 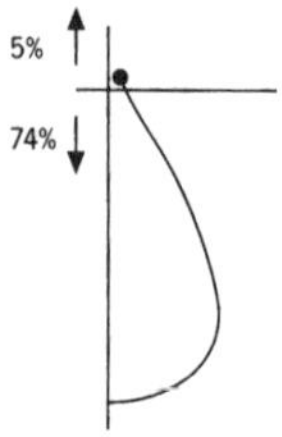 5% 74%	1	,87	,86	,83	,81	,79	,78	,73	,72	,71
		2	,81	,78	,75	,75	,73	,71	,69	,67	,66
		3	,75	,71	,67	,70	,67	,64	,65	,62	,60
		4	,69	,65	,61	,65	,62	,59	,61	,58	,56
		5	,64	,59	,55	,61	,57	,57	,57	,54	,51
		6	,59	,54	,50	,56	,52	,49	,53	,50	,47
		7	,55	,50	,46	,52	,48	,45	,49	,46	,43
		8	,51	,46	,42	,49	,44	,41	,46	,42	,40
		9	,47	,43	,38	,46	,41	,38	,43	,39	,37
		10	,44	,39	,35	,43	,38	,35	,40	,36	,34

Fig 7.20 — Determinação do fator de utilização (F$_u$)

Luminária típica	Dados básicos	ρ_{CT}	80			50			10		
		ρ_P	50	20	10	50	30	10	50	30	10
		I_{CR}	Fator de utilização (Fμ) p/ ρ_{Cp} = 20%								
5 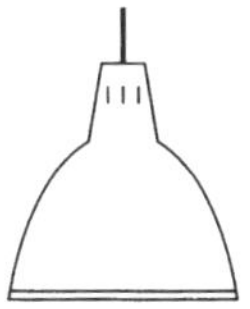 Refletor facho médio com lâmpada fôsca	Categoria III l/h < 1,5 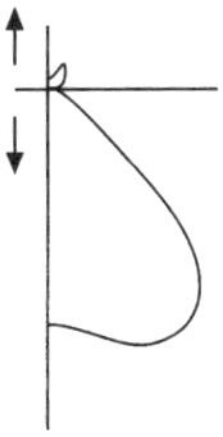 10% 67%	1	,84	,82	,80	,76	,74	,73	,66	,65	,64
		2	,77	,73	,70	,70	,67	,65	,62	,60	,59
		3	,70	,66	,62	,64	,61	,58	,57	,55	,53
		4	,64	,59	,55	,59	,55	,52	,53	,51	,49
		5	,59	,53	,49	,54	,50	,47	,49	,46	,44
		6	,53	,48	,44	,50	,45	,42	,45	,42	,39
		7	,48	,43	,39	,45	,40	,37	,41	,38	,35
		8	,44	,38	,34	,41	,36	,33	,37	,34	,31
		9	,40	,34	,30	,37	,32	,29	,34	,30	,27
		10	,36	,30	,26	,33	,29	,25	,32	,27	,24
6 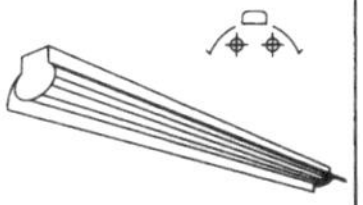 Luminária com pintura difusora	Categoria III l/h < 1,3 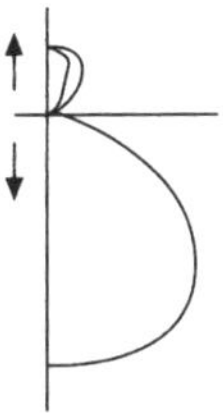 12% 74%	1	,87	,84	,81	,78	,76	,73	,67	,66	,65
		2	,77	,72	,66	,69	,65	,61	,60	,57	,55
		3	,68	,61	,56	,61	,56	,52	,53	,50	,47
		4	.60	,53	,47	,54	,49	,44	,48	,44	,41
		5	,53	,46	,40	,48	,42	,38	,42	,38	,35
		6	,47	,40	,34	,43	,37	,33	,38	,33	,30
		7	,42	,35	,30	,39	,33	,28	,34	,30	,26
		8	,38	,31	,26	,35	,29	,24	,31	,26	,23
		9	,34	,27	,22	,31	,25	,21	,27	,23	,19
		10	,31	,24	,19	,28	,22	,18	,25	,20	,17
7 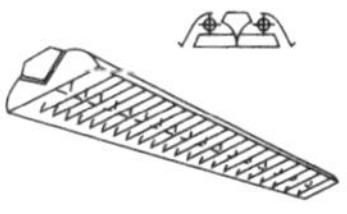 Luminária com grade inferior	Categoria II l/h < 1,0 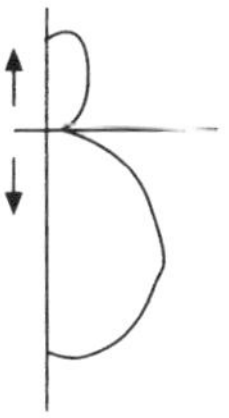 22% 56%	1	,80	,77	,75	,68	,66	,65	,55	,54	,53
		2	,71	,67	,63	,61	,58	,56	,50	,48	,46
		3	,64	,58	,54	,55	,51	,48	,46	,43	,41
		4	,57	,51	,47	,50	,45	,42	,41	,38	,36
		5	,51	,45	,40	,45	,40	,37	,37	,34	,32
		6	,46	,40	,35	,40	,36	,32	,34	,30	,28
		7	,42	,35	,32	,37	,32	,28	,32	,27	,25
		8	,37	,31	,27	,33	,28	,25	,28	,24	,22
		9	,34	,28	,23	,30	,25	,21	,25	,21	,19
		10	,31	,25	,21	,27	,22	,19	,23	,19	,17
8 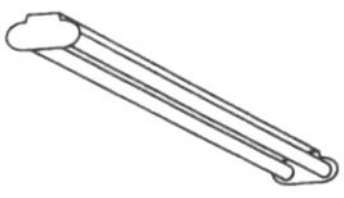 Calha simples com 2 lâmpadas	Categoria I l/h < 1,3 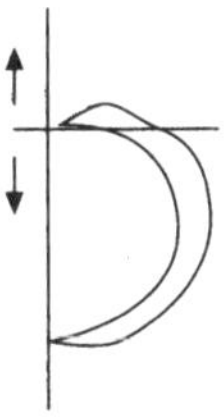 9% 77%	1	,85	,81	,77	,77	,73	,70	,67	,65	,63
		2	,73	,66	,60	,66	,60	,56	,57	,54	,51
		3	,63	,55	,49	,57	,51	,46	,50	,46	,42
		4	,55	,47	,41	,50	,44	,38	,44	,39	,35
		5	,48	,40	,34	,44	,37	,32	,38	,33	,29
		6	,43	,35	,29	,29	,32	,27	,34	,29	,25
		7	,38	,30	,24	,35	,28	,23	,31	,26	,22
		8	,34	,26	,21	,31	,25	,20	,28	,22	,18
		9	,31	,23	,18	,28	,21	,17	,25	,19	,16
		10	,28	,20	,16	,25	,19	,15	,23	,17	,14

Fig 7.20 — (continuação)

Luminária típica	Dados básicos	ρ_{CT}	80			50			10		
		ρ_P	50	20	10	50	30	10	50	30	10
		I_{CR}	Fator de utilização (Fμ) p/ ρ_{Cp} = 20%								
9 Luminária com difusor de acrílico para 2 lâmpadas	Categoria V l/h < 1,3 7% 35%	1	,44	,42	,40	,39	,37	,36	,33	,32	,31
		2	,38	,34	,32	,33	,31	,29	,28	,27	,25
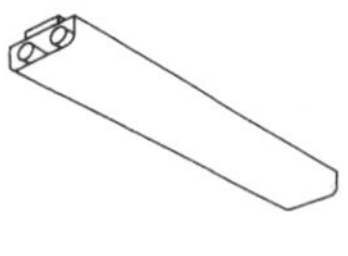	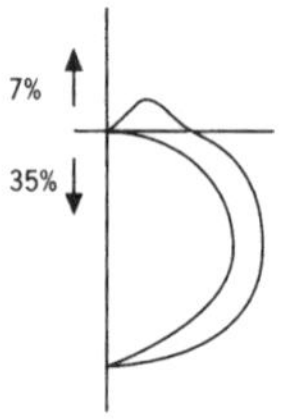	3	,33	,29	,26	,29	,26	,24	,25	,23	,21
		4	,29	,25	,22	,26	,23	,20	,22	,20	,18
		5	,25	,21	,18	,22	,19	,17	,19	,17	,15
		6	,22	,18	,15	,20	,17	,14	,17	,15	,13
		7	,20	,16	,13	,18	,15	,12	,15	,13	,11
		8	,18	,14	,11	,16	,13	,10	,14	,11	,09
		9	,16	,12	,09	,14	,11	,09	,12	,10	,08
		10	,14	,11	,08	,13	,10	,08	,11	,09	,07
10 Luminária com colméia inferior para 4 lâmpadas	Categoria IV l/h < 1,0 0% 40 %	1	,53	,51	,49	,49	,48	,47	,46	,45	,44
		2	,47	,44	,42	,44	,42	,40	,41	,40	,38
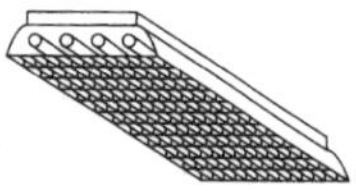	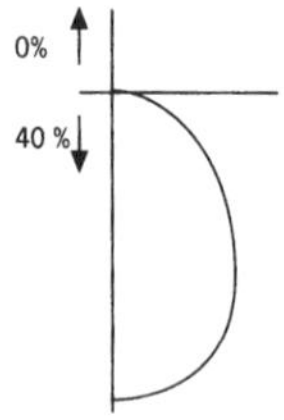	3	,42	,39	,38	,40	,37	,35	,38	,36	,34
		4	,38	,34	,31	,36	,33	,31	,34	,32	,30
		5	,34	,30	,27	,33	,29	,27	,31	,28	,26
		6	,31	,27	,24	,30	,26	,24	,28	,25	,23
		7	,28	,24	,21	,27	,24	,21	,26	,23	,21
		8	,25	,21	,19	,24	,21	,19	,23	,20	,18
		9	,23	,19	,16	,22	,19	,16	,21	,18	,16
		10	,21	,17	,15	,20	,17	,15	,19	,16	,14
11 Luminária com difusor inferior	Categoria V l/h < 1,2 0% 56 %	1	,60	,57	,55	,56	,54	,53	,52	,51	,50
		2	,52	,49	,46	,49	,47	,44	,46	,44	,42
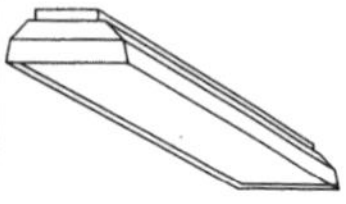	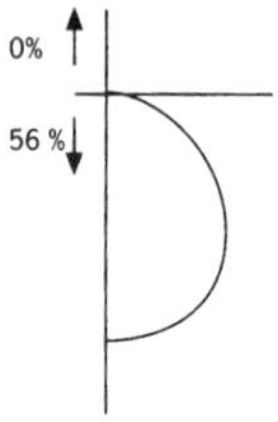	3	,46	,42	,39	,44	,40	,37	,41	,38	,36
		4	,41	,36	,33	,39	,35	,32	,36	,34	,31
		5	.36	.31	.28	,34	,30	,27	,32	,29	,26
		6	,32	,27	,24	,31	,27	,23	,29	,26	,23
		7	,29	,24	,21	,28	,23	,20	,26	,23	,20
		8	,26	,21	,18	,25	,21	,17	,23	,20	,17
		9	,23	,18	,15	,22	,18	,15	,21	,17	,15
		10	,21	,16	,13	,20	,16	,13	,19	,16	,13
12 "Sanca" com uma fila de fluorescentes (multiplicar por 0,93 para 2 filas)		1	,41	,39	,38	,24	,23	,22			
		2	,36	,33	,31	,21	,19	,18			
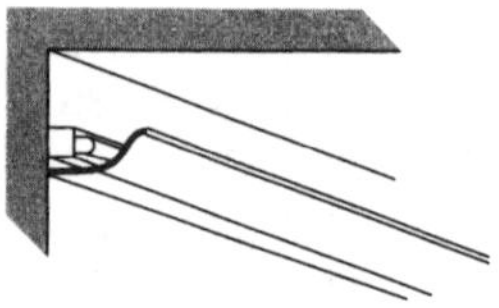		3	,31	,28	,25	,18	,16	,15			
		4	,28	,24	,21	,16	,14	,12	na iluminação		
		5	,24	,20	,17	,14	,12	,10	indireta não usar		
		6	,22	,18	,15	,13	,11	,09	teto de baixa		
		7	,19	,16	,13	,11	,09	,08	refletância		
		8	,17	,14	,11	,10	,08	,07			
		9	,16	,12	,09	,09	,07	,06			
		10	,14	,11	,08	,08	,06	,05			

Fig 7.20 — (continuação)

Tabela 7.5 – Fatores de correção, do fator de utilização (F_u), para refletâncias efetivas da cavidade do chão diferentes de 20%

ρ_{CT} (%)	80			70			50			10		
$\rho_{paredes}$ (%)	50	30	10	50	30	10	50	30	10	50	30	10
1	1,08	1,08	1,07	1,07	1,06	1,06	1,05	1,04	1,04	1,01	1,01	1,01
2	1,07	1,06	1,05	1,06	1,05	1,04	1,04	1,03	1,03	1,01	1,01	1,01
3	1,05	1,04	1,03	1,05	1,04	1,03	1,03	1,03	1,02	1,01	1,01	1,01
4	1,05	1,03	1,02	1,04	1,03	1,02	1,03	1,02	1,02	1,01	1,01	1,00
I_{CR} 5	1,04	1,03	1,02	1,03	1,02	1,02	1,02	1,02	1,01	1,01	1,01	1,00
6	1,03	1,02	1,01	1,03	1,02	1,01	1,02	1,02	1,01	1,01	1,01	1,00
7	1,03	1,02	1,01	1,03	1,02	1,01	1,02	1,01	1,01	1,01	1,01	1,00
8	1,03	1,02	1,01	1,02	1,02	1,01	1,02	1,01	1,01	1,01	1,01	1,00
9	1,02	1,01	1,01	1,02	1,01	1,01	1,02	1,01	1,01	1,01	1,01	1,00
10	1,02	1,01	1,01	1,02	1,01	1,01	1,02	1,01	1,01	1,01	1,01	1,00

a) Para refletância efetiva da cavidade do chão (ρ_{CC}) igual a 30%, *multiplicar o* fator de utilização (F_u) pelo fator de correção apropriado.
b) Para refletância efetiva da cavidade do chão (ρ_{CC}) igual a 10%, *dividir o* fator de utilização (F_u) pelo fator de correção indicado acima.

Determinados os valores de F_p e F_u, voltamos à fórmula (7.8), que nos dará a solução do problema.

Tabela 7.6 – Exemplo de ficha de cálculo

Projeto:

Iluminância a ser realizada: lux   Lâmpada: Tipo:

Luminária: Fluxo luminoso: lm

Outros dados: Data: /   /

Solução:

a) Preencher o desenho ao lado. (Verificar Tab. 7-4)

b) Determinar os Índices das cavidades (eq. 7.10)

I_{CT} = _____ = _____
I_{CR} = _____ = _____
I_{CC} = _____ = _____

ρ_T = ... %

ρ_P = ... %

ρ_C = ... %

h_{C_T}

h_{C_R}

h_{C_C}

c) Determinar as refletâncias das cavidades (Fig.7.19 ou eq. 7.12)

ρ_{CT} = _____ ρ_{CC} = _____

d) Determinar o fator de depreciação (F_{dL}) com a poeira (Fig.7.17): F_{dL} = _____

e) Determinar o fator de depreciação da superfície F_{dS} (Fig.7.16) : F_{dS} = _____

f) Calcular o fator de perda de luz (*Fp*):

$F_p = F_{dS} \times F_{dL}$ = _____ x _____ = _____

g) Determinar o fator de utilização (F_u) da luminária empregada (Fig. 7.20 e Tab. 7.5):
F_u = _____

h) Cálculo do fluxo luminoso necessário: Vide (Eq. 7.8)
$\varphi = (E\ S) / (F_u\ F_p)$ = _____ = _____ lm

h) Cálculo do número de luminárias necessárias:
$N = (\varphi$ Calculado no item h) / (Fluxo luminoso de 1 lâmpada) = _____ = _____ lâmpadas

7.9 — PROBLEMAS

1. Projetar, pelo processo das cavidades zonais, a iluminação de uma sala com as seguintes características: comprimento, 10,5 m; largura, 5,5 m; altura do teto, 3,8 m; iluminância a ser realizada, 450 lux; cor do teto, branco; cor das paredes, cinza; cor do piso, verde escuro. Iluminação com lâmpadas fluorescentes de 36 W (4.000K) instaladas em luminária simples (Fig. 7.20, 8) montada a 0,5 m do teto. O nível de limpeza do local é médio.

Solução:

a) Dados básicos: E = 450 lux; S = 10,50 x 5,50 = 57,75 m² teto branco: ρ_{teto} = 80% (Tab. 7.4); paredes cinza: $\rho_{paredes}$ = 50%; piso verde escuro: ρ_{piso} = 20%.

b) Cálculo dos índices de cavidade (Fig. 7.21): Calcula-se pela eq. (7.10)

$$I_{CT} = \frac{5h_{CT}(L+D)}{LD} = \frac{5 \times 0,5 \times (10,5+5,5)}{10,5 \times 5,5} = 0,693;$$

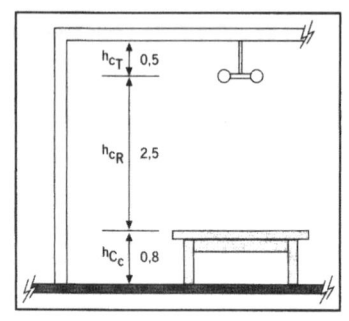

Figura 7.21 — *Alturas das cavidades da sala a ser iluminada*

$$I_{CR} = \frac{5h_{CR}(L+D)}{LD} = \frac{5 \times 2,5 \times (10,5+5,5)}{10,5 \times 5,5} = 3,46;$$

$$I_{CC} = \frac{5h_{CC}(L+D)}{LD} = \frac{5 \times 0,8 \times (10,5+5,5)}{10,5 \times 5,5} = 1,109.$$

c) Cálculo do fator de perda de luz:

$$F_P = F_{dS} \times F_{dL}.$$

Calculemos o fator de depreciação (F_{dL}) da luminária pela poeira (Fig. 7,17). Essa luminária se enquadra na categoria I, conforme indica a Fig. 7.20,8. Tomando-se como "médio" o estado de limpeza do local da sala e supondo um prazo de trinta meses para a manutenção da instalação, poderemos calcular a iluminância realizada depois de quinze meses da inauguração. Trinta meses seria a vida média provável das lâmpadas fluorescentes funcionando 10 h por dia, durante vinte e cinco dias por mês.

Entrando com os valores quinze meses e local *médio* no primeiro ábaco da Fig. 7.17, obteremos

$$F_{dL} = 0,88.$$

Do ábaco da Fig. 7.16, obtemos, para quinze meses entre manutenções e atmosfera média,

$$\alpha = 20\%$$

Baseados nos valores $\alpha = 20\%$, $I_{CR} = 3,46$ e iluminação direta, obtemos, na Fig. 7.16,

$$Fd_S = 0,95.$$

Logo,

$$F_p = F_{dS} \times F_{dL} = 0,95 \times 0,88 = 0,836.$$

d) Cálculo de F_u: As refletâncias das cavidades serão

ρ_{CT} — obtida da Fig. 7.19, sendo conhecidos os valores de

$\rho_{teto} = 80\%$; $\rho_{paredes} = 50\%$; $I_{CT} = 0,693$:

$\rho_{CT} = 70\%$.

ρ_{CC} — obtida da Fig. 7.19, sendo conhecidos os valores de

$\rho_{piso} = 20\%$; $\rho_{paredes} = 50\%$; $I_{CC} = 1,109$:

$\rho_{CC} = 19\%$

Para o cálculo de F_u entramos (Fig. 7.20, luminária 8), com os valores conhecidos de $\rho_{CT} = 70\%$; $\rho_{paredes} = 50\%$; $I_{CR} = 3,46$, e obtemos, com a necessária interpolação,

$$F_u = 0,58$$

(não é necessária sua correção pela Tab. 7.5, pois $\rho_{CC} = 20\%$).

e) Entrando com esses valores na fórmula básica [Eq. (7.8)], obtemos

$$\varphi = \frac{ES}{F_u \cdot F_p} = \frac{450 \times 57,75}{0,58 \times 0,836} = 53.595 \text{ lm}$$

Utilizando lâmpadas fluorescentes de 36W, trifosfor, bulbo T8, 4.000K, fluxo 3.350 lm necessitaremos de

$$\frac{53.595}{3.350} = 16 \text{ lâmpadas,}$$

ou oito luminárias de duas lâmpadas.

f) Solução final: A Fig. 7.22 indica a solução do problema. Verifica-se que é excelente a uniformidade da iluminância, pois, para a luminária em questão o espaçamento máximo aconselhado seria de 1,3h (veja a Fig. 7.20), ou 1,3 x 2,50 = 3,25 m, valor bem superior ao máximo adotado na solução do nosso problema.

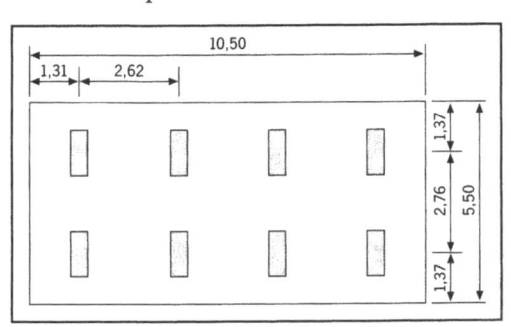

Figura 7.22 — Planta da distribuição das luminárias no local

2. Projetar a iluminação de um galpão industrial com as seguintes características: comprimento, 54 m; largura, 25,5 m; altura da linha de tesouras, 10 m. Planta do local e disposição das tesouras do telhado, conforme as Figs. 7.23 e 7.24. Iluminância a ser realizada, 250 lux. Refletância do teto, 50%; refletância das paredes, 50%; refletância do piso, 20%. Local com alguma poeira. Utilizar iluminação com lâmpadas de vapor de sódio, ovóides, instaladas na luminária industrial da Fig. 7.20.5.

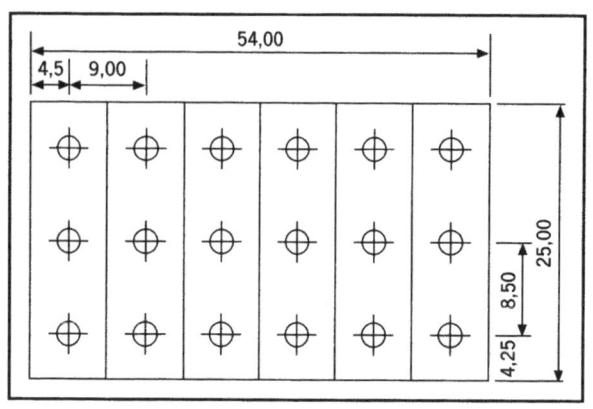

Figura 7.23 — Planta do galpão a ser iluminado

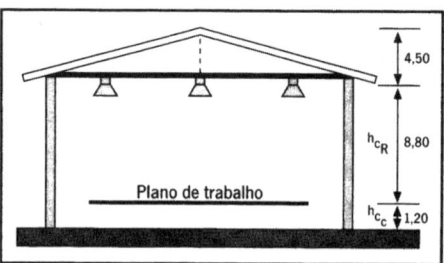

Figura 7.24 — Corte do galpão a ser iluminado

Solução:

a) Dados básicos. E = 250 lux; S = 54 x 25,50 = 1.380 m²

b) Cálculo dos índices das cavidades pela eq. (7.10).

$$I_{CT} = \frac{5 \times 2,25(54 + 25,5)}{54 \times 25,5} = 0,649$$

$$I_{CR} = \frac{5 \times 8,80(54 + 25,5)}{54 \times 25,5} = 2,54$$

$$I_{CC} = \frac{5 \times 1,20(54 + 25,5)}{54 \times 2} = 0,346$$

c) Cálculo do fator de perda de luz.

Tomaremos um prazo de manutenção das lâmpadas de vinte e quatro meses e a manutenção da pintura de trinta e seis meses, que é a máxima indicada na Fig. 7.16.

Da Fig. 7.17, obtemos (categoria III, local sujo, iluminância depois de doze meses da inauguração):

$$F_{dL} = 0,83.$$

Da Fig. 7.16, obtemos (para trinta e seis meses, pois um galpão industrial provavelmente não terá freqüentes limpezas em suas paredes):

$\alpha = 35\%$ e $F_{dS} = 0,92$

Portanto

$$F_P = F_{dL} \times F_{dS} = 0,83 \times 0,92 = 0,76.$$

d) Cálculo do fator de utilização. As refletâncias das cavidades serão

$$\rho_{CT} = (\rho_{teto}\ A_a)\ /\ (A_S - \rho_{teto}\ A_S + \rho_{teto}\ A_a)$$

Equação já vista (7.12), para emprego no caso de tetos não-horizontais, como o do problema:

$\rho_{teto} = 50\%$

$A_a = 54 \times 25,5 = 1380\ \text{m}^2$

$A_S = 13,52 \times 54,00 \times 2 = 1460,25\ \text{m}^2$

Logo:

$$\rho_{CT} = (50 \times 1380)\ /\ (1460,25 - 50 \times 1460,25 + 50 \times 1380) = 27\% \cong 30\%$$

ρ_{CC}: obtida na Fig. 7.20 (para $\rho_{paredes} = 30\%$, $\rho_{piso} = 20\%$, $I_{CC} = 0,346$); $\rho_{CC} = 19\%$.

Entramos agora na Fig. 7.20, luminária 5 (para $\rho_{CT} = 30\%$; $\rho_{paredes} = 30\%$; $I_{CR} = 2,54$) e obtemos, com a necessária interpolaçâo,

$F_u = 0,62$

(não é necessário sua correção, pela Tab. 7.6, pois ρ_{CC} @ 20%).

e) Entrando com os valores determinados na eq. (7.8):

$$\phi = \frac{E.S.}{F_u \cdot F_p} = \frac{250 \times 1.380}{0,62 \times 0,76} = 732.173\ \text{lm}$$

Utilizando lâmpadas de vapor sódio de 400 W (47.500 lm) necessitaremos de

$$\frac{732.173}{47.500} = 15,4\ \text{luminárias. Utilizaremos 18 lâmpadas}$$

f) A disposição das dezoito luminárias está indicada na Fig. 7.23. Verificamos que será boa a uniformidade da iluminância, pois os afastamentos entre as luminárias são inferiores aos permitidos (vide Fig. 7.20, 5).

7.10 — SISTEMAS DE CONTROLE D A ILUMINAÇÃO (Vide item 9.13)

Constam de equipamentos que ligam, desligam e controlam o nível de iluminâncias dos ambientes.

O controle manual pode ser simplesmente um interruptor liga/desliga, que interrompe o condutor *fase* de alimentação das luminárias ou indiretamente (nos circuitos de maior potência) interrompe a alimentação das mesmas através da utilização de *contatores*.

Podemos, também, controlar manualmente a iluminação através de controladores de luminosidade (*dimmers*). Os modelos comuns são indicados para ligar/desligar/variar o fluxo luminoso das lâmpadas incandescentes nas residências (Fig. 7.25), escritórios, teatros, etc. Para o controle das lâmpadas de descarga elétrica são necessários modelos especiais mais caros e complexos. As lâmpadas deverão possuir reatores eletrônicos específicos.

Figura 7-25 — Controlador de luminosidade (à esquerda); relés fotoelétricos simples para uso interno individual (ao centro) e para uso externo (à direita). Foto do autor

Também podemos controlar lâmpadas através de minuterias micromotorizadas ou eletrônicas, que ligam e/ou desligam a iluminação em horas pré-programadas ou a desligam depois de um período predeterminado. Esse último controle é utilizado, por exemplo, em edifícios residenciais para desligamento da iluminação das caixas de escadas, corredores e outras partes comuns (Fig.7.26)

Os controladores automáticos são os fotorrelés (relés fotoelétricos), os sensores de presença e os sistemas microprocessados. Os relés fotoelétricos são sensíveis à luz que incide sobre sua fotocélula e são utilizados especialmente no controle da iluminação individual de jardins, áreas internas (Fig.7.25), ruas ou áreas externas (Fig.9.29) que devem permanecer acesas durante toda a noite.

Já os sensores de presença (Fig.7.27) são ativados pela aproximação de pessoas, grandes animais ou veículos, sendo úteis no comando da iluminação de escadas, *halls* de elevadores, entradas de prédios, jardins, etc.

Figura 7.26 — Minuteria eletrônica para desligar um circuito depois de um tempo predeterminado

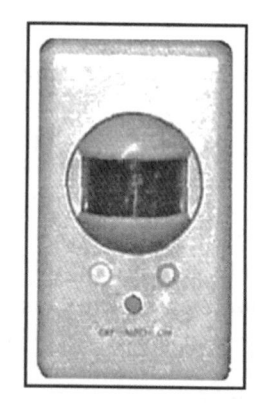

Figura 7.27 Sensor de presença para comando de iluminação

Finalmente temos os controles eletrônicos microprocessados, que ajustam os níveis de iluminância dos locais de acordo com dias e horas programadas e com a variação da iluminação natural que penetra pelas janelas dos ambientes (Fig.7.28). Eles trabalham simultaneamente com sensores fotoelétricos, de presença e outros, sendo programados de forma a controlar o fluxo luminoso a ser gerado pela iluminação artificial. Durante várias horas do dia as luminárias próximas às janelas estarão desligadas e as centrais produzindo somente parte do seu fluxo luminoso nominal. Já durante à noite, todas as luminárias emitirão fluxos luminosos semelhantes. Com esse comando sofisticado conseguem-se reduções de até 60% no consumo de energia elétrica. São equipamentos de custo inicial elevado, mas que se justificam plenamente nas grandes edificações.

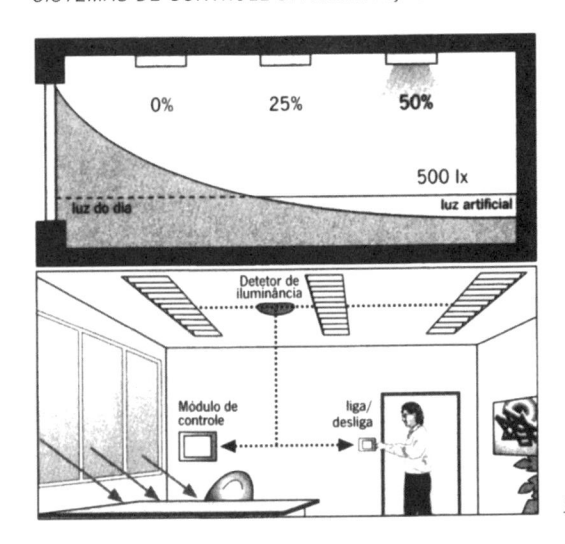

Figura 7.28

BIBLIOGRAFIA

ABNT - NBR 5413 — *Iluminância de interiores*.1992.

ABNT - NBR 5382 — *Verificação da iluminância de interiores. Método de ensaio*

Antonio Bossi / Ezio Sesto — *Instalações Elétricas*. Hemus Editora. SP.

C.I.E. *Guide Pratique de l'Eclairage des Locaux Industriels*. Centre d'Information de l'Eclairage. Paris, 1982.

Ervaldo Garcia Junior — *Luminotécnica*. Editora Érica Ltda.São Paulo.1996.

Frier J.— *Industrial Lighting Systems*. McGraw Hill Book Co.1980.

G.E — *Product Application Guide,* General Electric Lighting System, Hendersonvile, N.C.1985.

Gilberto J.C.Costa — *Iluminação Econômica*. Edições EDIPUCRS. Porto Alegre-RGS. 1998.

Helms R./ Belcher C.— Lighting for energy-efficient luminous environments. Prentice Hall, 1991.

I.E.S. — *Advanced Lighting Problems Course*. N.Y. 1971.

I.E.S. — *Industrial Lighting* (RP-7). N.Y. 1991.

I.E.S. — *Lighting handbook*. 8a. edição, 1993.

I.E.S. — *Office Lighting, (RP-1)*. N.Y. 1993.

I.E.S. — *Zonal-Cavity method of calculating and using coefficients of utilization*.

J.W.Favié — *Alumbrado*. Ed. Paraninfo, Madrid, 1963.

Lino Richard — *Elementi di illuminotecnica*.Associazione Italiana di Illuminazione, Milano, 1971.

Merry Cohu — *Photométrie éclairage interieur et exterieur*. Masson Edicteurs, Paris, 1966.

National Lighting Bureau — *Office lighting and productivity*. Washington. 1988.

Osram do Brasil — *Fundamentos de Luminotécnica*, 1971.

Philips — *Manual de Iluminación .5ª edição*. Buenos Aires.1995

Tecnowatt — *Ilumine*. Software para cálculo de iluminação. Contagem-MG.1999.

Universidad Nacional de Tucuman, Instituto de Yngenieria Eléctrica — Publicações diversas do laboratório de luminotécnica.

Y. Lipkin — *Electrical Equipment for Industry*, Higher School Publishing House, Moscou.

CAPÍTULO 8

ILUMINAÇÃO POR PROJETORES

Um dos campos de maior aplicação da iluminação elétrica é a iluminação de grandes áreas abertas, tais como pátios de manobras, canteiros de obras, estacionamentos, campos de esporte, fachadas e monumentos, por projetores.

8.1 — PROJETOR

Projetor é o aparelho destinado a produzir um feixe de luz em uma direção determinada (Fig. 8.1).

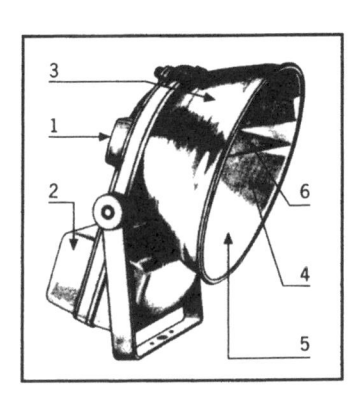

Figura 8.1 — Projetor para lâmpadas iodeto metálico de arco curto 1:Caixa da lâmpada; 2: Caixa do reator; 3: Caixa externa; 4 e 5:Refletor; 6:Defletores

8.1.1 — Classificação dos projetores

Quanto à sua construção, podemos classificar os projetores em unidades abertas (que normalmente só possuem a fonte de luz e o refletor) e fechadas (que possuem também lentes e, muitas vezes, carcaça independente).

Os projetores abertos têm a desvantagem de oferecer pouca proteção à fonte de luz, além de, permitindo grande acúmulo de poeira em seu interior, terem aumentado seu fator de depreciação. Nesses projetores o refletor funciona também como carcaça da unidade.

Os projetores fechados, ainda que mais caros, possuem refletores de alumínio tratado ou alumínio de alto brilho, o que melhora sensivelmente o rendimento dessas unidades, além de proporcionar melhor controle do facho luminoso emitido e maior proteção à lâmpada.

Podemos também classificar os projetores segundo os ângulos de abertura dos fachos

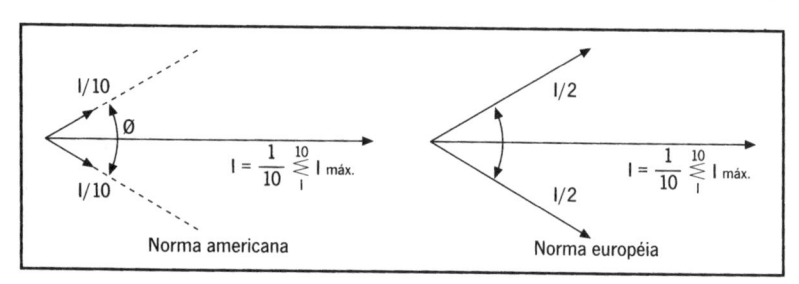

Figura 8.2
Determinação da abertura do facho de um projetor

luminosos por eles proporcionados. Para isso definiremos o que é abertura do facho de um projetor. Trata-se do ângulo compreendido entre dois vetores, cujos módulos correspondem a 10 ou 50% da média das dez maiores intensidades luminosas proporcionadas pelo projetor (Fig. 8.2).

Segundo o ângulo de abertura do facho, podemos classificá-los, genericamente, em:

Facho aberto, $\theta > 70°$;

Facho médio, $35° < \theta < 70°$;

Facho estreito, $\theta < 25°$.

Já a norma NEMA/IES classifica os projetores em 7 tipos (Tab.8.1), conforme sua abertura de facho.

Tabela 8.1 — Classificação dos projetores

Tipo NEMA/IES	Abertura θ^* de facho (graus)
1	10 a 18
2	18 a 29
3	29 a 46
4	46 a 70
5	70 a 100
6	100 a 130
7	130 a 180

* ângulo definido segundo norma americana (Fig.8.2)

Os projetores de facho mais estreito devem possuir os seus dispositivos óticos confeccionados com materiais de alta qualidade e manufaturados com grande precisão, de forma a conseguir-se manter um rendimento elevado da unidade.

8.1.2 — Fator *F* de um projetor

É uma constante que, multiplicada pela distância (d) do projetor à superfície a ser iluminada, fornece o diâmetro (e) da projeção do facho sobre essa superfície (norma americana). Da Fig. 8.3, temos

$$0,5\,e = d \ tg \ \theta/2\,,$$
$$e = 2d \ tg \ \theta/2.$$

Fazendo $2\,tg\,\theta/2 = F$, teremos

$$e = d\,F. \tag{8.1}$$

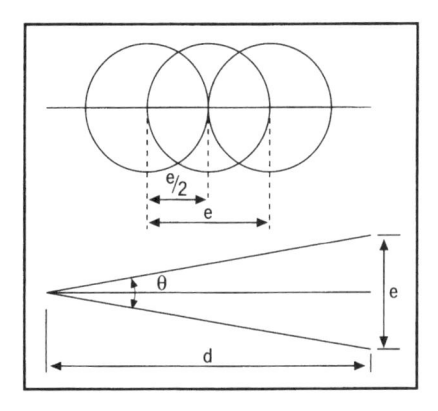

Figura 8.3 — Determinação do fator F de um projetor

8.2 — NÍVEIS DE ILUMINÂNCIA RECOMENDADOS

Os níveis de iluminância indicados para a iluminação por projetores são normalmente difíceis de definir, visto as grandes variações que podem ocorrer entre as diversas aplicações e locais a serem iluminados. As Tabs. 8.2, 8.3 e 8.4 servem de orientação ao projetista.

Tabela 8.2 — Iluminação de monumentos e fachadas de edificações

Refletância da superfície a ser iluminada (%)	Nível de iluminância nas redondezas do local a ser iluminado (lux)	
	Elevado	Baixo
	Iluminância recomendada (lux)	
70-85	150	50
45-70	200	100
20-45	300	150
10-20	500	200

Tabela 8.3 — Iluminação de áreas abertas

Tipo de local	Iluminância recomendada (lux)
Parques de estacionamento	15—30
Postos de gasolina (geral)	100
(lubrificação)	200
Cais de porto	50
Parque de contêineres	20—30
Trabalhos de construção civil	50—100
Trabalhos de escavação	20—50
Depósitos ao ar livre	10—20

Tabela 8.4 — Iluminação esportiva

Esporte	Iluminância (lux)	Esporte	Iluminância (lux)
Basquetebol		**Boxe** (ringue)	
profissional	500/800	campeonatos	5.000
clube	300	profissional	2.000
recreio	100	amador	1.000
Futebol		**Ginástica**	
profissional	500/1.500	exercícios	200
clube	250	exibições	300
recreio	100	**Voleibol**	
Tênis		clube	200
torneio	300/500	recreio	100
clube	200/300	**Piscinas**	100
recreio	100/150	**Pistas de corrida**	200

8.3 — MÉTODOS DE CÁLCULO

Na iluminação por projetores, podemos utilizar os seguintes processos de cálculo:
- método do fluxo luminoso,
- método ponto por ponto,
- método baseado na distribuição dos fluxos luminosos do facho dos projetores.

8.3.1 — Método do fluxo luminoso

Nesse processo calcula-se o fluxo luminoso total que deverá atingir a área a ser iluminada, levando-se em conta a iluminância requerida e o fator de depreciação do projetor considerado. É um método mais expedito e semelhante ao utilizado nos cálculos de iluminação interior, já estudados.

Determinamos, primeiramente, a altura de montagem dos projetores através da Tabela 8.5

Tabela 8.5 — Alturas de montagem mínimas recomendadas para montagem de projetores

Altura mínima (m)	Lâmpadas (tipo e potência)
5,00	H (300W), M (125W), I (70W), S (70W)
6,00	H (500W), M(250W), I (150W), S (150W)
7,00	I (250W)
8,00	M (400W), S (250W)
9,00	I (400W)
10,00	S (400W)
12,00	I (1.000W)
14,00	S (1.000W)
15,00	I (2.000W)

H = lâmpada halógena, M = Vapor de mercúrio, I = Iodeto metálico, S = Vapor de sódio

Nesse caso não levamos em conta, inicialmente, o fator de utilização Fu (ou melhor, inicialmente o consideramos igual à unidade) da instalação. Esse fator é definido pela equação

$$Fu = \frac{\text{fluxo luminoso que incide sobre a superfície a iluminar}}{\text{fluxo luminoso total emitido pelo facho do projetor}} \qquad (8.2)$$

e só entrará nos cálculos quando fizermos a verificação do nível da iluminância realizada sobre a superfície a ser iluminada.

Método de cálculo. Dividiremos nosso cálculo em quatro etapas, como segue:

I) O fluxo luminoso necessário será dado pela fórmula

$$\varphi = E \cdot S / F_d \qquad (8.3)$$

sendo φ o fluxo luminoso total (lm); E, a iluminância requerida na área a iluminar (lux); S a área a ser iluminada (m²); e F_d, o fator de depreciação do projetor utilizado. Define-se o fator de depreciação como

$$F_d = \frac{\text{fluxo luminoso emitido pelo projetor depreciado pelo uso}}{\text{fluxo luminoso emitido pelo projetor quando novo}} \qquad (8.4)$$

Esse fator dependerá de:

- Das características individuais de cada projetor e contaminação interna por poeira e gases no seu interior. As menores contaminações ocorrem com as luminárias dotadas de filtro de carvão ativado (vide 6.8).
- da contaminação externa, sobre sua lente, devido ao ambiente circunvizinho.
- da depreciação do fluxo luminoso da lâmpada durante a sua vida.

Como valor médio, podemos arbitrar:

Para projetores abertos, $F_d \cong 0{,}65$.

Para projetores fechados: ver Tabela 8.6.

II) Em seguida calculamos o número de projetores necessários, através da fórmula:

$$N = \varphi / \varphi_1 \qquad (8.5)$$

sendo N o número de projetores a utilizar; φ o fluxo luminoso total necessário (lm); e (φ_1) o fluxo luminoso do facho do projetor utilizado (lm).

III) Calculado o número de projetores, deveremos localizá-los de forma a haver uniformidade na iluminância. Para isso, devemos levar em consideração as regras práticas que seguem.

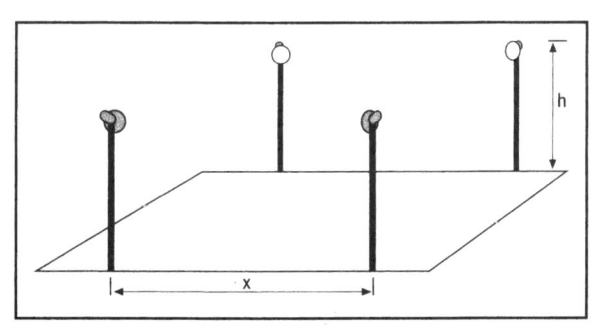

Figura 8.4 — Afastamento máximo entre projetores em função de sua altura de montagem

Tabela 8.6 — Fatores de depreciação F_d para projetores fechados (com graus de proteção* IP5 e IP6)

Intervalo entre limpezas (meses)	Poluição do local					
	Elevada		Média		Baixa	
	IP5	IP6	IP5	IP6	IP5	IP6
6	0,92	0,93	0,93	0,94	0,94	0,95
12	0,89	0,91	0,90	0,92	0,92	0,93
18	0,87	0,90	0,88	0,91	0,91	0,92
24	0,84	0,88	0,86	0,89	0,90	0,91
30	0,79	0,85	0,84	0,88	0,89	0,90
36	0,74	0,82	0,81	0,86	0,88	0,90

* Graus de poteção: vide parágrafo 6.9.1

a) O espaçamento máximo dos projetores (X) não deverá exceder quatro vezes sua altura de montagem (h) (Fig. 8.4).

b) O espaçamento máximo dos projetores não deverá exceder

$$X_{máx} = d \times F / 2 = e / 2 \qquad (8.6)$$

isto é, cada área elementar deverá ser iluminada pelo menos por dois projetores (Fig. 8.3).

c) Devem-se utilizar projetores de facho o mais aberto possível, compatível com a instalação.

Não se deve esquecer também que, por motivo de economia, procura-se sempre usar no projetor a maior lâmpada compatível com a boa uniformidade das iluminâncias, pois assim utiliza-se menor número de unidades na instalação.

Feita a distribuição dos projetores, veremos que geralmente parte do fluxo emitido pelo facho de alguns deles cairá fora da superfície a ser iluminada. Portanto, só uma porcentagem do fluxo luminoso emitido será utilizada na instalação, daí a noção de coeficiente de utilização, que já vimos anteriormente.

Na Fig. 8.5 temos um exemplo de como a abertura do facho pode influir no fator de utilização. Na solução A foi utilizado um projetor com facho demasiadamente aberto, o que ocasionou grande perda de fluxo; já em B temos uma solução correta com a utilização de um projetor de facho mais estreito, o que fez melhorar consideravelmente o fator de utilização da instalação.

As seguintes regras práticas permitem-nos calcular o valor aproximado de Fu:

a) se o facho de todos os projetores caem totalmente dentro da área a ser iluminada, teremos $F_u = 1$;

b) se 50% ou mais dos projetores têm seus fachos totalmente dentro da área a ser iluminada, teremos $F_u \cong 0,75$;

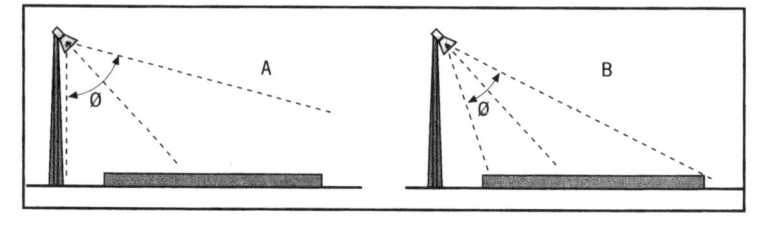

Figura 8.5 — Na iluminação por projetores, devem-se selecionar unidades que possuam adequada abertura de facho

c) se de 25 a 50% dos projetores têm os seus fachos totalmente dentro da área a iluminar, teremos $F_u \cong 0,60$;

d) finalmente, se menos de 25% dos projetores têm seus fachos orientados totalmente para dentro da área a ser iluminada, teremos $F_u \cong 0,40$.

IV) Admitindo um valor para o fator de utilização, podemos agora verificar a iluminância realizada sobre a superfície a iluminar, pela fórmula:

$$E = N \cdot \varphi_1 \cdot F_d \cdot F_u / S \text{ lux.} \tag{8.6}$$

8.3.2 — Método ponto por ponto

Esse método de cálculo, também chamado de método das intensidades luminosas, baseia-se nas leis de Lambert (Cap. 2). Permite o cálculo das iluminâncias em qualquer ponto da superfície individualmente, para cada projetor cujo facho atinja os pontos considerados. As iluminâncias finais em cada ponto serão a soma das iluminâncias proporcionadas pelas unidades individuais nestes mesmos pontos. É um método preciso, de operação trabalhosa, exigindo a utilização de microcomputadores. Eles podem nos fornecer um relatório completo dos dados físicos, memória de cálculo, resultados obtidos, desenhos da disposição das luminárias etc. Várias soluções podem ser testadas de forma a se escolher a mais indicada (vide Fig. 10.3).

8.3.2.1 — *Luminárias dotadas de curvas fotométricas simétricas*

A Fig. 8.6 representa o plano A iluminado pela luminária L montada no ponto de coordenadas $(0, 0, H)$. Ela está focalizada (apontada) para o ponto F $(x_0, y_0, 0)$. Nosso problema é determinar as iluminâncias iniciais horizontal E_H e vertical E_V no ponto a ser iluminado P $(X, Y, 0)$. Consideremos a fonte de luz L como sendo punctual.

Sabemos que a iluminância realizada pela fonte L sobre a área elementar ds, junto ao ponto P, é (Eq.2.13):

$$E_H = I \cos \alpha \ / (LP)^2$$

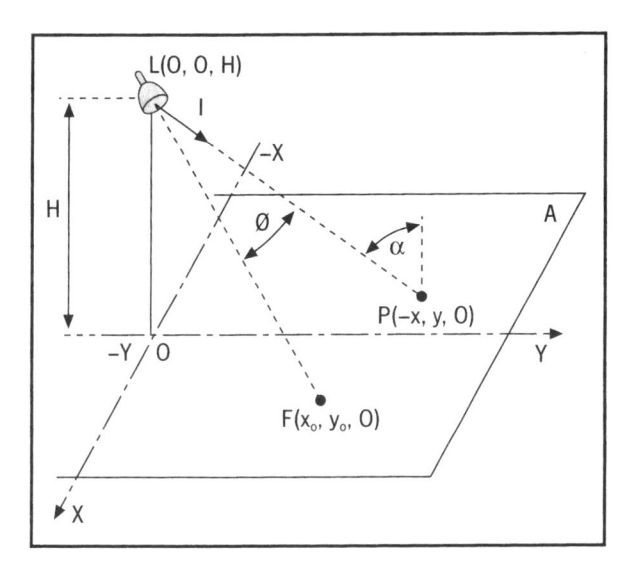

Figura 8.6 — Iluminação por luminárias simétricas

Como: $(LP)^2 = H^2 + X^2 + Y^2$ e $\cos \alpha = H/LP$ teremos:

$$\cos \alpha = H/(H^2 + X^2 + y^2)^{1/2} \text{ e portanto:}$$

$$E_H = IH / (H^2 + X^2 + Y^2)^{3/2} \tag{8.7}$$

Para empregar a fórmula acima precisamos do valor da Intensidade luminosa I que a luminária emite na direção do ponto P. Esse valor é obtido da curva fotométrica da luminária simétrica a ser utilizada no projeto, em função do ângulo θ (ângulo entre a direção do apontamento e a direção do ponto P a ser iluminado).

No triângulo FLP, da figura 8.6, temos que:

$$\cos \theta = ((LF)^2 + (LP)^2 - (FP)^2) / (2 (LF) (LP)) \tag{8.8}$$

Onde: $(LF) = (X_0^2 + Y_0^2 + H^2)^{1/2}$ e $(LP) = (X^2 + Y^2 + H^2)^{1/2}$

$$(PF) = (X - X_0)^2 + (Y - Y_0)^2 = X^2 - 2XX_0 + X_0^2 + Y^2 - 2YY_0 + Y_0^2$$

Substituindo esses valores em (8.8) e simplificando obtemos finalmente:

$$\cos \theta = (H^2 + XX_0 + YY_0) / ((H^2 + X^2 + Y^2)^{1/2} (H^2 + X_0^2 + Y_0^2)^{1/2}) \tag{8.9}$$

Com as equações (8.7) e (8.9) resolvemos o problema do cálculo da Iluminância Horizontal E_H. O valor da Iluminância Vertical E_V, no ponto P, será:

$$E_V/E_H = (PO)/(OL) \text{ ou } E_V = (E_H (X^2 + Y^2)^{1/2})/H = E_H \, tg \, \alpha \tag{8.10}$$

Método de cálculo. Suponhamos que desejamos conhecer a iluminância horizontal no ponto O do plano P produzido pelas fontes $L_1, L_2, L_3,$ e L_4, das quais se conhecem as curvas fotométricas simétricas (projetores circulares) e as alturas de montagem (Fig.8.7). Seguiremos, nesse caso, a seguinte marcha:

a) inicialmente determinamos as distâncias Y_1, Y_2, Y_3 e Y_4 do ponto O ao pé das perpendiculares que passam pelo centro dos projetores;

b) determinamos os ângulos $\alpha_1, \alpha_2, \alpha_3$ e α_4, e calculamos os respectivos valores dos $\cos^3 \alpha$;

c) das curvas fotométricas das fontes de luz utilizadas, tiramos os valores das intensidades luminosas, I_1, I_2, I_3 e I_4, de acordo com os ângulos respectivos.

d) calculamos a seguir os valores das iluminâncias horizontais $E_{H1}, E_{H2}, E_{H3},$ e E_{H4}, pela expressão (8.7).

e) finalmente, pelo método da superposição, teremos:

$$E_H = E_{H1} + E_{H2} + E_{H3} + E_{H4} \tag{8.11}$$

No caso de cálculo da iluminância vertical no ponto O utilizaremos a fórmula (8.10).

8.3.2.2 — *Luminárias dotadas de curvas fotométrica assimétricas*

Nesse caso a solução do problema é muito mais complexa. As referências bibliográficas geralmente ignoram o assunto ou sugerem soluções gráficas.

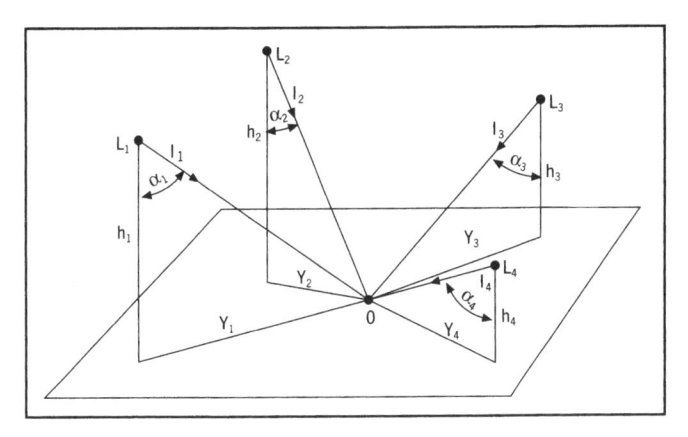

Figura 8.7 — Iluminância promovida simultaneamente por várias fontes simétricas e puntiformes sobre um ponto de um plano horizontal

Como agora a luminária possui distribuição luminosa assimétrica, temos dois ângulos de fotometria para cada ponto P iluminado (ângulo de fotometria horizontal α e ângulo de fotometria vertical β), conforme a figura 8.8. Conhecidos esses dois ângulos e possuindo uma planilha de Distribuição de Intensidades luminosas (Fig.8.9a, lado esquerdo), podemos determinar os valores das intensidades luminosas I em candelas, incidentes em cada ponto iluminado.

Geralmente essas planilhas fornecem os valores das Intensidades luminosas referidas a 1.000 *lúmens da lâmpada*, portanto devemos corrigir seus valores para o fluxo real da lâmpada utilizada.

Obtido o valor corrigido da intensidade luminosa, entramos nas equações da Fig.8.8 que nos permitem o cálculo da iluminância inicial em lux, no ponto considerado. O método de cálculo é daqui para a frente idêntico ao explicado para as luminárias simétricas.

Nota: As fórmulas da Fig.8.8, para determinação dos ângulos α e β, não foram deduzidas neste livro, devido à sua extensão. As respectivas deduções, que acreditamos serem originais, poderão ser encontradas na publicação de nossa autoria: "*Método preciso de cálculo de iluminação por computador*" (vide a bibliografia no final do capítulo).

Equações da figura 8.8

$$K = \frac{X_0^2 + Y_0^2 + H^2}{X_0 X + Y_0 Y + H^2}$$

$$K_1 = KX(X_0^2 + Y_0^2) + (K-1)X_0 H^2$$

$$K_2 = KY(X_0^2 + Y_0^2) + (K-1)Y_0 H^2$$

$$\cos\alpha = \frac{K_1 X_0 + K_2 Y_0 + H^2(X_0^2 + Y_0^2)}{(X_0^2 + Y_0^2 + H^2)^{0,5} \times (K_1^2 + K_2^2 + H^2(X_0^2 + Y_0^2)^2)^{0,5}}$$

$$\cos\beta = \frac{X_0 X + Y_0 Y + H^2) \times (X_0^2 + Y_0^2)^{0,5}}{(X_0^2 + Y_0^2 + H^2)^{0,5} \times ((X_0 X + Y_0 Y)^2 + H^2(X_0^2 + Y_0^2))^{0,5}}$$

$$E = \frac{IH}{(X^2 + Y^2 + H^2)^{1,5}}$$

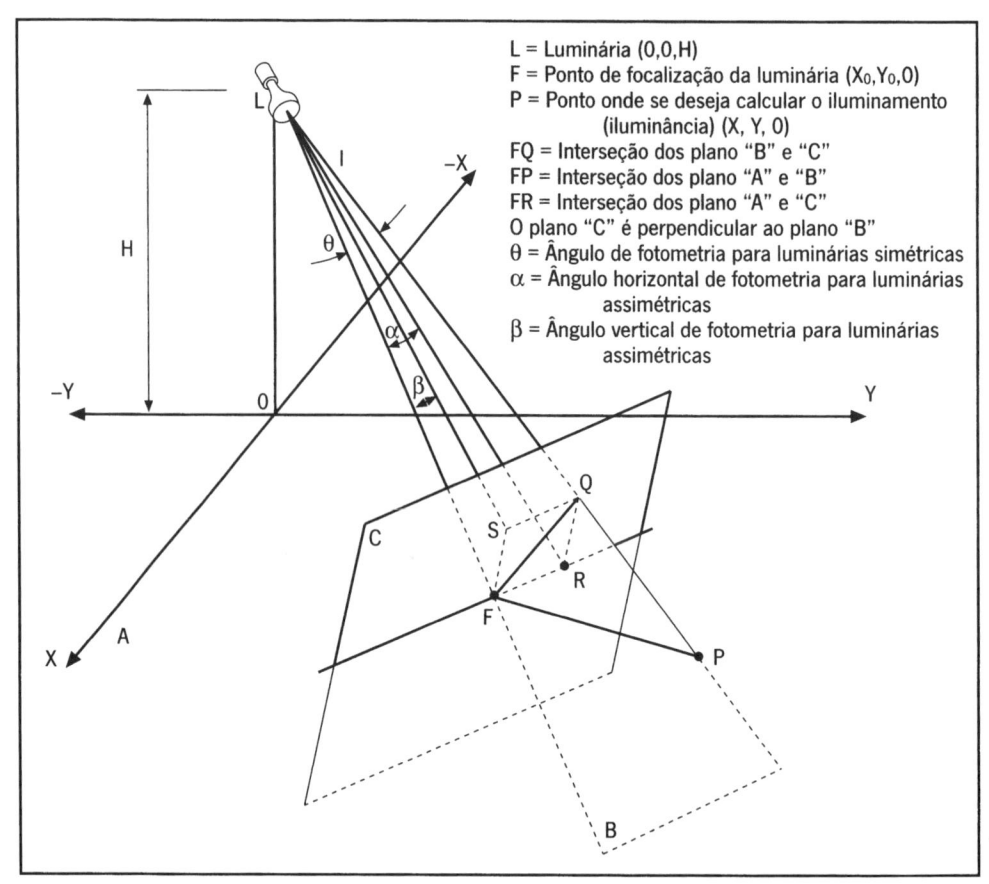

L = Luminária (0,0,H)
F = Ponto de focalização da luminária (X₀,Y₀,0)
P = Ponto onde se deseja calcular o iluminamento
        (iluminância) (X, Y, 0)
FQ = Interseção dos plano "B" e "C"
FP = Interseção dos plano "A" e "B"
FR = Interseção dos plano "A" e "C"
O plano "C" é perpendicular ao plano "B"
θ = Ângulo de fotometria para luminárias simétricas
α = Ângulo horizontal de fotometria para luminárias
        assimétricas
β = Ângulo vertical de fotometria para luminárias
        assimétricas

Figura 8.8 — Iluminação por luminárias assimétricas

8.3.3 — Método baseado na distribuição dos fluxos luminosos do facho dos projetores

A Fig.8.9a, lado direito, apresenta a distribuição dos fluxos luminosos, (lúmen/1.000 lm) e no seu lado esquerdo das intensidades luminosas (candelas cd/1.000 lm), emitidos nos diversos intervalos angulares por um projetor típico que ilumina a área S (Fig. 8.9b).

O fluxo luminoso total dessa luminária que atingirá a superfície S (Fig. 8.98) está subentendido entre os ângulos verticais α_1 e α_2 e pelos horizontais β_1 e β_2 que corresponde ao dobro da área escura da Fig.8.9a (deve-se multiplicar por dois os fluxos luminosos desta área porque sua planilha de distribuição representa unicamente o lado direito da luminária). A iluminância média, para 1.000 lm da lâmpada, sobre S será

$$E_{1.000\,lm} = \frac{\text{Fluxo subentendido pelos ângulos } \alpha \text{ e } \beta}{X \cdot Y} \qquad (8.12)$$

Ou, a iluminância média na área S será:

$$E_{médio} = E_{1.000\,lm} \cdot \frac{\text{Fluxo luminoso da lâmpada}}{1.000} \ lux \qquad (8.13)$$

(ver exemplo de cálculo no problema do item 8.7.2).

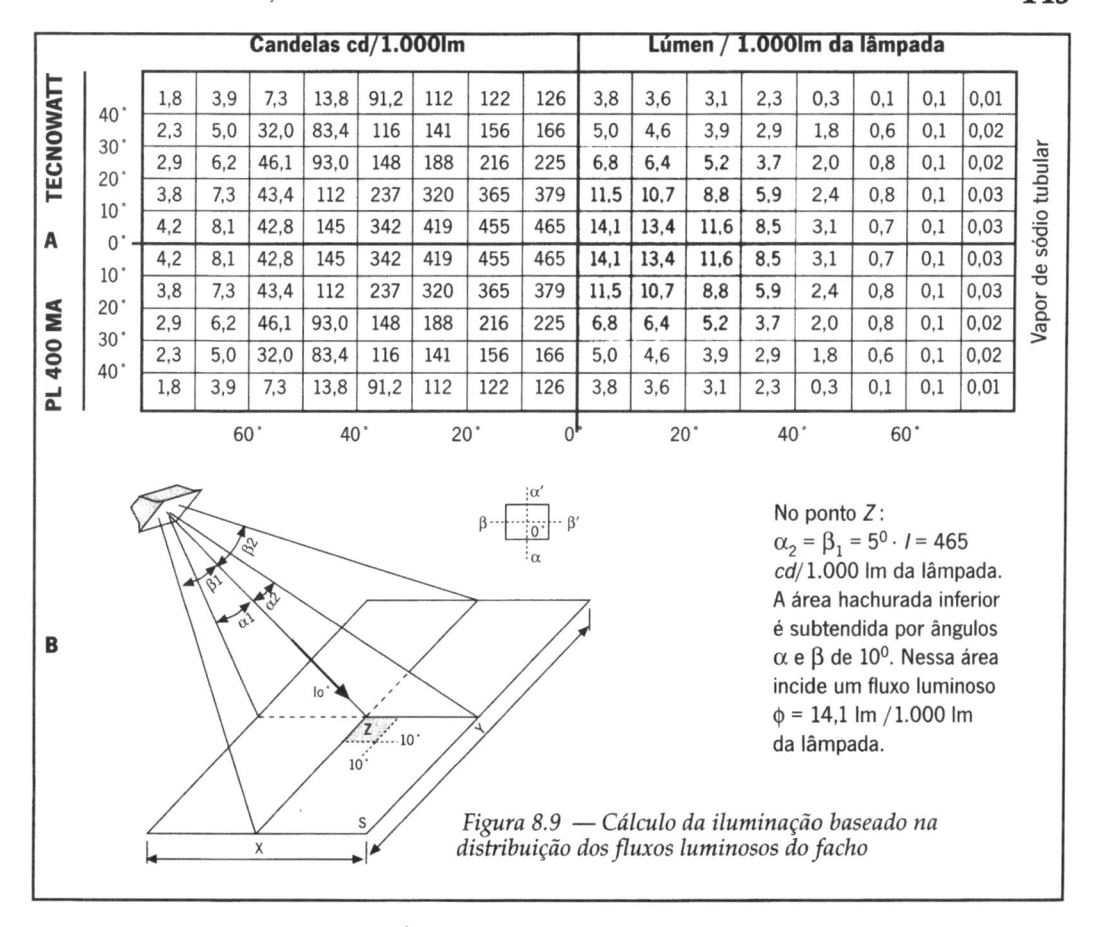

		Candelas cd/1.000lm								Lúmen / 1.000lm da lâmpada								
A **TECNOWATT**	40°	1,8	3,9	7,3	13,8	91,2	112	122	126	3,8	3,6	3,1	2,3	0,3	0,1	0,1	0,01	**Vapor de sódio tubular**
	30°	2,3	5,0	32,0	83,4	116	141	156	166	5,0	4,6	3,9	2,9	1,8	0,6	0,1	0,02	
	20°	2,9	6,2	46,1	93,0	148	188	216	225	6,8	6,4	5,2	3,7	2,0	0,8	0,1	0,02	
	10°	3,8	7,3	43,4	112	237	320	365	379	11,5	10,7	8,8	5,9	2,4	0,8	0,1	0,03	
	0°	4,2	8,1	42,8	145	342	419	455	465	14,1	13,4	11,6	8,5	3,1	0,7	0,1	0,03	
PL 400 MA	10°	4,2	8,1	42,8	145	342	419	455	465	14,1	13,4	11,6	8,5	3,1	0,7	0,1	0,03	
	20°	3,8	7,3	43,4	112	237	320	365	379	11,5	10,7	8,8	5,9	2,4	0,8	0,1	0,03	
	30°	2,9	6,2	46,1	93,0	148	188	216	225	6,8	6,4	5,2	3,7	2,0	0,8	0,1	0,02	
	40°	2,3	5,0	32,0	83,4	116	141	156	166	5,0	4,6	3,9	2,9	1,8	0,6	0,1	0,02	
		1,8	3,9	7,3	13,8	91,2	112	122	126	3,8	3,6	3,1	2,3	0,3	0,1	0,1	0,01	

60°   40°   20°   0°   20°   40°   60°

No ponto Z:
$\alpha_2 = \beta_1 = 5^0 \cdot I = 465$
$cd/1.000$ lm da lâmpada.
A área hachurada inferior
é subtendida por ângulos
α e β de 10^0. Nessa área
incide um fluxo luminoso
$\phi = 14,1$ lm / 1.000 lm
da lâmpada.

Figura 8.9 — Cálculo da iluminação baseado na distribuição dos fluxos luminosos do facho

8.4 — MONTAGEM E FOCALIZAÇÃO (apontamento) DOS PROJETORES

8.4.1 — Disposições típicas de montagem

a) Para a iluminação de pequenas áreas: nesse caso, poderemos montar as luminárias de acordo com as Figs. 8.10 e 8.11.

b) Para iluminação de áreas maiores: adotaremos, por exemplo, as sugestões das Figs. 8.12 e 8.13.

e) Para iluminação de passagens estreitas: vide sugestão da Fig.8.14.

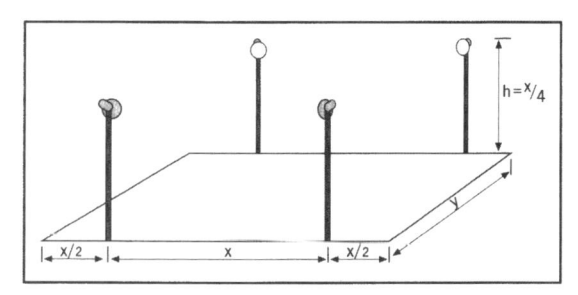

Figura 8.10 — Disposição de luminárias para iluminação de uma área

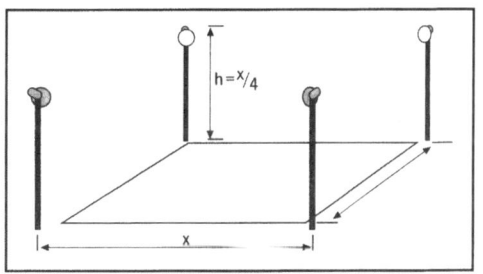

Figura 8.11 — Iluminação de pequena área externa

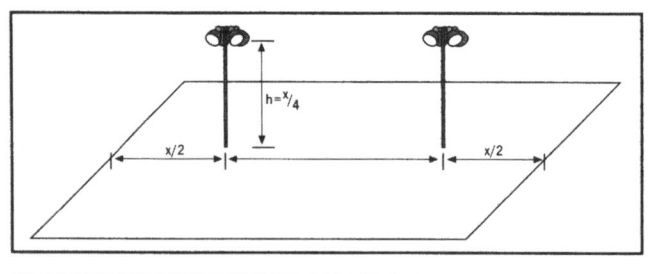

Figura 8.12 — Localização possível de luminárias para iluminação de grandes áreas

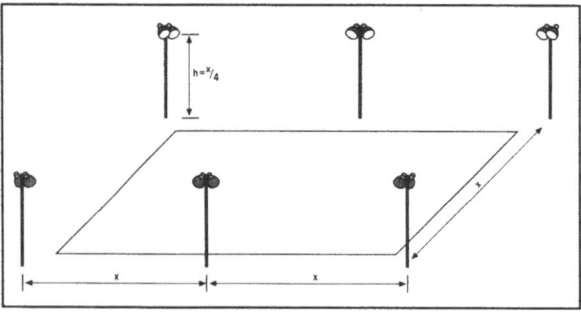

Figura 8.13 — Outra disposição de luminárias para iluminação de grandes áreas

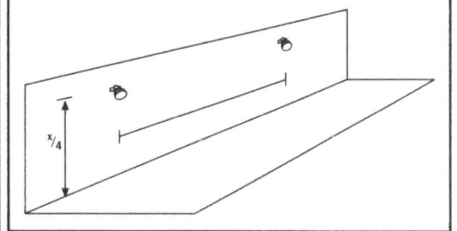

Figura 8.14 — Localização de luminárias para iluminação de passagens estreitas

8.4.2 — Focalização dos projetores

A correta focalização (apontamento) dos projetores utilizados em um projeto de iluminação tem importância decisiva no resultado final obtido, pois dela depende o fator de utilização da instalação e, portanto, o nível médio e a uniformidade das iluminâncias obtidas além do ofuscamento que a instalação pode provocar.

A figura 8.15 mostra simplificadamente as iluminâncias proporcionadas, sobre um plano, por um projetor assimétrico apontado para o ponto P_1. Os maiores níveis de iluminância não estão, nesse caso, próximos ao ponto de apontamenrto visto a distância entre o projetor e o ponto P_1 ser elevada e a iluminância variar inversamente com o quadrado desta distância (Eq. 2.13).

A figura 8.16 indica regras básicas que ajudam na determinação do ponto de focalização dos projetores:

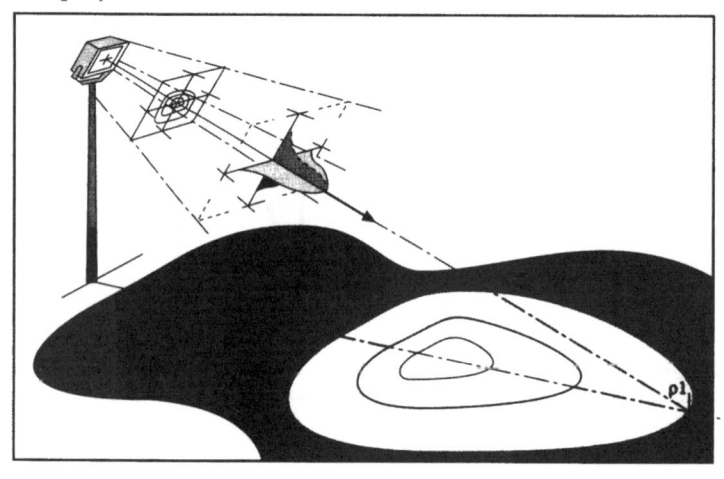

Figura 8.15

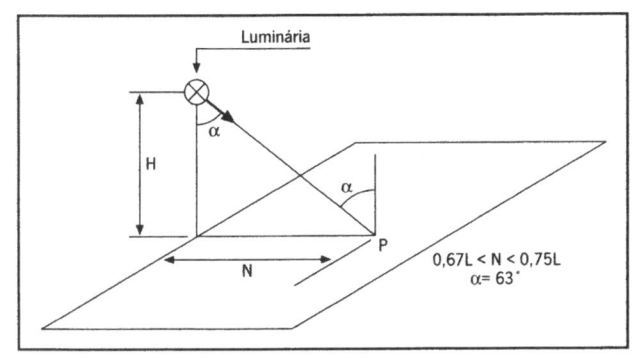

Figura 8.16

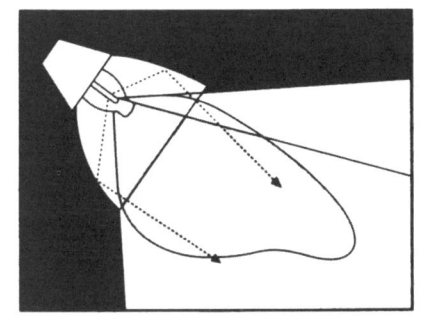
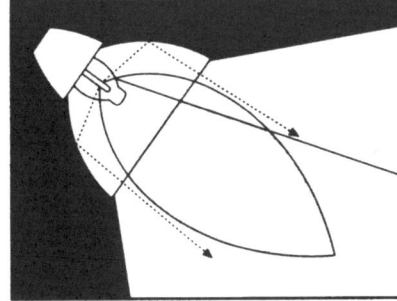

*Figura 8.17
Projetores com
curva fotométrica
vertical assimétrica
(à esquerda) e
simétrica (à direita)*

- O ponto de apontamento dos projetores deve ser a uma distância entre 67% e 75% da largura do local a ser iluminado.

- O máximo nível de iluminância média horizontal, promovida em uma área por um projetor de facho vertical simétrico, é obtida quando ele é apontado com um ângulo α de 53° com a vertical.

- Deve-se procurar manter um ângulo de incidência inferior a 63°, para minimizar o ofuscamento (Fig.8.16).

Quando uma área, como da figura 8.14, é iluminada por poucos projetores, consegue-se elevar o fator de utilização, a iluminância nas áreas próximas aos projetores e o nível médio de iluminâncias utilizando projetores de curva fotométrica vertical assimétrica (denominados multifocais) que emitem maiores intensidades luminosas (Fig.8.17) para regiões próximas ao poste de fixação.

8.5 — ILUMINAÇÃO DE FACHADAS E MONUMENTOS

É um dos grandes campos de aplicação da iluminação por projetores. Inicialmente sua finalidade essencial era chamar a atenção do público para determinados edifícios comerciais e indústriais. Hoje o sentido dessa iluminação é muito amplo, incluindo decoração ambiental, iluminação artística e evocação do passado (espetáculos de luz e som).

Principais pontos a considerar:
- Tipo de edificação (dimensões, idade, história)
- Cor das paredes
- Níveis de iluminância nas redondezas
- Vegetação e arborização do local
- Escolha e localização das luminárias
- Ocorrência de vandalismo

Um dos sérios problemas da iluminação por projetores é que os motivos a serem iluminados foram projetados pelos seus arquitetos para serem vistos à luz diurna provinda do sol (fonte luminosa puntual, única, provinda do espaço superior). Já a iluminação artificial provém, normalmente, de várias luminárias montadas em níveis baixos em relação ao motivo a ser iluminado. Com isso, as sombras laterais são falseadas e as verticais mudam 180° em sua posição, e poderá ser prejudicada a sensação de profundidade e a aparência geral do monumento.

Esses problemas podem ser contornados, em parte com um estudo cuidadoso do tipo e localização das luminárias, de forma preservar as principais características arquitetónicas da obra. Deve-se notar que os monumentos não iluminados poderão ficar invisíveis à noite, perdendo parte de sua finalidade. Além disso, com a iluminação artificial podem-se criar novas sensações no espectador como, por exemplo, a sensação de magia e irrealidade criada pelo halo luminoso ao redor dos motivos iluminados.

Os níveis de iluminância recomendados para essa aplicação podem variar sensivelmente nos diversos casos específicos, dependendo especialmente da refletância das superfícies a serem iluminadas e do nível de iluminância dos arredores do local onde está o monumento (Tab. 8. 2). A refletância das fachadas e monumentos pode ser grandemente melhorada com sua limpeza periódica ou pintura. Essa observação é extremamente importante em locais muito poluídos.

No caso de motivos em que predominam as cores quentes, a iluminação com lâmpadas halógenas poderá ser uma boa opção. Nos casos de motivos brancos, cinza e de cores frias, poderemos lançar mão da iluminação com lâmpadas de vapor de mercúrio ou, preferencialmente, de iodeto metálico. Finalmente, nas fachadas amareladas, a lâmpada de vapor de sódio de alta pressão poderá ser a solução indicada.

Como exemplo de uma instalação, temos a do Cristo Redentor do Corcovado (Fig. 8.18), no Rio de Janeiro, onde foram utilizadas lâmpadas de iodeto metálico e filtros ultravioleta para manter o equilíbrio ambiental da floresta adjacente.

Figura 8.18 — Iluminação do Cristo Redentor com projetores de facho estreito

Figura 8.19 — Castelo medieval em um espetáculo de luz e som

Outro exemplo é a iluminação da torre da TV Nacional em Brasília (altura total de 207m) onde foram empregadas também as lâmpadas vapor de sódio de 400W. Na iluminação da base foram usados 8 projetores retangulares assimétricos, de facho aberto, para duas lâmpadas. Na iluminação da torre propriamente dita foram instalados 62 projetores P470MVR, para uma lâmpada tubular, com curva fotométrica simétrica e facho estreito, montados nas alturas de 25,52,70 e 75m (Fig.8.20).

Nos espetáculos de luz e som, que hoje se tornam cada dia mais comuns, utiliza-se a iluminação por projetores para reviver locais e objetos de interesse histórico. Enquanto a história do edifício ou monumento é contada através de vários canais de som estereofônico, grupos de projetores são energizados, iluminando trechos dos edifícios, fazendo um fundo luminoso à narrativa. A iluminação poderá ser branca ou colorida, particularizada ou por silhueta. Com essa técnica combinada, conseguem-se efeitos que não seriam possíveis com uma apresentação estática.

Figura 8.20 — Torre da TV Nacional, Brasília (foto do autor)

8.6 — ILUMINAÇÃO DE ESTÁDIOS

As técnicas utilizadas para iluminação esportiva têm mudado bastante nos últimos anos. Foram responsáveis por tais mudanças os desenvolvimentos das lâmpadas iodeto metálico para grandes potências, das lâmpadas de arco curto com dimensões reduzidas e da tecnologia de construção de refletores para luminárias com alumínio de alto brilho (Fig.8.1, 8.21 e 8.22). Também foi responsável o grande interesse atual pela transmissão de jogos, campeonatos, olimpíadas e outros acontecimentos externos nas grandes cadeias de televisão.

A iluminação com lâmpadas fluorescentes só é possível em casos especiais, de pequenos ginásios cobertos e na iluminação das partes destinadas aos espectadores, visto suas potências serem pequenas e a dificuldade de orientação de seu fluxo luminoso por luminárias adequadas. As lâmpadas de vapor de mercúrio de cor corrigida, com seu bulbo fosco, apesar

Figura 8.21 — Projetor para lâmpada de iodeto metálico de arco curto. (foto do autor)

Figura 8.22 — Projetor de elevado rendimento com distribuição luminosa assimétrica (foto do autor)

de possuírem boa eficiência luminosa, apresentam o problema do difícil controle de seu fluxo luminoso pelos projetores, além da incorreta reprodução das cores para muitas aplicações.

As lâmpadas incandescentes halógenas de iodo podem ser aplicadas na iluminação esportiva. Sendo de reduzidas dimensões, é fácil a correta orientação de seu fluxo luminoso por luminárias adequadas. Seu fluxo luminoso mantém-se aproximadamente constante durante a vida, mas sua baixa eficiência luminosa limita seu uso às pequenas instalações.

A atividade esportiva pode ser ao nível do chão ou acima dele (aérea). No *hockey*, a atividade esportiva se dá especialmente ao nível do chão e o posicionamento das luminárias não é muito crítico. No basquetebol, o jogo é especialmente ao nível do chão, mas a colocação das luminárias nas partes traseiras do campo é crítica. Já no tênis e no futebol, temos jogadas rasteiras e aéreas. Contudo, como elas são predominantemente direcionais, uma boa solução é a iluminação pelos lados do campo.

Outro fator a ser levado em consideração é a posição dos espectadores. As luminárias devem estar preferivelmente fora de seu campo de visão, ou então possuírem dispositivos para limitação do ofuscamento (Fig.8.1). Deve-se verificar se a solução encontrada não vai produzir também excessivo deslumbramento dos jogadores. Esse fator é especialmente importante nos jogos com bola alta.

Normalmente se consegue reduzir o ofuscamento com a utilização de projetores com pequena abertura de facho. Já existem projetores para lâmpadas de vapores metálicos e de sódio com aberturas de facho relativamente pequenas. Porém, nesse caso, com os elevados níveis de iluminância modernamente empregados, às vezes temos de trabalhar em níveis indesejáveis de deslumbramento.

Quanto à melhor temperatura de cor das lâmpadas para iluminação esportiva, ainda existe alguma controvérsia. Nos estádios abertos ela é de 6.000 ± 500K. Já nos estádios cobertos encontramos instalações que trabalham entre 2.800 e 6.500K. A seleção da temperatura de cor mais indicada dependerá também das facilidades de controle das estações de TV coloridas.

Quando se utilizam lâmpadas de descarga de alta pressão, devemos levar em conta seu tempo de reacendimento, pois poderão ocorrer, num estádio às escuras, tumultos incontroláveis. Nesse caso, deverá ser adotada uma instalação de iluminação de emergência, com lâmpadas halógenas que promovam um nível de iluminância da ordem de 5 a 10 % do nominal. Também poderão ser utilizados, em alguns dos projetores, lâmpadas de iodeto metálico e reatores de construção especial, que permitam sua reignição instantânea em alta tensão. A utilização generalizada desses reatores e luminárias dotadas de isolamento elétrico especial não é aconselhável, devido a seu custo elevado.

Outro ponto importante é manter a instalação funcionando nas condições elétricas do projeto. Variações na tensão de alimentação e mesmo o ângulo de inclinação das lâmpadas de descarga poderão afetar a composição espectral da luz produzida. As variações de temperatura de cor entre as diversas lâmpadas de uma mesma instalação não deverão ultrapassar 500K da temperatura de cor média.

8.7 — PROBLEMAS

1. Projetar a iluminação de uma quadra de basquetebol, sendo conhecidos os seguintes dados: comprimento da quadra, 24 m; largura da quadra, 14 m; nível de iluminância recomendado, aproximadamente 220 lux; altura de montagem indicada para os

projetores, 10m; lâmpadas a serem utilizadas: iodeto metálico de 400W (ovóide). Características do projetor a ser utilizado:

Lâmpada (W)	Abertura do facho horizontal e vertical	Fluxo luminoso do facho (lm)	Fator F	F_d
400	78°	13.400	1,72	0,75

Solução:

a) O fluxo luminoso necessário será:

$$\varphi = (ES)/F_d = (220 \times 24 \times 14)/0,75 = 98.560 \text{ lm}$$

b) Calculemos o número necessário de projetores:

$$N = \varphi / \varphi_1 = 98.560 / 13.400 = 7,36. \text{ Usaremos 8 unidades.}$$

c) A iluminância média horizontal obtida será:

$$E = (N \, \varphi_1 \, F_d \, F_u)/S = (8 \times 13.400 \times 0,75 \times 0,9^{**})/(24 \times 14) = 215 \text{ lux}$$

d) Outros: \quad *Localização dos projetores: de acordo com a Fig. 8.23.

\quad * O diâmetro do facho projetado no ponto A será: $e = d \cdot F$

onde: $d = ((3 + 3,5)^2 + 10^2)^{1/2} = 11,93\text{m}$

logo: $e = 11,93 \times 1,72 = 20,5\text{m}.$

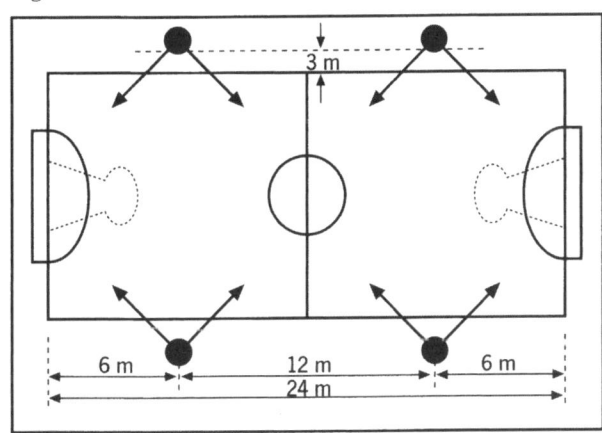

Figura 8.23 — Localização dos projetores para iluminação de quadra de basquetebol

Portanto o facho de cada projetor cobrirá mais que toda a quarta parte da quadra que lhe está frontal. Obteremos, portanto, uma iluminância bastante uniforme, pois cada ponto da quadra poderá receber fluxo luminoso de pelo menos dois projetores.

**Nota: tomamos $F_u = 0,9$, porque será pequena a porcentagem de fluxo dos projetores que não atingirá a superfície a ser iluminada.

2. Calcular, para as condições da Fig.8.9, a iluminância média proporcionada pelo projetor, sendo conhecidos:

$$\alpha_1 = \alpha_2 = 30°; \beta_1 = \beta_2 = 40° ;$$

lâmpada utilizada: vapor de sódio de 250W ($\phi = 26000$ lm);

$$X = 12,0\text{m}; Y = 16,0\text{m}$$

Solução:

> O fluxo luminoso total emitido (por 1.000lm da lâmpada) em direção a área a iluminar é (vide o dobro do fluxo luminoso emitido dentro da área hachurada da Fig. 8.9a, lado direito limitada pelos ângulos de 30° e 40° respectivamente):
>
> $$2 \times 213,2 = 426,4 \text{ lm, logo:}$$
>
> $$E_{1.000\,lm} = 426,4/12 \times 16 = 2,22 \text{ lux ou } E_{méd} = 2,22 \times 26.000/1.000 = 57,8 \text{ lux.}$$

8.8 — EXEMPLOS DE INSTALAÇÕES (cortesia da Tecnowatt)

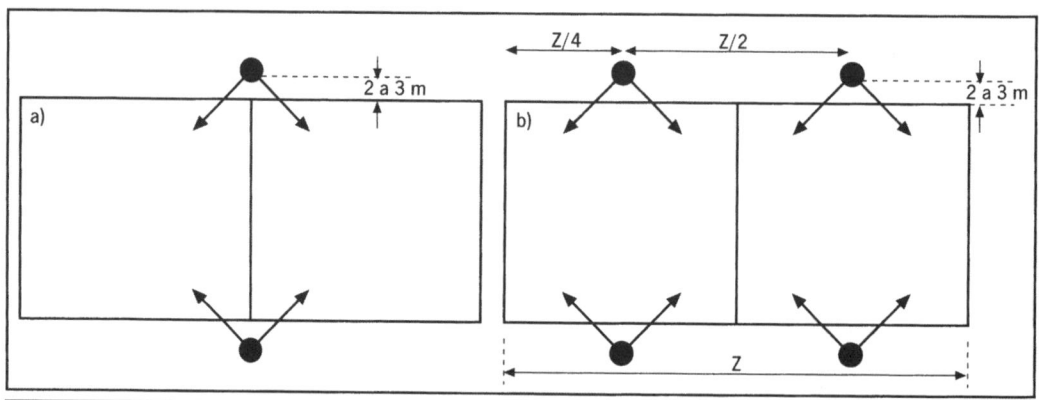

Padrão de jogo	Figura	Projetor	Lâmpada		
			Vapor de mercúrio HQL 400W	Vapor metálico Ovóide HQI E 400W	Vapor metálico Tubular HQI T 400W
			N.º de projetores por poste		
Treinamento ou recreio	a)	PL 400MV	2	2	2
		PL 400MA			
Jogo	b)	PL 400MV			
		PL 400MA			

Figura 8.24 — Sugestão para iluminação de quadra de voleibol

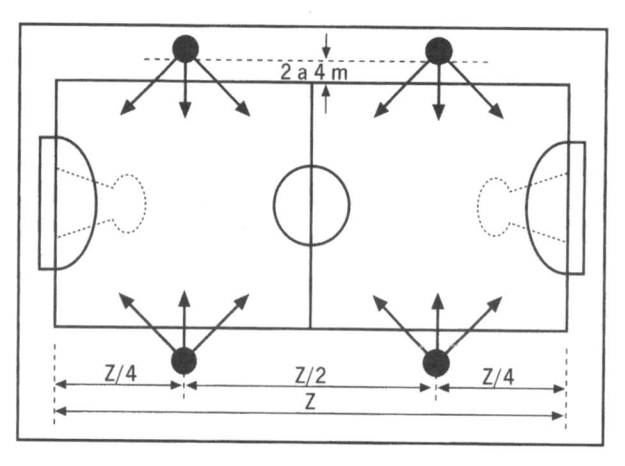

Figura 8.25 — Sugestão para iluminação de quadra de basquetebol ou futsal

Padrão de jogo	Figura	Projetor	Lâmpada		
			Vapor de mercúrio HQL 400W	Vapor metálico Ovóide HQI E 400W	Vapor metálico Tubular HQI T 400W
			N.º de projetores por poste		
Treinamento ou recreio	a)	PL 400MV	3	2	2
		PL 400MA	4	3	3
Jogo	b)	P 400MVR	4	3	3
		PL 400MA	5	4	4

Tabela da Figura 8.25

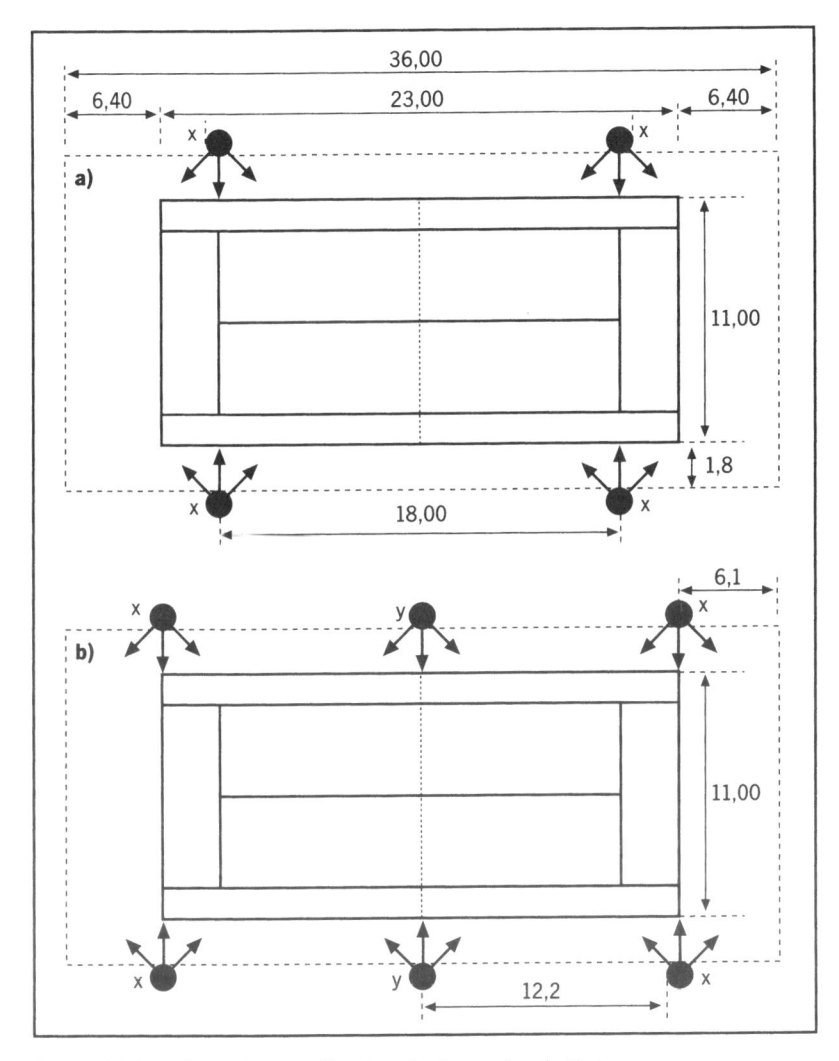

Figura 8.26 — Sugestão para iluminação de quadra de tênis

Padrão de jogo	Figura	Projetor	Lâmpada					
			Vapor de mercúrio HQL 400W		Vapor metálico Ovóide HQI E 400W		Vapor metálico tubular HQI T 400W	
			N.º de projetores por poste					
			X	Y	X	Y	X	Y
Treinamento ou recreio	a)	PL 400MV	4	–	3	–	3	–
		PL 400MA	5	–	4	–	4	–
Jogo	b)	P 400MVR	3	3	3	3	3	3
		PL 400MA	4	5	3	4	3	4

Tabela da Figura 8.26

BIBLIOGRAFIA

ABNT — NBR/IEC 598 - *Luminárias.*

ABNT — NBR 5413 - *Iluminância de interiores.*1992.

ACEC — *Manual d'éclairage.* Diffusion Gamma, Bélgica, 1969.

Ervaldo Garcia Junior — *Luminotécnica.* Editora Érica Ltda. São Paulo.1996.

G.E. — *Fundamentals of light and lighting.* Catálogo LD-2, 1960.

G.E. — *Flood lighting manual.* Catálogo 6175.

I.E.S. — *Airport service area lighting.* N.Y. 1987.

I.E.S. — *Lighting handbook.* 8ª edição, 1993.

I.E.S. — *Sports and recreation area lighting.* RP-6-88.

I.E.S. — *Sports Lighting.* 1989.

J. Frier — *Industrial Lighting Systems,* Mc Graw Hill Book Co, 1980.

Lino Richard — *Elementi di Illuminotecnica.* Associazione Italiana di Illuminazione. Milão, 1971.

Moreira, Vinicius A. — *Método preciso para cálculo de iluminação por computador.* X Seminário nacional de distribuição de energia elétrica. Eletrobrás. Rio de Janeiro, Outubro 1988.

Phillips —*Manual de iluminación.* 5ª edição.Buenos Aires. 1995

Phillips ,Derek — *Foodlighting of Buildings,* RIBA, London, 1983.

Tecnowatt — *Ilumine.* Software para cálculo de iluminação. Contagem-MG. 1999.

W.E. Barrows — *Luz, fotometria y luminotecnia.* Editorial Hispano-Americana, Buenos Aires, 1960.

W. Lowel and Maloney Laurence — *Illuminance selection procedure for sports lighting.* Eldorado engineering, Glenwood Springs, Colorado, 1982.

CAPÍTULO 9

ILUMINAÇÃO PÚBLICA

9.1 — INTRODUÇÃO

No capítulo anterior estudamos os processos de cálculo de iluminação de exteriores. A iluminação pública é também uma iluminação exterior, mas seu estudo envolve uma série de particularidades, o que obriga a tratá-la em separado, num capítulo exclusivo.

Principais pontos a considerar:
- Tráfego motorizado
- Trânsito de pedestres
- Comércio e vida noturna
- Níveis de iluminância a usar
- Vegetação e arborização do local
- Escolha e localização das luminárias
- Posteação e circuitos elétricos
- Facilidade de manutenção
- Ocorrência de vandalismo

Um projeto de iluminação pública deve obedecer ao seguinte programa:

a) classificação e zoneamento das vias segundo sua importância (tráfego de veículos, trânsito de pedestres, importância comercial, etc.);

b) fixação dos níveis de iluminância;

c) seleção das lâmpadas e luminárias a serem utilizadas;

d) localização das luminárias;

e) cálculo da iluminância das vias públicas.

9.2 — CLASSIFICAÇÃO DAS VIAS PÚBLICAS

A norma brasileira para iluminação pública (NBR 5101) classifica as vias, conforme sua natureza, em A, B e C.

Classe A são as vias rurais ou as estradas.

Classe B são as vias de ligação entre centros urbanos e suburbanos.

Classe C são as vias urbanas, caracterizadas pela existência de construções ao longo da via e a presença de tráfego motorizado ou de pedestres em maior ou menor escala (Fig. 9.1).

De acordo com o trânsito de veículos, a classificação é feita de acordo com a Tab. 9.1. Já o trânsito de pedestres poderá ser classificado de acordo com a Tab. 9.2.

Tabela 9.1

Classificação	Número de veículos (máximo para horário noturno em ambas as direções)
Tráfego leve Tráfego médio Tráfego intenso	150 a 500 500 a 1.200 acima de 1.200

9.3 — FIXAÇÃO DOS NÍVEIS DE ILUMINÂNCIA

A fixação dos níveis de iluminância média de uma via é um dos pontos básicos de um projeto de iluminação. Essa iluminância média é a proporcionada sobre um plano hipotético distante de 10 a 15 cm do pavimento. Podemos para isso utilizar a Tab. 9.3, que nos indica as iluminâncias médias horizontais recomendadas entre os meios-fios de áreas de vias retas e de nível ou de curvas suaves. Nos cruzamentos importantes, o nível de iluminância deverá ser a soma dos indicados para cada uma das artérias que se cruzam.

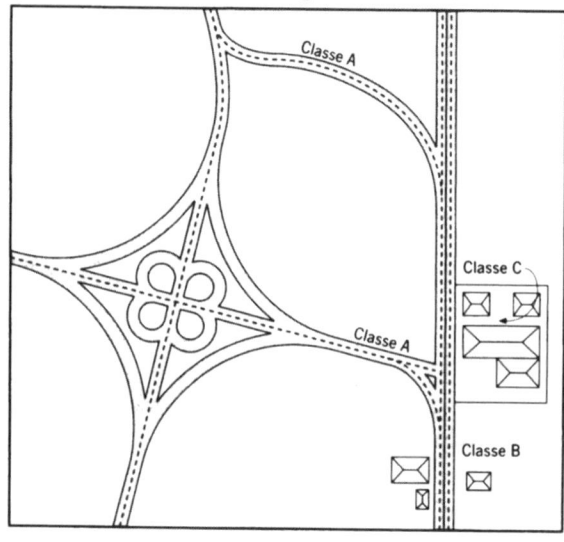

Figura 9.1 — Classificação das vias públicas

Tabela 9.2

Classificação	Pedestres cruzando as vias
Deserto	Como nas vias classe A não existem praticamente pedestres
Leve Médio Intenso	Como nas ruas de bairros residenciais Como nas ruas comerciais secundárias Como nas ruas comerciais principais

O valor mais baixo da iluminância (E mínimo) sobre o eixo da pista não deverá, nos casos gerais, ser inferior a um quarto da iluminância máxima (E máximo) sobre o mesmo eixo (fator de uniformidade no eixo da pista superior a 0,25). Os fatores de uniformidade gerais sobre a pista podem variar de 0,05 (para vias de tráfego leve) até 0,2, no caso de vias de tráfego intenso. Também a variação da iluminância entre dois pontos adjacentes quaisquer, (distanciados entre si de 1,5m) na pista de rolamento, deve ser tal que a razão entre a maior e a menor iluminância esteja acima de 0,4 (vias de tráfego leve), 0,5 (vias de tráfego médio) ou 0,7 (vias de tráfego intenso).

Tabela 9.3 – Níveis mínimos de iluminância média horizontais (lux) (vias classe B e C)

Trânsito de pedestres	Tráfego motorizado		
	Leve	Médio	Intenso
Leve	3	7,5	15
Médio	7,5	15	20
Intenso	15	20	25

* As vias de classe A, grandes artérias, locais principais de cidades, cruzamentos, túneis, praças e pontes deverão ser estudados individualmente.
* Tabela para pisos de asfalto. Para concreto claro adotar 2/3 dos valores acima.

Várias normas estrangeiras fixam os níveis de luminância, ao invés de iluminância, a serem realizados num projeto. É um procedimento mais preciso, mas de maior dificuldade de realização, pois exige, além das características óticas das luminárias , a padronização dos asfaltos e pavimentos (pelo DNER e prefeituras), além de maiores investimentos nos equipamentos de medição (veja os Itens 2.8, 3.7 e 9.4).

As técnicas de utilização da luminância tiveram seu estudo desenvolvido especialmente após 1965, quando pela primeira vez recomendou-se, em congresso internacional, sua utilização quando do projeto de iluminação de vias públicas. Naquela época foram fixados os níveis de luminância de 2 cd/m^2 para as vias importantes, 1 cd/m^2 para ruas menos importantes, e 0,5 cd/m^2 para os pavimentos secundários ou de vias residenciais (Tab. 9.4), o que corresponde a soluções tecnicamente superiores às indicadas na Tab. 9.3.

Existe um campo virgem a ser explorado dentro da técnica da luminância. Os laboratórios luminotécnicos que trabalham com técnicas de luminância devem utilizar goniômetros automatizados, que permitam passar as milhares de medições diretamente aos computadores.

Tabela 9.4

Tipo de via	Nível médio de luminância (cd/m^2)	Deslum-bramento	Lux (aprox.) Pavimento		Tipo de distribuição da luminária (Item 9.7)	
			Claro	Escuro	Aconselhável	Tolerável
*Vias expressas	2	Muito reduzido	70	140	Limitada	Semi-limitada
*Artérias principais	2	Reduzido	70	140	Limitada	Semi-limitada
*Vias com tráfego médio	1	Reduzido	35	70	Limitada	Semi-limitada
*Vias secundárias e residenciais	0,5	Moderado	15	30	Semi-limitada	Não-limitada

9.4 — CONDIÇÕES DE UMA BOA ILUMINAÇÃO PÚBLICA

O discernimento dos objetos na iluminação exterior, pode ser feito por silhueta ou pela percepção dos detalhes. O discernimento por silhueta ocorre quando o fundo sobre o qual se acha o objeto reflete maior quantidade de luz que o objeto; em caso contrário, teremos o discernimento por detalhe.

O discernimento por silhueta é normalmente possível com menores níveis de iluminância que o discernimento por detalhe, sendo pois preferido em muitas instalações de iluminação exterior e na iluminação pública de ruas secundárias.

Essa percepção por silhueta exige, para segurança e conforto visual, que o pavimento tenha uma luminância uniforme, pois caso contrário teremos no pavimento uma desagradável sucessão de faixas claras e escuras. Essa condição de continuidade de luminância é mais importante que a obtenção de uma iluminância uniforme, pois só assim o efeito de contraste, necessário à percepção, será constante ao longo do pavimento iluminado.

As superfícies que realizam uma reflexão difusa, quando uniformemente iluminadas, apresentam uma luminância uniforme em qualquer direção. Essa é uma circunstância irrealizável na iluminação pública, mas que pode ser admitida em primeira aproximação para muitos pavimentos secos, não impregnados de óleo e não polidos pelo tráfego.

A iluminação diurna provinda da luz difusa de um céu enevoado proporciona uma luminância uniforme do pavimento, visto ser a fonte contínua e estar situada a grande altura. No caso da iluminação artificial, as condições são diferentes, pois temos fontes de reduzidas dimensões situadas em baixa altura.

Melhores condições de uniformidade são conseguidas com o emprego de luminárias montadas, de tal forma que cada ponto do pavimento receba luz proveniente pelo menos de duas delas. Portanto, uma uniformidade melhor de luminâncias é obtida levando-se em consideração:

a) a distribuição de luz realizada pelo aparelho de iluminação;

b) a altura de montagem da fonte de luz;

c) o espaçamento, a posição e a inclinação das fontes de luz;

d) o estudo da superfície do pavimento.

Outro fator importante a ser considerado num projeto de iluminação é o deslumbramento ou ofuscamento (vide 1.5.2). Ele produz desconforto visual e redução da visão, podendo mesmo ocasionar a cegueira momentânea. O desconforto visual é causado pelo excessivo contraste entre a luminância da fonte de luz e a do pavimento. Já a redução da visão se deve ao fato de algumas células da retina estarem recebendo um fluxo luminoso muito maior do que o das outras adjacentes. Nesse caso a luz da fonte ofuscante se difunde sobre a retina do olho humano, produzindo um véu luminoso que reduz os contrastes das imagens projetadas sobre a mesma. A sensibilidade ao ofuscamento depende de cada indivíduo e cresce com a sua idade. Ele não pode ser completamente evitado, mas devemos tomar medidas para limitá-lo, tornando-o tolerável. Para reduzir os deslumbramentos, devemos:

a) utilizar fontes de luz de baixa luminância, isto é, de grande superfície aparente.

b) utilizar aparelhos com distribuição vertical *limitada* (*cut off*) que não emitam luz segundo grandes ângulos formados com a vertical inferior, passando pelo seu centro. O ângulo máximo é de 80° aproximadamente (Tabela 9.6);

c) utilizar aparelhos montados em altura conveniente (de 7 a 12 m). Em casos especiais podemos atingir alturas de montagem de até 40 m.

Estudos feitos na Europa desenvolveram uma fórmula empírica (Eq. 9.1), que permite calcular o *grau de ofuscamento "G"* de uma instalação. Apesar de não ser aceita internacionalmente, ela poderá ser aplicada para avaliar instalações de iluminação pública com lâmpadas de descarga elétrica de alta pressão em alturas de montagem entre 6,50 e 20,00m.

$$G = 13,84 - 3,31 \log I_{80} + 1,3 (\log I_{80}/I_{88})^{0,5} - 0,08 \log I_{80}/I_{88} +$$
$$+ 1,29 \log F + 0,97 \log L + 4,41 \log h - 1,46 \log p \qquad (9.1)$$

Onde: $\quad G$ = grau de controle do ofuscamento:

Quando: $\quad G = 1$: o ofuscamento é intolerável

$\qquad\qquad$ 3 : o ofuscamento é perturbador

$\qquad\qquad$ 5 : o ofuscamento é admissível

$\qquad\qquad$ 7 : o ofuscamento é satisfatório

$\qquad\qquad$ 9 : o ofuscamento é imperceptível

I_{80} = Intensidade luminosa absoluta (*cd*), emitida pela luminária, a 80° com a vertical num plano vertical paralelo ao eixo da rua.

I_{88} = Idem, idem para um ângulo vertical de 88°.

F $\quad$= Área luminosa da luminária projetada sob ângulo de 76° (m^2) = 0,24 x área real.

L $\quad$= Luminância média horizontal da via sob avaliação (*cd*/m^2).

h $\quad$= Altura entre o nível do olho do observador e a luminária (m).

p $\quad$= Número de luminárias por quilômetro de via.

Nota: A soma dos 5 primeiros termos da Eq. 9.1 é conhecida como SLI (Specific Lantern Index).

9.5 — SELEÇÃO DAS LÂMPADAS A SEREM UTILIZADAS

Nos projetos de iluminação pública, a seleção adequada do tipo de lâmpada a ser empregado assume um aspecto econômico importantíssimo, visto as instalações funcionarem aproximadamente 11 horas/dia. Também é importante a cor da luz produzida, pois ela influenciará a paisagem noturna da cidade.

As lâmpadas incandescentes, devido a sua baixa eficiência luminosa e vida curta, são inadmissíveis nas instalações de iluminação pública. Também não vemos justificativa econômica para a utilização das lâmpadas de luz mista. Apesar de seu custo inicial ser moderado, elas se tornam indesejáveis em vista de sua baixa eficiência luminosa e vida curta, quando comparadas com as outras lâmpadas de descarga de alta pressão.

As lâmpadas fluorescentes são também desaconselhadas, visto o alto custo de sua instalação, manutenção e o preço das luminárias. As lâmpadas de vapor de mercúrio de cor corrigida ainda podem ser utilizadas em pequenas instalações. Nas potências menores (125W), podem substituir as antigas incandescentes nas ruas de tráfego leve.

As lâmpadas de vapor de sódio de alta pressão são atualmente a melhor solução para a maioria das instalações de iluminação pública. Devido à sua vida longa e elevada eficiência luminosa, são vantajosas na iluminação de ruas de tráfego leve (potências de 70W), médio (150/250W), vias expressas, grandes praças e cruzamentos (400W). Quando dos estudos para sua utilização, deve-se levar em conta a cor dourada de luz produzida, que poderá causar alguns problemas de reprodução de cores.

As lâmpadas de vapor de sódio de baixa pressão, emitindo um espectro monocromático amarelo, podem causar problemas de reprodução de cores. Por esse motivo, não devem ser empregadas em vias com movimento de pedestres. Devido à sua elevadíssima eficiência luminosa, poderiam se tornar no futuro uma opção nos projetos de iluminação de vias classe A, auto-estradas e cruzamentos. Proporcionam excelente acuidade visual, sendo de grande utilidade na iluminação de locais sujeitos a nevoeiros e más condições de visibilidade.

Quanto às lâmpadas de iodeto metálico, deve-se proceder a um estudo técnico-econômico minucioso da sua utilização, visto serem de instalação cara nas potências usuais. Sua utilização é indicada onde se deseja uma excelente reprodução de cores, como é o caso de praças com jardins e regiões arborizadas, ou montadas em postes elevados onde fossem adotadas lâmpadas de maior potência.

Tabela 9.5 — Lâmpadas para iluminação pública

Características	Lâmpadas			
	Vapor de mercúrio	Vapor de sódio		Iodeto metálico
		Alta pressão	Baixa pressão	
Custo da lâmpada	Baixo	Médio	Elevado	Médio
Custo da luminária	Médio	Médio	Elevado	Médio
Resistência ao uso	Boa	Boa	Fraca	Boa
Cor da luz	Branca azulada	Dourada	Amarela	Branca
Reprodução das cores	Boa	Razoável	Precária	Muito boa
Eficiência luminosa (lm/W)	50/60	90/130	140/200	70/100
Vida (horas)	15.000/20.000	20.000/25.000	10.000/15.000	6.000/10.000
Luminância das luminárias	Elevada	Elevada	Baixa	Elevada

9.6 — CURVAS FOTOMÉTRICAS DAS LUMINÁRIAS PARA ILUMINAÇÃO PÚBLICA

Para a execução racional de um projeto de iluminação pública, é necessário conhecer as curvas fotométricas de luminária empregada. A distribuição apropriada das intensidades luminosas das luminárias é um dos fatores essenciais da iluminação eficiente das vias. Essas distribuições são geralmente projetadas para uma faixa típica de condições, as quais incluem espaçamento das luminárias, posicionamento, largura das vias, altura de montagem, posição transversal das luminárias (avanço sobre a via), porcentagens de fluxo luminoso emitido pela lâmpada incidindo sobre a pista de tráfego, passeios e áreas adjacentes.

Além da curva fotométrica horizontal, é de importância a curva tirada sobre os planos verticais nos quais a intensidade luminosa atinge o maior valor. A direção desse plano é fixada em relação a posição da luminária devidamente instalada na rua, como vemos pela Fig. 9.2.

Costuma-se, também, representar a distribuição das intensidades luminosas segundo as direções contidas em um cone de ângulo determinado. Nesse caso, é especialmente importante o cone que contém a intensidade luminosa máxima. No caso de luminárias para iluminação pública, seria por exemplo um cone de 75°, cuja distribuição luminosa está apresentada em perspectiva na Fig. 9.3.

Os valores das intensidades luminosas, nas diversas direções ao longo do cone considerado, formam o que se chama de *Curva de distribuição lateral da luminária*. Essa curva não deve ser confundida com o diagrama polar horizontal da luminária, embora muitas vezes sejam semelhantes.

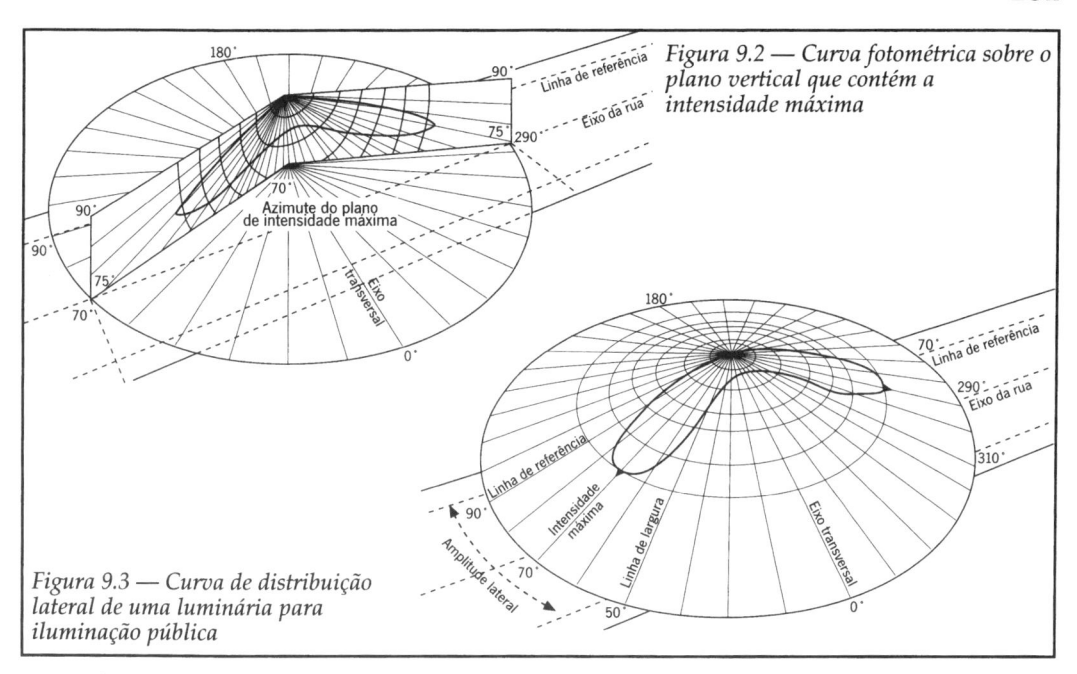

Figura 9.2 — Curva fotométrica sobre o plano vertical que contém a intensidade máxima

Figura 9.3 — Curva de distribuição lateral de uma luminária para iluminação pública

Falta-nos definir o que se chama *amplitude lateral da distribuição luminosa de uma luminária*. É o ângulo que formam entre si dois planos verticais que contêm as geratrizes do cone, e segundo os quais a intensidade tem valor igual à metade do valor da intensidade máxima (Fig. 9.3). Essa amplitude lateral só se define, pois, para o caso de luminárias com distribuição luminosa assimétrica.

Diferentes distribuições laterais são disponíveis para diferentes relações, largura da via/altura de montagem, e diferentes distribuições verticais são também disponíveis para as diversas relações espaçamento/altura de montagem.

As distribuições luminosas com curvas de intensidade máxima situadas em ângulos verticais altos são empregadas nas vias residenciais de pouco tráfego, favorecendo a visão por silhueta. Permitem maiores espaçamentos entre luminárias. As distribuições luminosas com ângulos verticais mais baixos (de emissão da máxima intensidade luminosa) são utilizadas nas vias mais importantes, de tráfego intenso. Com sua utilização reduzem-se as possibilidades de deslumbramento, necessitando-se contudo maior número de luminárias na instalação, pois quanto mais baixo o ângulo de emissão, menor deverá ser o espaçamento, a fim de se obter uniformidade das iluminâncias sobre a pista.

9.7 — CLASSIFICAÇÃO DAS LUMINÁRIAS PARA ILUMINAÇÃO PÚBLICA

Podem ser classificadas conforme sua distribuição luminosa, de acordo com três critérios:

a) distribuição longitudinal (segundo um plano vertical) à via pública;
b) distribuição luminosa lateral;
c) controle da distribuição luminosa vertical acima de determinados ângulos (de acordo com o grau de deslumbramento).

Essas classificações estão indicadas na Tab. 9.6 e nas Figs. 9.4, 9.5 e 9.6, para uma luminária montada em determinada altura (h).

Tabela 9.6 – Critérios para classificação das luminárias (Figs. 9.4, 9.5 e 9.6)

Distribuição longitudinal (segundo um plano vertical)	Curta (C): *I* máximo encontra-se entre 1,00h e 2,25h Média (M): *I* máximo encontra-se entre 2,25h e 3,75h Longa (L): *I* máximo encontra-se entre 3,75h e 6,00h

Distribuição lateral	Tipo I: amplitude lateral compreendida entre as linhas –1h e 1h Tipo II: amplitude lateral compreendida entre linhas 0h e 1,75h Tipo III: amplitude lateral não ultrapassando a linha 2,75h Tipo IV: amplitude lateral ultrapassando a linha 2,75h

Controle da distribuição luminosa acima de determinados ângulos verticais (Controle do ofuscamento)	Intensidade máxima emitida pela luminária para um ângulo vertical de		
	75° (3,75h)	80,5° (6,0h)	83° (8,0h)
	Distr.curta	Distr.média	Distr.longa
Limitada (*cut off*)		$I < 10\%\ \phi$	
Semilimitada		$10\%\ \phi < I < 30\%\ \phi$	
Não limitada		$I > 30\%\ \phi$	

(ϕ = fluxo luminoso emitido pela lâmpada instalada na luminária)

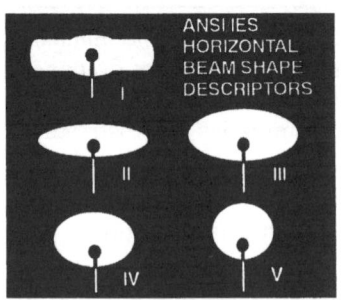

Figura 9.4 — Distribuição lateral das luminárias públicas

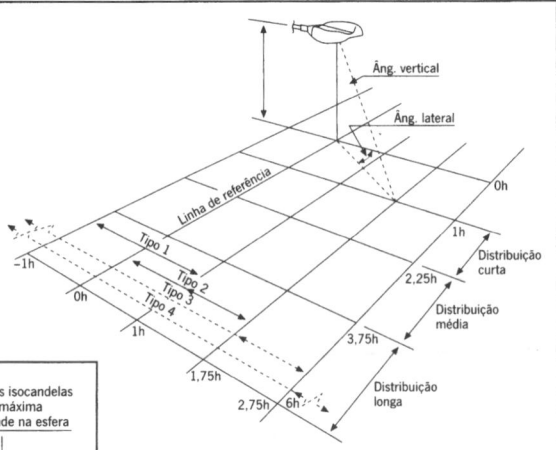

Figura 9.5 — Classificação das luminárias para iluminação pública (veja a Tab. 9.6)

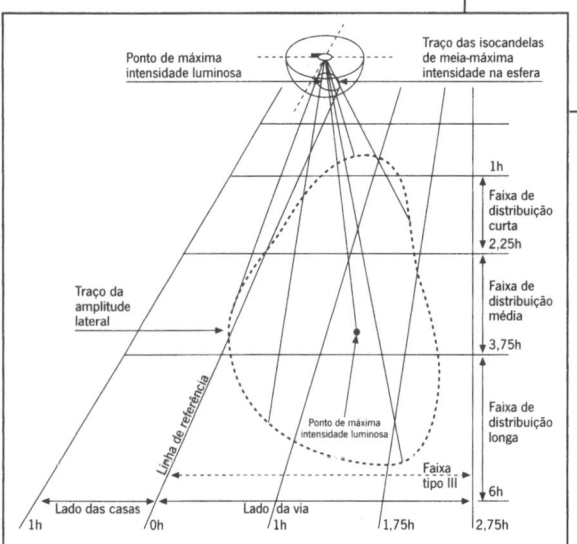

Figura 9.6 — Diagrama mostrando as projeções da intensidade máxima e do traço das isocandelas de meia—máxima intensidade, de uma luminária tendo uma distribuição tipo III média, numa esfera imaginária e na via

9.8 — MONTAGEM DAS LUMINÁRIAS

9.8.1 — Altura de montagem

Da correta altura de montagem dependerá o grau de deslumbramento obtido. Por esse motivo as luminárias deverão ser montadas a uma altura mínima, de acordo com a Tab. 9.7.

Tabela 9.7 — Alturas mínimas de montagem recomendadas

Intensidade luminosa máxima emitida pela luminária (*cd*)	Altura mínima recomendada (m) Tipo de distribuição da luminária		
	Limitada	Semilimitada	Não limitada
Até 5.000	6,0	6,5	7.5
De 5.000 a 10.000	6,5	7,5	9,0
De 10.000 a 15.000	7,5	9,0	10,5
Acima de 15.000	9,0	10,5	12,0

9.8.2 — Disposição das luminárias

A disposição dos aparelhos de iluminação (Fig. 9.7), ao longo das vias públicas, pode ser axial, unilateral, bilateral alternada ou bilateral em oposição.

As duas primeiras são especialmente indicadas para ruas estreitas, em geral com pistas de até 10 m de largura. A disposição bilateral alternada, apesar de seu custo mais elevado, permite melhor uniformidade na iluminância, sendo aconselhada em ruas de tráfego médio ou intenso (Tab. 9.8).

Em avenidas largas, não é normalmente aconselhada a montagem axial das luminárias, estando os postes em pequeno canteiro central, tendo-se em vista a maior possibilidade de trombadas nos mesmos e o fluxo luminoso disperso incidente sobre as fachadas dos prédios frontais. Nesse caso, seria mais interessante a utilização de montagem bilateral frente a frente. A Tab. 9.8 nos dá várias sugestões de instalação.

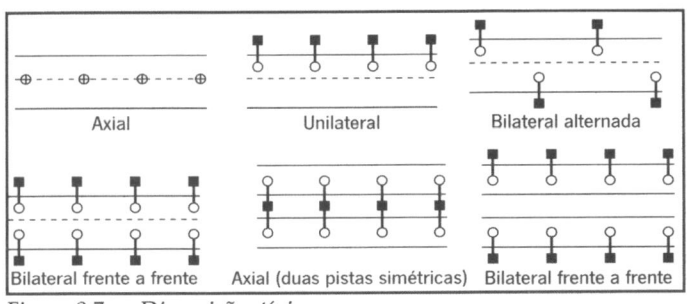

Axial   Unilateral   Bilateral alternada

Bilateral frente a frente   Axial (duas pistas simétricas)   Bilateral frente a frente

Figura 9.7 — Disposições típicas das luminárias para iluminação pública

Figura 9.8 — (IP70SRGB) (foto do autor).

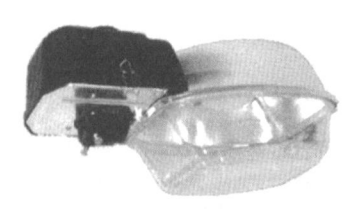

Figura 9.9 — (IP101SRB (foto do autor).

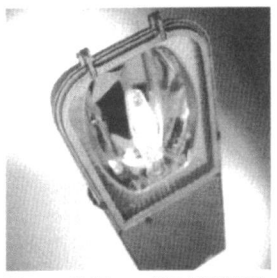

Figura 9.10 — (PE402SRB) (foto do autor).

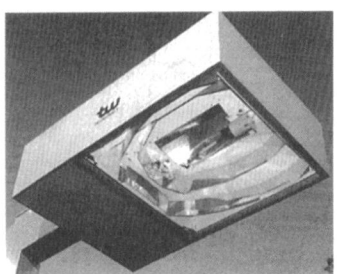

Figura 9.11 — (Starlite ST1002) (foto do autor).

Tabela 9.8 — Iluminação pública, sugestões de instalação

| Tipo de Via | Largura (m) | Altura montagem (m) | Tipo e Potência de lâmpada | Nº de lâmpada por luminária | Instalação | | | Exemplos de luminárias |
					Unilateral	Bilateral alternada	Bilateral frente a frente	
Trafego: leve Pedestres: leve	Até 9	7,00/8,00	VS 70W	1	X	–	–	Fig. 9.8
Trafego: médio Pedestre: leve (ou vice versa)	9 12	7,50/9,00	VS 100W	1	X –	– X	– –	Fig. 9.9
Trafego: médio Pedestre: médio	12 a 15	8,50/10,00	VS 250W	1	–	X	X	Fig. 9.10
Trafego: médio Pedestre: intenso (ou vice versa)	15 a 20	9,00/12,00	VS 400W Iod. met.400W	1	–	X	X	Fig. 9.10
Trafego: muito intenso Grande comércio	20 a 35	>14,00	VS 400W Iod. met. 400W	2	–	X	X	Fig. 9.11

9.8.3 — Casos especiais

Existem logradouros públicos que necessitam de tratamento especial (Fig. 9.12), conforme segue.

a) Curvas: nesse caso, a distância entre as luminárias deve ser reduzida, sendo tanto menor quanto menor o raio da curva.

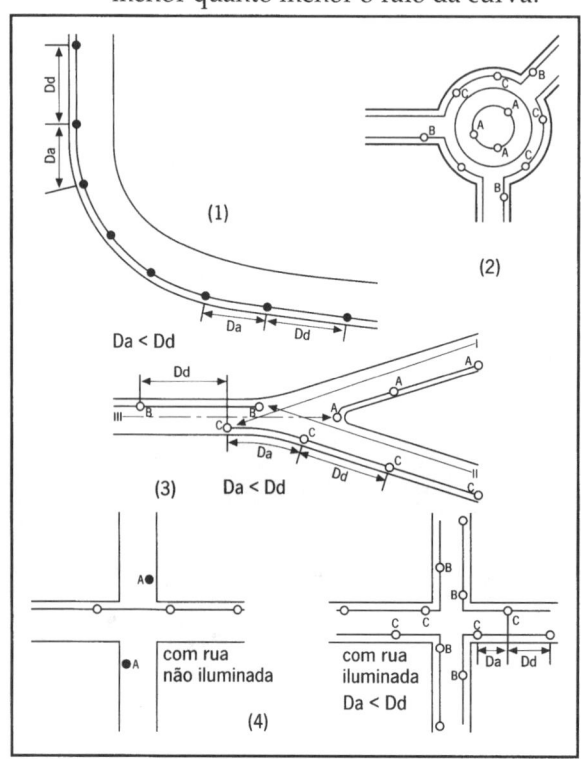

Figura 9.12 — Casos que necessitam disposição especial das luminárias: (1) Curvas; (2) Praças circulares; (3) Bifurcações; (4) Cruzamentos

b) Interseções e cruzamentos: a iluminância deverá ser, no mínimo, igual à soma das iluminâncias das vias que se cruzam. Deverá haver um aumento gradual na iluminância do pavimento à medida que se aproxima da intersecção. Com isso, consegue-se melhor acomodação visual do motorista

c) Largos e praças: deverá ser executado um estudo apurado da localização e escolha criteriosa das lâmpadas e luminárias. Torna-se conveniente, nos casos de grande densidade de tráfego, aumentar 50% os níveis de iluminância.

Iluminação de praças e jardins

Principais pontos a considerar:

- Paisagismo
- Reprodução das cores
- Áreas de sombras
- Níveis de iluminância a usar
- Vegetação e arborização do local
- Escolha e localização das luminárias
- Posteação e circuitos elétricos
- Interferência com a vida animal
- Ocorrência de vandalismo

Não deve ser esquecido o aspecto estético e artístico da iluminação das praças, jardins (Fig. 9.13, 9.14, e 9.17) e de monumentos porventura existentes no local.

Figura 9.13 — Luminária tipo lampião, para iluminação pública de cidades antigas com arquitetura barroca (foto do autor)

Figura 9.14 — Lampião antigo para iluminação decorativa

Figura 9.15 — Luminária decorativa para iluminação litorânea

Fig.9.16 — Iluminação decorativa em avenida (foto do autor)

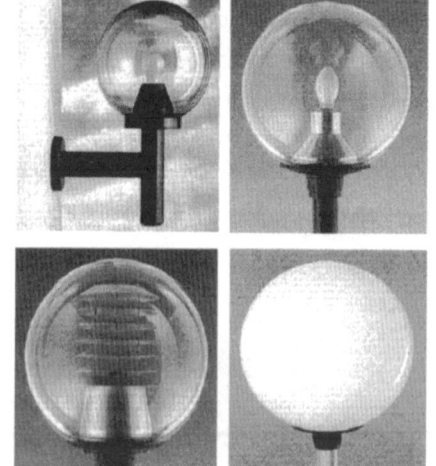

Figura 9.17 — Luminárias ornamentais para V. mercúrio ou iodeto metálico até 150W. Refratores esféricos de acrílico ou policarbonato estabilizados contra UV, A: modelo para instalação em parede; B: Bola transparente para poste; C: Com refletor interno; D: Bola leitosa de menor luminância

Figura 9.18 — Torre com 9 luminárias Starlite ST1002 e lâmpadas V.Sódio tubulares de 400W. Potência por torre: 8kW. Altura de montagem até 40m. Distância entre torres 120m. (foto do autor)

Em trevos rodoviários, rotatórias e grandes praças abertas, é comum a utilização de poucas luminárias, de grande potência (Fig, 9.18) montadas em alturas elevadas (de 30 a 40m). Já no caso de jardins, dá-se preferência à utilização de muitas unidades menores, em baixas alturas de montagem, judiciosamente distribuídas (Fig. 9.17). Nesses casos as soluções não devem ser padronizadas (Fig.9.15 e 9.16). A iluminação pública deverá fazer parte da decoração das cidades, sendo um dos elementos de melhora da qualidade de vida da população.

9.9 — ALGUNS EXEMPLOS DE ILUMINAÇÃO PÚBLICA — CASOS ESPECIAIS

9.9.1 — Iluminação do Anel Rodoviário de Belo Horizonte

Luminária: *Starlite* Tecnowatt para 2 lâmpadas de V. sódio tubulares de 400W (Fig. 9.11).

Trecho de pistas: Duas luminárias por poste (h=14m), afastados 45m (Fig. 9.21).

Disposição axial dupla, duas pistas conforme Fig.9.7. lluminância média: 65 lx.

Trevos: Estrutura elevatória com 9 luminárias (Figs.9.17 e 9.19). Iluminância média: 90 lx.

Manutenção:através de sistema elevatório que permite descer a luminária até ao nível do solo. Sistema semelhante ao da Fig.9.22.

Figura 9.19 — Entrada de trevo do anel rodoviário. (foto do autor)

Figura 9.20 — Trevo do anel rodoviário à noite. (foto do autor)

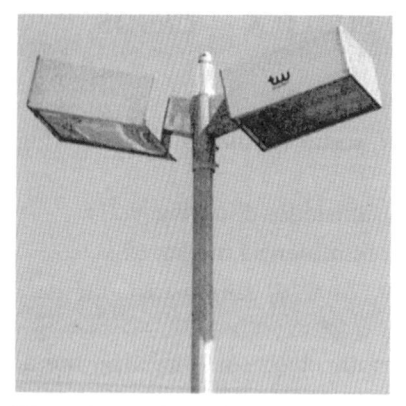

Figura 9.21 — Duas luminárias Starlite por poste. Na parte superior do poste encontra-se o comando fotoelétrico (Item 9.13.1) (foto do autor)

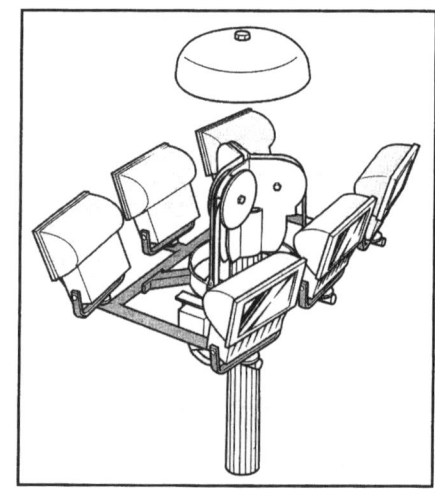

Figura 9.22 — Exemplo de sistema elevatório para luminárias montadas em alturas elevadas

9.9.2. — Iluminação da área da Lagoinha (Belo Horizonte)

Luminária: 10 unidades, tipo pétala, por torre (Fig. 9.23).

Lâmpadas utilizadas: 20 de vapor de sódio de 400W (por torre)

Fluxo luminoso, inicial, total por torre: 950.000 lm.

Iluminância média: 60 lx.

Espaçamento entre torres: 80m.

Altura de montagem das luminárias: 30/33m.

Manutenção: sistema eletromecânico que desce a luminária.

Controle da Iluminação: comando fotoelétrico temporizado, que desliga 50% das lâmpadas durante a madrugada (para economia de energia elétrica).

Figura 9.23 — Conjunto de pétalas para iluminação de grandes áreas abertas (foto do autor)

9.9.3 — Iluminação de área de estacionamento

Luminária: plataforma onde se acham instalados trinta projetores P-470MV (Fig.9.24).

Lâmpadas utilizadas: vapor de sódio de alta pressão, tubulares, de 400 W (50.000 lm).

Potência total das lâmpadas por plataforma: 14 kW.

Fluxo luminoso total por plataforma: 1.500.000 lm.

Altura de montagem das luminárias: 28 m.

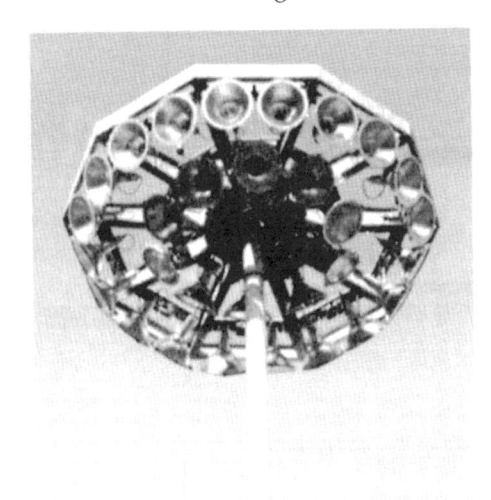

Figura 9.24 — Plataforma com 30 projetores com lâmpadas vapor de sódio de 400W (foto do autor)

9.10 — ILUMINAÇÃO DE TÚNEIS

Ao contrário da iluminação de ruas, quando estudamos um projeto de iluminação de túneis, devemos analisar com mais cuidado sua iluminação durante o dia. Isso se deve a diversas razões. Em. primeiro lugar, não é possível, técnica e economicamente, realizar um projeto cujo desempenho se assemelhe ao da iluminação natural (que poderá atingir mais de 100.000 lux). Também o olho do motorista necessita de uma adaptação entre os níveis de iluminância externa e interna, quando de sua entrada no túnel e vice-versa, na sua saída. Dessa forma, durante o dia, as entradas e saídas dos túneis deverão ser melhor iluminadas que sua parte central. Durante a noite, dá-se o inverso: as entradas e saídas deverão possuir menores níveis de iluminância que a parte central, de forma a ajustar o nível da iluminância interna com o externo das vias de acesso.

Um problema sério de visibilidade ocorre, portanto, quando um motorista durante o dia, vindo por uma rodovia, vai entrar em um túnel. Como a luminância geral do ambiente externo é elevada, ele é incapaz de observar os detalhes na entrada, que estará mais escura. Em casos extremos, a entrada do túnel assemelha-se a uma "cavidade negra" para o motorista, que, durante alguns segundos, não poderá distinguir os objetos de baixa luminância existentes em seu percurso, até que seu olho se adapte aos novos níveis baixos de luminância existentes no interior.

Em túneis extremamente curtos (como passagens de nível, etc.) esse problema de adaptação visual não existe, pois a visibilidade será proporcionada pelo contraste existente entre o obstáculo (baixa luminância) e a saída iluminada do túnel (cavidade clara de alta luminância). Esse tipo normalmente não possui iluminação artificial.

Nos túneis longos, o efeito de cavidade negra poderá ser minimizado se for projetada uma zona de adaptação (Fig. 9.25) de níveis de luminância. Em muitos casos, a iluminação dessa zona poderá ser feita pela própria luz natural filtrada por árvores ou pelas obras de arte existentes na região de acesso.

Na zona de transição interna ao túnel, serão obtidos elevados índices de luminância com a utilização de maior número de luminárias. Os níveis de luminância nas diversas zonas (Fig. 9.21) deverão variar conforme a luminância exterior (Tab. 9.9).

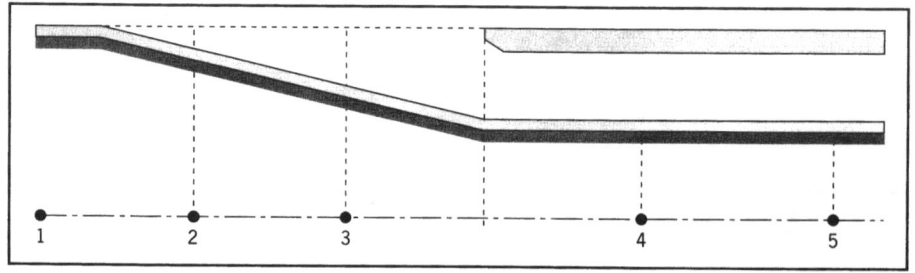

Figura 9.25 — Variação da iluminação na entrada e no interior de um túnel. 1-2, zona de acesso; 2-3, zona de adaptação; 3-4, zona de transição; 4-5, zona do túnel

Tabela 9.9

Iluminância exterior diurna (aprox) lux	Luminância exterior (aprox) cd/m^2	Luminância na zona adaptação cd/m^2	Luminância na zona transição cd/m^2	Iluminância na zona transição lux	Iluminância interior lux
130.000	8.500	1.700	190	950	200
62.000	4.000	800	120	600	150
31.000	2.000	400	70	350	100
15.000	1.000	200	45	225	100
5.000	300	80	20	100	100

Observações: Valores para reflectâncias dos obstáculos de aprox.20% e das paredes de aprox.50%
Velocidade dos veículos da ordem de 50 km/h
Comprimento do trecho 1-3 de, no mínimo, 100m (onde não existe luz direta do sol)
(adaptação das recomendações da *Association Française d'Eclairage*)

Nos túneis longos, como os níveis de iluminância interna são bem mais elevados que o das vias, sendo caras as luminárias e a instalação, deve-se proceder a um estudo meticuloso das soluções possíveis, de forma a determinar-se a mais econômica. Como o nível de iluminância obtido depende da refletância das paredes, elas deverão ser claras e mantidas limpas.

Durante as horas da noite, como vimos, o problema é diferente, devendo-se baixar os níveis de iluminância interiores para pouco acima do valor dos existentes nas zonas de acesso. Nessas horas, como várias luminárias serão desligadas, deve-se verificar o possível efeito de cintilação, devido ao maior espaçamento existente entre os aparelhos acesos (variação cíclica da luminância). O olho humano é mais sensível a cintilações cujas freqüências estejam compreendidas entre 2,5 e 13,5 Hz. Como a freqüência da cintilação é função da velocidade do veículo e da distância entre as luminárias, podemos calcular, para determinada velocidade média de trânsito, a distância entre as luminárias. Verifica-se, pois, que uma boa solução para a iluminação de túneis é a utilização de linhas contínuas de luminárias de baixa luminância (Fig. 9.26).

*Figura 9.26 —
Iluminação de túnel
através de linhas
contínuas de luminárias
de baixa luminância*

Nos túneis de mão única, para se reduzir o deslumbramento, pode-se lançar mão de luminárias que dirijam seu fluxo luminoso na direção do tráfego. No caso de aparelhos instalados em nichos laterais eles deverão utilizar refratores e dispositivos óticos precisos que dirijam o fluxo luminoso em direção à pista. A Tab. 9.10 indica de forma sumária as recomendações holandesas para iluminação de túneis.

Tabela 9.10

Tipo de túnel	Tráfego leve, sem pedestres	Tráfego pesado Veículos+pedestres	Iluminação recomendada
	Comprimento do túnel (m)		
Curto	0-50	0-25	Não é necessária iluminação
	50-80	25-40	Iluminar a região central do túnel com aproximadamente 800 cd/m^2
	80-100	40-100	Iluminar todo o interior do túnel com aproximadamente 800 cd/m^2
Longo	mais de 100		Iluminar como túnel longo

9.11 — MÉTODOS DE CÁLCULO DE ILUMINÂNCIA DE UMA VIA PÚBLICA

Para sua realização é indispensável que o projetista, depois de haver escolhido a luminária a ser utilizada, obtenha suas curvas características de distribuição luminosa (diagrama de isocandelas, curvas isolux, curvas para determinação do coeficiente de utilização, etc.). Normalmente, utiliza-se no cálculo, como no caso da iluminação por projetores, o processo do fluxo luminoso, o das intensidade luminosas ou através do conhecimento das curvas isolux da luminária empregada.

9.11.1 — Método do fluxo luminoso

Sabemos que nem todo o fluxo luminoso emitido pela fonte atingirá a superfície (s) do pavimento, daí a noção de *fator de utilização* (F_u) da luminária (relação entre o fluxo luminoso que atinge a superfície a iluminar e o fluxo luminoso total emitido pelas lâmpadas instaladas na luminária). Esse fator, Fig. 9.27 (vide item 3.8), dependerá do tipo de aparelho utilizado e sua inclinação com a horizontal, da largura (p) da rua e da altura (h) de montagem.

No caso em questão, a superfície considerada (S) será um retângulo cujos lados são a largura (p) da rua e o espaçamento (X) entre duas luminárias.

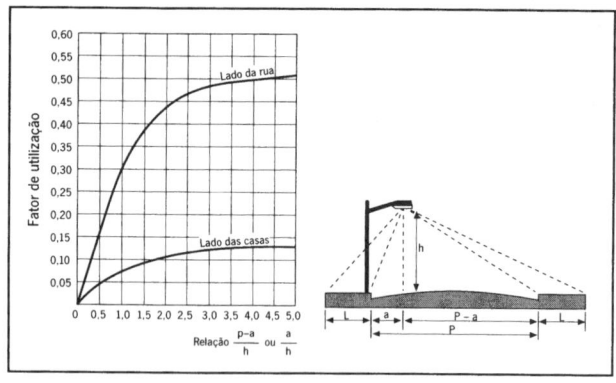

Figura 9.27 — Curvas para determinação do fator de utilização de uma instalação para iluminação pública

A Fig. 9.27 apresenta duas curvas para o cálculo dos fatores de utilização de uma luminária, cuja distribuição do fluxo luminoso é assimétrica. Para luminárias com distribuição luminosa simétrica, teríamos uma única curva. As razões a serem utilizadas no ábaco em questão são

$$r_1 = (p - a) / h \text{ (para o lado da rua),} \qquad (9.2)$$

$$r_2 = a / h \text{ (para o lado das casas)} \qquad (9.3)$$

A cada uma das razões corresponderá um fator de utilização parcial. O fator de utilização (F_u) a ser empregado no cálculo será a soma dos dois fatores parciais. As fórmulas a serem empregadas são semelhantes às da Sec. 7.8.1

$$E = (\varphi \times F_d \times F_u)/(p \times X) \qquad (9.4)$$

$$X = (\varphi \times F_d \times F_u)/(p \times E) \qquad (9.5)$$

sendo E a iluminância (lux) a ser realizada; φ o fluxo da lâmpada utilizada na luminária (lm); p a largura da rua (m); X o espaçamento das luminárias (m); F_d o fator de depreciação da luminária; e F_u o fator de utilização da instalação.

Os problemas 1 e 2 exemplificam esse processo de cálculo.

9.11.2 — Método das intensidades luminosas

Esse processo (ponto por ponto) já foi estudado com detalhe quando tratamos da iluminação por projetores (veja o item 8.3.2). Desde que conheçamos as curvas fotométricas ou o diagrama de isocandelas da luminária a ser empregada, poderemos fazer os cálculos, obtendo, por esse processo, maior precisão nos resultados (vide Fig. 10.3).

9.11.3 — Método baseado no diagrama de isolux

Quando conhecemos o diagrama de isolux de uma luminária para iluminação pública ou sua planilha de distribuição das iluminâncias (Fig. 9.28) sobre o piso (para determinada condição de montagem), podemos determinar facilmente a localização dos aparelhos, de

H = altura de montagem de referência da luminária = 7,20 m

	A	B	C	D	E	F	G	H	I	
1	(3,66)	3,51	2,16	1,27	0,53	0,19	0,07	0,03	0,02	*0,0 m*
2	3,34	3,43	1,88	1,05	0,55	0,27	0,13	0,06	0,03	*2,5 m*
3	1,91	1,57	0,92	0,46	0,25	0,13	0,07	0,04	0,03	*5,0 m*
4	0,87	0,71	0,50	0,27	0,15	0,09	0,05	0,03	0,02	*7,5 m*
	0,0m	*3,5m*	*7,0m*	*10,5m*	*14,0m*	*17,5m*	*21,0m*	*24,5m*	*28,0m*	

◯ - Luminária

Figura 9.28 — Distribuição das iluminâncias de uma luminária pública (IP151SRB), para lâmpada vapor de sódio de 150W. Altura da luminária: 7,20 m; inclinação da luminária: 15°. Valores em lux para 1000 lm da lâmpada.

forma a obtermos uma iluminância desejada. Para isso, desenhamos, numa determinada escala, a planta da rua a ser iluminada e, sobre essa planta, deslocamos duas folhas iguais de papel transparente nas quais está desenhada, na mesma escala anterior, a planilha de iluminâncias da luminária para uma condição de montagem determinada.

Deslocamos as folhas de papel transparente até que obtenhamos uma distribuição das iluminâncias conforme nossa necessidade. A iluminância em cada ponto será a soma das iluminâncias proporcionadas nestes mesmos pontos pelas duas luminárias. Teremos então definidas as posições das luminárias sobre a rua (vide problema 3).

9.12 — PROBLEMAS

1. Calcular a distância entre as luminárias e o nível de iluminância obtido nos passeios por um conjunto de luminárias do tipo III, montado do seguinte modo:

   largura da rua, p = 12 m; largura do passeio, l = 3 m; altura de montagem, h = 8,5 m; iluminância média requerida, E = 20 lux; fator de depreciação, F_d = 0,8; altura do meio-fio, m = 0,15 m; disposição em ziguezague; avanço sobre o meio-fio (coordenada transversal): a = 3 m; fluxo da lâmpada : φ = 26.000 lm. A curva do coeficiente de utilização da luminária é da Fig. 9.27. Utilizar lâmpadas vapor de sódio ovóide de 250W.

Solução:

Calculemos inicialmente as relações r_1 e r_2 [Eqs. (9.2) e (9.3)]:

$$r_1 = (p - a) / h = (12 - 3) / 8,5 = 1,06$$
$$r_2 = a / h = 3 / 8,5 = 0,35$$

Da Fig. 9.27 tiramos os dois valores do coeficiente de utilização correspondentes às relações r_1 e r_2 sobre as curvas *"lado da rua"* e *"lado das casas"*, respectivamente:

0,30 (para r_1 = 1,06)

0,035 (para r_2 = 0,35)

Soma 0,335 = F_u

O espaçamento longitudinal será, pois, (Eq. 9.5):

$$X = (φ × F_d × F_u)/(p × E) = (26.000 × 0,335 × 0,8)/(12 × 20) = 30 \text{ m}$$

isto é, será de 60 m a distância entre duas luminárias situadas num mesmo lado da rua.

Calculemos agora o iluminamento dos passeios. Nesse caso (disposição em ziguezague) a iluminância média será a mesma em ambos os passeios, sendo seu valor igual à soma das iluminâncias devidas, em um passeio, às luminárias montadas num e noutro lado da rua (ou igual à soma das iluminâncias produzidas por uma mesma luminária em cada um dos passeios).

No passeio próximo à luminária, teremos:

$$r_1 = (l + a)/(h - m) = (3 + 3)/(8,5 - 0,15) = 0,72$$
$$r_2 = a/(h - m) = 3/(8,5 - 0,15) = 0,36$$

Os coeficientes de utilização serão (Fig. 9.27, *lado das casas*)

0,062 (para $r_1 = 0,72$)

0,035 (para $r_2 = 0,36$)

Subtração 0,027 = F_u logo, pela (Eq.9.4):

$$E_1 = (26.000 \times 0.027 \times 0,8)/(2 \times 35 \times 3) = 2,68 \ lx$$

No passeio do outro lado da rua, teremos:

$$r_1 = ((p - a) + l)/(h - m) = ((12 - 3) + 3)/(8,50 - 0,15) = 1,44$$
$$r_2 = (p - a)/(h - m) = (12 - 3)/(8,50 - 0,15) = 1,08$$

Os coeficientes de utilização serão (Fig. 9.27, *lado da rua*)

0,38 (para $r_1 = 1,44$)

0,31 (para $r_2 = 1,08$)

Subtração 0,07 = F_u logo,

$$E_2 = (26.000 \times 0,07 \times 0,8)/(2 \times 35 \times 3) = 6,93 \ lx$$

A iluminância média em cada passeio será

$$E = E_1 + E_2 = 2,06 + 5,33 = 7,39 \ lx.$$

2. Calcular para o problema anterior as iluminâncias nos passeios, caso as luminárias sejam montadas unilateralmente.

Solução:

a) No passeio próximo à luminária, teremos:

$F_u = 0,027$ (veja o *Problema 1*), logo:

$E = (26000 \times 0,027 \times 0,8)/(35 \times 3) = 5,34 \ lx$

b) No passeio oposto à luminária, teremos:

$F_u = 0,07$ (veja o *Problema 1*), logo:

$E = (26000 \times 0,07 \times 0,8)/(35 \times 3) = 13,87 \ lx$

3. Determinar as iluminâncias obtidas sobre uma rua de 10m de largura de pista por luminárias, cuja distribuição de iluminâncias está representada na Fig. 9.28, espaçadas 35 m. Dados: lâmpada utilizada: vapor de sódio ovóide de 150W (14.000 lm); altura de montagem, 9,00 m; ângulo de inclinação da luminária, 15^0; montagem unilateral.

Solução:

A Fig. 9.28 apresenta os valores das iluminâncias para uma altura de montagem de 7,2m. Como no nosso problema essa altura é de 9m devemos fazer as correções nas distâncias entre os piquetes (multiplicando-as por 9,00/7,20 = 1,25) e nos índices de iluminância (multiplicando-os por $7,20^2/9,00^2=0,64$, conforme Tabela 3.1). Obtemos assim a Fig. 9.29.

Figura 9.29

	A	B	C	D	E	F	G	H	I	
1	(2,34)	2,25	1,38	0,81	0,34	0,12	0,04	0,02	0,01	**0,0 m**
2	2,14	2,19	1,20	0,67	0,35	0,17	0,08	0,04	0,02	**3,1 m**
3	1,22	1,00	0,59	0,29	0,16	0,08	0,04	0,02	0,02	**6,2 m**
4	0,56	0,45	0,32	0,17	0,10	0,06	0,03	0,02	0,01	**9,3 m**
	0,0m	**4,4m**	**8,8m**	**13,2m**	**17,6m**	**22,0m**	**26,4m**	**30,8m**	**35,2m**	

◯ - Luminária

Vamos agora compor as iluminâncias em cada piquete para duas luminárias iguais, distanciadas de 35 m e montadas unilateralmente. O resultado é a Fig. 9.30.

Figura 9.30

	A	B	C	D	E	F	G	H	I	
1	(2,35)	2,27	1.42	0,93	0,68	0,93	1,42	2,27	(2,35)	**0,0 m**
2	2,16	2,23	1,28	0,84	0,70	0,84	1,28	2,23	2,16	**3,1 m**
3	1.24	1.02	0,63	0,37	0,32	0,37	0,63	1,02	1,24	**6,2 m**
4	0,57	0,47	0,35	0,23	0,20	0,23	0,35	0,47	0,57	**9,3 m**
	0,0m	**4,4m**	**8,8m**	**13,2m**	**17,6m**	**22,0m**	**26,4m**	**30,8m**	**35,2m**	

◯ - Luminária

		• Iluminância mínima (lux)	0,20
• Nível médio de iluminância (lux)	1,07	• Uniformidade	0,19
• Iluminância máxima (lux)	2,35	• Desuniformidade	0,09

Esta figura é referida a 1.000 lm da lâmpada. Como nossa lâmpada de vapor de sódio ovóide de 150W possui um fluxo luminoso de 14.000lm, deveremos multiplicar todos os valores de iluminâncias da Fig.9.30 por 14 para obtermos nosso resultado final (Fig. 9.31).

H = altura de montagem de referência da luminária = 9,00 m

Figura 9.31

	A	B	C	D	E	F	G	H	I	
1	(32,90)	31,78	19,88	13,02	9,52	13,02	19,88	31,78	(32,90)	**0,0 m**
2	30,24	31,22	17,92	11,76	9,80	11,76	17,92	31,22	30,24	**3,1 m**
3	17,36	14,28	8,82	5,18	4,48	5,18	8,82	14,28	17,26	**6,2 m**
4	7,98	6,58	4,90	3,22	2,80	3,22	4,90	6,58	7,98	**9,3 m**
	0,0m	**4,4m**	**8,8m**	**13,2m**	**17,6m**	**22,0m**	**26,4m**	**30,8m**	**35,2m**	

◯ - Luminária

		• Iluminância mínima (lux)	2,80
• Nível médio de iluminância (lux)	15,02	• Uniformidade	0,19
• Iluminância máxima (lux)	32,90	• Desuniformidade	0,09

9.13 — SISTEMAS DE CONTROLE DA ILUMINAÇÃO PÚBLICA

9.13.1 — Descrição

Constam de equipamentos que têm por finalidade ligar ou desligar os circuitos de iluminação pública. Apresentamos a seguir os principais sistemas em uso.

a) Controle manual. É feito através de chaves manuais. Exige que exista total independência entre os circuitos de iluminação pública e os de iluminação residencial. É pouco usado em nosso meio.

b) Controle de tempo. Consta de uma chave horária, comandada por um mecanismo de relojoaria ou micromotor elétrico que, por meio de um relé, comanda a energia que alimenta a iluminação pública de acordo com o horário predeterminado. Algumas dessas chaves possuem um dispositivo que lhes permite variar a atuação, automaticamente, segundo as diversas estações do ano. Sua utilização atual é muito restrita.

c) Controle fotoelétrico (Fig. 9.32). É um dispositivo comandado por uma fotocélula sensível à luz. Tem a finalidade de acionar um contato todas as vezes que houver uma variação na iluminância natural superior àquela para a qual foi calibrado. Atualmente esses dispositivos se tornaram extremamente simples, compactos, econômicos e confiáveis, generalizando sua utilização. O controle fotoelétrico deverá ser montado em local apropriado (de preferência na parte superior das luminárias) com o elemento sensível voltado para o sul (nas luminárias montadas nos países do hemisfério sul), de modo a evitar a incidência direta dos raios solares sobre o elemento fotossensível.

d) Outros métodos. Foram desenvolvidos outros sistemas de controle de iluminação pública, como a utilização de onda portadora (carrier), que aciona relés sintonizados em altas freqüências, e que estão ligados na própria rede de distribuição de energia. São sistemas complexos e ainda caros.

Algumas vezes esses dispositivos de controle são interruptores que comandam um conjunto de lâmpadas, através de condutores de controle e de *contatores* magnéticos: é o *controle em grupo* da iluminação pública (Figs. 9.21 e 9.35). Lembramos que esses dispositivos devem ser dimensionados levando em consideração as correntes de partida das lâmpadas (vide 5.4.2).

Atualmente é mais usado o sistema de comandar individualmente cada luminária da iluminação pública, através de seu relé fotoelétrico particular. Esse relé, juntamente com o

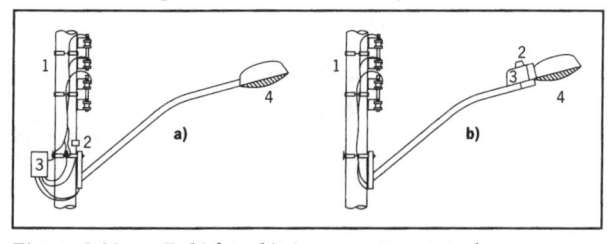

Figura 9.33 — Relé fotoelétrico e reator montados no ou na luminária 1:Poste; 2: Relé; 3: Reator; 4: Luminária

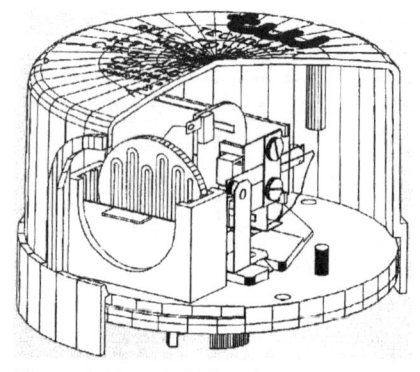

Figura 9.32 — Relé fotoelétrico para comando da iluminação (cortesia Tecnowatt)

equipamento auxiliar da lâmpada, pode ser montado no poste de iluminação (Fig.9.33A) ou preferencialmente na própria luminária (Figs. 9.8, 9.9 e 9.33B). Essa última disposição apresenta inúmeras vantagens, pois torna a rede mais *limpa*, minimiza a mão-de-obra e o custo de instalação além de simplificar a manutenção do sistema elétrico.

9.13.2 — Relés fotoelétricos

Podem ser construídos baseados em diversos princípios básicos, tal como segue.

Relé térmico [Fig. 9.34l (a)]. A fotocélula (geralmente um fotorresitor LDR) é ligada em série com um resistor de aquecimento em contato estreito com um elemento bimetálico ou outro tipo de transdutor térmico. Com as variações de fluxo luminoso recebidas pelo fotorresistor, sua resistência elétrica se modifica, conseguindo-se diferentes intensidades de corrente no resistor de aquecimento do transdutor. Essas variações de aquecimento produzirão modificação na sua curvatura, sendo essa força mecânica utilizada no acionamiento de um contato elétrico de ação rápida. Um relé térmico bimetálico deverá possuir compensação de temperatura ambiente.

Relé magnético [Fig. 9.34 (b)]. O fotorresistor é ligado em série com a bobina de um relé magnético de corrente alternada ou ligado através de uma ponte retificadora à bobina de um relé de corrente contínua. Com as variações da resistência do fotorreslstor, teremos diferentes intensidades de corrente na bobina, o que provocará sua operação.

Relé eletrônico [Fig. 9.34 (c)]. As variações de fluxo luminoso sobre a fotocélula vão sensibilizar circuitos eletrônicos que energizam ou não a bobina de um relé de corrente contínua.

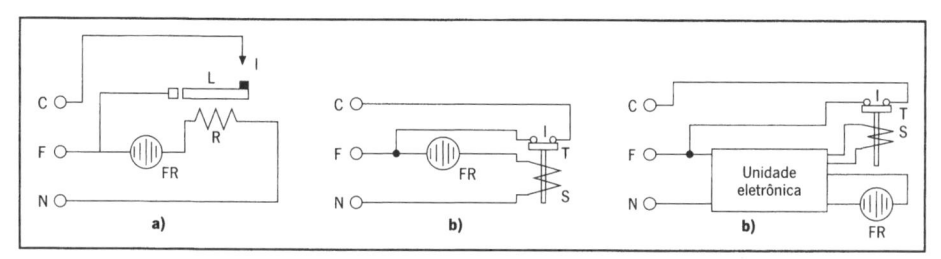

Figura 9.34 — Princípios básicos de funcionamento dos relés fotoeiétricos. (A) Relés térmicos; (B) relés magnéticos; (C) relés eletrônicos; C, condutor-controle; F, condutor-fase; FR, fotorresistor; I, contato elétrico; L, lâmina bimetálica; N, condutor neutro; R, resistor de aquecimento; S, bobina; T armadura

Dos três princípios básicos de operação apresentados, os relés térmicos e os magnéticos, devido à sua maior simplicidade e resistência às contingências de uso e aos transientes existentes nas redes elétricas, são os mais empregados. Por motivos de segurança do tráfego e dos transeuntes, melhoramento da imagem da concessionária perante o público e facilidade de manutenção diurna, é conveniente a utilização de relés com contatos normalmente fechados (NF) no controle das cargas de iluminação pública. Assim, no caso de defeito no relé, as lâmpadas permaneceriam acesas até a manutenção.

Figura 9.35 — Chave magnética para comando em grupo de circuitos até 50A. (foto do autor)

9.13.3 — Controle temporizado da iluminação

Nos comandos fotoelétricos normais, as luminárias ficam acesas desde o ocaso até ao nascer do sol (aproximadamente 11 horas diárias).

O controle temporizado tem como finalidade principal o desligamento das luminárias após algumas horas de seu acendimento. Dessa forma, as luminárias, por motivo de economia de energia elétrica e de manutenção, terão suas lâmpadas desligadas durante a madrugada.

Por razões de segurança, pode-se utilizar o comando temporizado alternado com luminárias de comando individual; assim parte dos focos luminosos se desligariam durante a madrugada e os restantes ao nascer do sol.

O comando fotoelétrico temporizado pode ser utilizado na iluminação de praças, áreas públicas, fachadas, monumentos, vitrines e letreiros luminosos.

Já existem no mercado nacional relés fotoelétricos temporizados individuais, para controle de iluminação com dimensões e base semelhantes às utilizadas no controle fotoelétrico tradicional. Num dia típico (Fig. 9.36) a iluminação será ligada, por exemplo, às 18 horas (quando anoitece) permanecendo em operação até às 23:30 horas quando será desligada (ponto B). Aproximadamente às 5 horas da madrugada (quando se iniciam as atividades diurnas) a iluminação é novamente ligada (ponto C). Finalmente, ao amanhecer, (ponto D) teremos o desligamento definitivo da lâmpada.

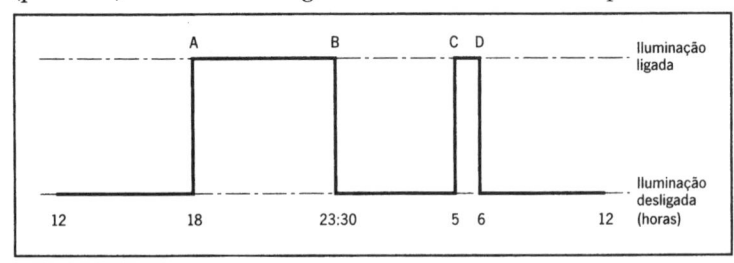

Figura 9.36

Assim, o sistema de iluminação ficará em funcionamento, em cada noite, por 6:30 horas ao invés das 11 horas convencionais.

9.13.4 — Controle com redução da potência das lâmpadas

Várias experiências têm sido feitas para economizar energia elétrica durante a madrugada com a redução das potências absorvidas pelas lâmpadas da iluminação pública. Durante esse período existe a conseqüente redução dos níveis de iluminância dos logradouros.

Tal procedimento, já executado com sucesso na iluminação de interiores (vide item 7.10), ainda se encontra em estágio experimental no caso da iluminação pública, visto os grandes investimentos necessários, elevadas potências envolvidas, lâmpadas de descarga elétrica de alta pressão a serem controladas e localização dos pontos de luz.

A redução da potência por luminárias isoladas também ainda não se justificou economicamente.

Diminuir ou desligar parte da iluminação pública de ruas e avenidas pode ter sérias conseqüências para a sociedade. Certamente haverá um crescimento no número de acidentes e diminuição da segurança dos transeuntes nos logradouros. Isto já ocorreu em países europeus durante a crise do petróleo (década de 70), quando o número de acidentes noturnos fatais chegou a crescer 12% em áreas da Inglaterra.

BIBLIOGRAFIA

ABNT/IEC 598 Parte1. — *Luminárias requisitos gerais e ensaios*. 1997.

ABNT/IEC 598 Parte2-3. — *Luminárias p/ iluminação pública. Requisitos*. 1996.

ABNT - NBR-5101. — *Iluminação pública – Procedimento*. 1992.

ABNT - NBR-5181. — *Iluminação de túneis - Procedimento*. 1998.

ABNT - NBR-5123. — *Relés fotoelétricos para iluminação* — Especificação. 1998

ABNT - NBR-5169. — *Relés fotoelétricos para iluminação* — Método de ensaio.

ABRADEE — *Especificação de requisitos de desempenho de luminárias integradas* (Iluminação pública). No prelo 1999.

ACEC — *Manual d'éclairaqe*. — Diffusion Gamma, Bélgica, 1969.

Électricté de France — *Code de bonne pratique d'éclairage public et de signalisation lumineuse*. Paris. 1958.

G.E. — *Product Application Guide*, L.S.D. Hendersonville — USA, 1985.

I.E.S. — *American National Standard Practice for Roadway Lighting*, N.Y.

I.E.S. — *Guide for the Interpretation of Roadway Photometric Data*, 1996.

I.E.S. — *Lighting Handbook*. 8.ª edição, 1993.

I.E.S. — *Roadway Lighting Fundamentals Course*. N.Y., 1978.

I.E.S. — *Tunnel lighting*. Publicação RP-22-87. N.Y., 1987.

J. B. Boer — *Public Lighting*. Philips, Technical Library, 1967.

Philips — *Manual de Iluminación*. 5.ª Edição. Buenos Aires. 1995.

Philips — *Public Lighting*. Holanda, 1965.

Philips — *Tunnel Lighting*. Holanda, 1964.

Rio Luz, Cia. Municipal de Energia e Iluminação — *Recomendações para iluminação de vias com tráfego de veículos e pedestres*. Rio, 1995.

Rio Luz — *1° Seminário internacional sobre eficiência em iluminação pública*. Rio, 1997.

Schreuder — *The lighting of veicular traffic tunnels*. Tech. University, Eindhoven,1964.

Street and Highway Safety Lighting Bureau — *Design and application of roadway lighting*. Cleveland, EUA.

CAPÍTULO 10

CONSERVAÇÃO DE ENERGIA NA ILUMINAÇÃO

10.1 — INTRODUÇÃO

No ano de 1973, em plena época do chamado "milagre brasileiro", ocorreu a primeira crise mundial do petróleo. A partir daí não eram mais as companhias distribuidoras de petróleo, mas sim os principais países exportadores (Irã, Iraque, Venezuela, Arábia Saudita e Kuweit) que fixavam os preços deste insumo. Esse fato mostrou que a sociedade deveria rever sua matriz energética, procurando novas formas de energia. No Brasil foram criadas novas políticas energéticas, como a substituição da gasolina pelo álcool, procura de novos poços de petróleo, construção de novas usinas hidrelétricas (Itaipú) e nucleares (Angra dos Reis). O negócio era gerar mais energia usando menos os combustíveis fósseis. As crises da década de 70 (1973 e 1979), que para muitos países, como o Japão, significaram a descoberta de novos processos de produção poupadores de recursos energéticos e naturais, para o Brasil representaram a busca de fontes alternativas de energia. Os subsídios existentes não contemplavam o incentivo para redução da demanda de energia.

10.2 — CONSERVAÇÃO DE ENERGIA ELÉTRICA

Com a criação do *Procel*, em 1986, foi incrementado em nosso meio o conceito de conservação de energia elétrica, isto é, de combate ao seu desperdício.

O consumo de energia elétrica tem papel de destaque em todas as atividades humanas. Os custos e os aspectos ecológicos que envolvem a geração, transmissão, distribuição e utilização desse energético fazem com que ele se configure como um parâmetro fundamental de planejamento.

Conservação de energia significa combater o desperdício, isto é, melhorar a maneira de utilizar a energia, *sem abrir mão da segurança, do conforto e das vantagens* que ela proporciona. Significa diminuir o consumo, reduzindo os custos, sem perder em momento algum a eficiência e a qualidade dos serviços, além de reduzir os impactos ambientais.

O combate ao desperdício é uma fonte virtual de energia elétrica. A energia não desperdiçada pode ter outras utilizações, sem ser jogada fora. O combate ao desperdício é a fonte de produção mais barata e mais limpa que existe, pois não agride o meio ambiente.

Além da economia direta no consumo de energia elétrica, o combate ao desperdício traz outras vantagens ao país e ao consumidor, tais como:

- Postergação ou redução dos investimentos na expansão do sistema elétrico
- Redução de custos para o setor elétrico, usuários e para o país

- Maior confiabilidade e melhores condições de atendimento   ao mercado consumidor
- Aumento da produtividade e da competitividade
- Melhoria da eficiência de processos e equipamentos
- Minimização do impacto ambiental causado pelas instalações de geração, transmissão, distribuição e consumo de energia elétrica
- Consciência contra o desperdício

10.3 — O PROGRAMA PROCEL

O *Procel* é o programa de governo, vinculado ao Ministério de Minas e Energia, que promove o combate ao desperdício de energia elétrica no país (Fig.10.1). Foi fundado em 1986 e desde então tem trabalhado na redução da demanda nas horas de ponta e na economia de energia elétrica. Os resultados de sua atuação, pela definição de estratégias e na articulação de parcerias entre os segmentos da sociedade com potencial de contribuir para a conservação de energia elétrica, podem ser resumidos na Tabela 10.1.

DICAS GERAIS

• Sempre que você puder usar um aparelho elétrico fora do horário de pico (de 18 às 19:30 h — no horário de verão, de 19 às 20:30 h), faça isto. É sinônimo de economia.

• Quando sair em viagem longa, desligue a chave geral da casa.

• O consumo de alguns eletrodomésticos, como geladeiras, *freeezers* e aparelhos de ar-condicionado, é medido todo ano por um centro de pesquisas do governo. Os campeões de economia nas suas respectivas categorias ganham o Selo Procel de Economia de Energia. Na hora da compra, dê preferência a esses modelos.

LÂMPADAS

COMPRA

• Dê preferência a lâmpadas fluorecentes compactas ou circulares para a cozinha, área de serviço, garagem e qualquer outro local que fique com a luzes acesas mais de 4 horas por dia. Além de consumir menos energia, elas duram 10 vezes mais.

USO

• Evite acender lâmpadas durante o dia. Use melhor a luz do sol, abrindo bem as janelas, cortinas e persianas.

• Apague as lâmpadas dos ambientes desocupados. Use iluminação dirigida (*spots*) para leitura, trabalhos manuais etc. para ter mais conforto e economia.

• Pinte o teto e as paredes internas com cores claras, que refletem melhor a luz, diminuindo a necessidade de iluminação artificial.

Figura 10.1 — O programa Procel

Tabela 10.1 — Resultados do Programa Procel

	1986 a 1994	1995	1996	Até 1996
Redução de demanda na ponta (MW)	207	103	293	603
Usina equivalente (MVA)*	292	135	430	857
Investimento evitado (US$ milhões)	510	235	750	1495

* Usina, linhas e redes equivalentes que não necessitaram ser construídas.

O setor da iluminação pode colaborar bastante com esse programa, visto ser um grande consumidor de energía elétrica nas instalações de iluminação residencial, comercial

(Fig. 10.2), industrial e pública, além do principal responsável pela grande demanda no período de ponta do sistema elétrico nas primeiras horas da noite.

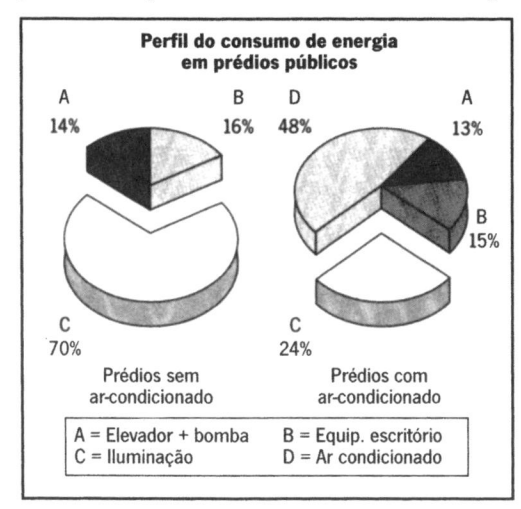

Figura 10.2 — *(fonte dos dados: Procel)*

10.4 — O PAPEL DO PROJETO DE ILUMINAÇÃO

Com um criterioso projeto de iluminação podemos economizar no custo inicial da instalação, na sua manutenção e no consumo de energia elétrica. É um item importante no aspecto conservação da energia. Precisamos atualizar nossos conceitos de projeto e fazê-los menos convencionais.

Pouco ainda se faz no sentido da combinação da iluminação natural com a artificial através do projeto arquitetônico: janelas adequadas, telhas translúcidas, iluminação zenital, domos, pintura clara dos ambientes etc.

O próprio projeto de iluminação pode hoje ser executado com maior precisão (visto o fornecimento de curvas fotométricas e dados óticos pelos fabricantes das luminárias) e com maior rapidez com a utilização dos microcomputadores. Realmente os cálculos de um projeto de iluminação são tediosos devido à sua repetibilidade (especialmente quando se utiliza, para maior precisão, do processo *Ponto a Ponto*). Nesses casos a utilização de micro-computadores e de softwares específicos é de valia inestimável, pois permite executá-los em fração do tempo anteriormente necessário (Fig. 10.3).

A escolha das lâmpadas a serem utilizadas em determinada aplicação deve levar em conta sua composição espectral, índice de reprodução de cor, dimensões, eficiência luminosa, custo da instalação, incluindo luminária e equipamentos auxiliares, vida, facilidade de aquisição e manutenção.

Ainda utilizamos pouco as lâmpadas de vapor de sódio e iodeto metálico nas instalações industriais, iluminação de áreas abertas e iluminação pública. Precisamos incrementar a utilização das lâmpadas fluorescentes modernas na iluminação comercial, de fluorescentes compactas na iluminação doméstica e comercial e das lâmpadas de iodeto metálico de baixas potências na iluminação comercial e decorativa.

Em iluminação pública devemos abolir as lâmpadas de luz mista e na maioria dos casos as de vapor de mercúrio (que seriam aceitáveis na iluminação decorativa de praças e jardins visto reproduzirem bem as cores da maioria das folhagens).

Na iluminação de ruas e avenidas são mais aconselhadas as lâmpadas vapor de sódio de alta pressão nas potências de 100W (ruas secundárias), 150W, 250W e 400W montadas em luminárias modernas, fechadas, com equipamento auxiliar e controle fotoelétrico incorporados. Sua distribuição luminosa deverá ser limitada (vias expressas e artérias principais) ou semilimitada nas ruas residenciais ou secundárias (Item 9.4 e Tab. 9.4).

Sabemos que uma lâmpada vapor de sódio pode ter uma vida 50% superior a das lâmpadas de vapor de mercúrio e 2.300% superior a das incandescentes convencionais. Seu fluxo luminoso é 100% superior ao das lâmpadas de vapor de mercúrio e 700 % superior ao das incandescentes de potência equivalente.

Nos casos de iluminação pública especial, para valorização de ambientes e iluminação específica de monumentos e fachadas, podemos utilizar as lâmpadas de iodeto metálico devido ao seu elevado *índice de reprodução de cor* (Item 9.5).

O "estado da arte" em sistemas de iluminação fluorescente é a utilização de lâmpadas de bulbo T5 (com diâmetro de 16 mm). Sua eficiência supera em 40% as fluorescentes convencionais e em 20% as modernas lâmpadas de bulbo T8 (diâmetro de 26 mm). Quando montadas em modernas luminárias de alto rendimento, dotadas de refletores de alumínio de alto brilho, e com reatores eletrônicos de qualidade, obtemos um sistema que possui as seguintes vantagens sobre as instalações convencionais:

- menor manutenção: lâmpadas com o dobro da vida (até 16.000 horas)
- índice de reprodução de cores mais elevado (devido a tecnologia trifosfor)
- menor depreciação luminosa da lâmpada durante sua vida (aprox. 5%)
- lâmpadas mais curtas, permitindo modulação de forros de 0,60 ou 1,20m
- luminárias mais leves, com menor volume e maior rendimento luminoso
- reatores eletrônicos com vida mais longa e menores perdas joulicas
- instalação com fator de potência praticamente unitário
- eliminação do efeito estroboscópico, pois trabalham em alta freqüência
- ausência total do ruído dos reatores
- possibilidade de controle do fluxo luminoso (dimerização) podendo trabalhar com os sistemas de automação predial.

Num projeto, para reduzir o consumo de energia elétrica, temos que:

- Combinar a iluminação natural com a artificial de forma a aproveitá-la ao máximo.
- Usar sempre que possível iluminação localizada de reforço.
- Escolher lâmpadas mais eficientes e de maior vida, levando em conta também as suas características de composição espectral do fluxo luminoso, índice de reprodução de cores, dimensões do bulbo, etc.
- Escolher as luminárias mais eficientes, geralmente com refletores de alumínio, filtradas e com índices de proteção (IP) adequados contra poeira, gases, água e agentes contaminantes (Itens 6.7 a 6,9).
- Definir um sistema adequado para o comando da iluminação: interruptores convencionais, interruptores temporizados, dimmers, controles fotoelétricos e/ou de presença ou sistemas computadorizados de automação (Itens 7.10 e 9.13).

Finalmente devemos treinar os usuários para a melhor utilização das instalações disponíveis e o pessoal da manutenção para que ela seja executada com o devido planejamento e cuidado, de forma a não prejudicar a produtividade nem alterar as especificações do projeto original (Item 6.10).

ILUMINE 2000

MANUAL DO USUÁRIO

O programa de cálculos de iluminação ILUMINE 2000, foi desenvolvido pela Tecnowatt para auxiliar engenheiros, técnicos e projetistas na especificação de equipamentos para a iluminação de áreas como pátios, campos e quadras de esportes, estacionamentos, vias públicas, galpões industriais e outras áreas onde se aplicam nossos produtos.

O software roda na plataforma Windows tendo sido desenvolvido na linguagem Delphy. Possui um banco de dados interno com as descrições, características fotométricas e fotografias dos produtos Tecnowatt utilizáveis. Todos os cálculos são feitos pelo processo das intensidades luminosas também conhecido como "ponto por ponto".

A Tecnowatt Iluminação Ltda. coordenou o desenvolvimento do software Ilumine 2000 como forma de facilitar aos projetistas a execução de projetos de iluminação artificial. Ela não se responsabiliza pelo resultado de qualquer projeto calculado pelo dito software, cabendo exclusivamente ao projetista a responsabilidade pelo seu uso e pelo resultado final.

Cálculos que podem ser desenvolvidos utilizando o ILUMINE 2000:

➪ *Iluminação por Projetores*
➪ *Iluminação Industrial-Comercial*
➪ *Iluminação Pública*

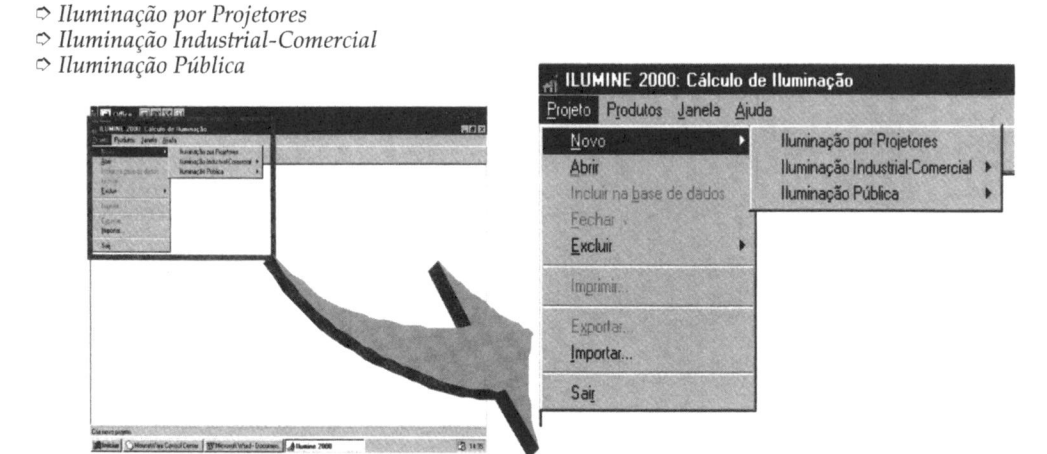

Figura 10.3 — Ilumine 2000: Software para cálculo de iluminação desenvolvido pela Tecnowatt Iluminação Ltda (http:www.tecnowatt.com.br).

BIBLIOGRAFIA

Gilberto J.C.Costa — *Iluminação Econômica*. Edições EDIPUCRS. Porto Alegre-RGS. 1998.

Procel/Eletrobrás — Publicações diversas. Rio de Janeiro.1997

Tecnowatt — Ilumine 2000. Software para cálculo de iluminação. Contagem, MG. 2000.

ÍNDICE

Abertura de facho (projetores), 135,136
Absorção, 21
Acrílico, 102
Amplitude lateral, 162
Anodização, 98
Arco voltaico (lâmpada de), 90
Atributos das cores, 6

Banco ótico, 37,42
Base (de lâmpada), 55, 65, 92, 97
Bimetal, 177
Borossilicato, 102
Bulbo, 54, 65, 68

Candela, 11
Candle-power, 12
Cátodo frio (lâmpada fluorescente de), 87
Cátodo quente (lâmpada fluorescente), 84
Chave horária, 176
Circuito capacitivo, 72
Circuito indutivo, 71
Circuito resistivo, 71
Classificação de luminárias, 113, 161
Classificação dos projetores, 135
Classificação das vias públicas, 155
Cavidades zonais (método das), 121, 122
Células fotoelétricas, 26
Célula fotovoltaica, 28
Ciclo do iodo, 58, 65
Cintilação (fotômetro de), 26
Colméia, 102
Colortran, 63
Conservação de energia, 181
Controle de iluminação, 131,176
Controle de iluminação pública, 176
Cor, 4, 5, 6, 10
Cor (índice de reprodução de), 22
Corrente de partida das lâmpadas, 57, 75

Correção de cor, 29, 77
Correção do co-seno, 29
Cornija, 115
Corpo negro (radiador Planck), 12
Cromaticidade (diagrama da), 8
Curvas fotométricas, 25, 160
Curva de luminosidade espectral relativa, 3, 29
Curvas de utilização de luminárias, 47
Curvas isocandelas, 14
Curvas isolux, 18
Cut off (luminárias), 158, 162

Descarga elétrica, 67, 69
Deslumbramento (ofuscamento), 6, 157, 161
Desuniformidade (fator de), 23, 156
Diagrama de cromaticidade, 8
Diagrama fotométrico, 13
Diagrama de isocandelas, 14
Diagrama de Rousseau, 43
Dicróico, 60, 65, 100
Difusor, 102
Dispositivo de partida (*starter*), 70, 85
Distribuição luminosa, 11

Efeito estroboscópico, 57, 72, 73
Eflciência luminosa, 17, 57
Eletroluminescente (lâmpada), 90
Equipamento auxiliar, 69
Eritemática (radiação), 2
Esfera integradora (Ulbricht), 40
Espectro eletromagnético, 1
Espectro visível, 3
Espelhos (*veja* refletores)
Estádios (Iluminação de), 149
Estabilização da descarga elétrica, 69
Exemplos de instalações, 152, 153
Exitância luminosa, 18

GRÁFICA PAYM
Tel. [11] 4392-3344
paym@graficapaym.com.br